Das Bewerbungscoaching für Führungskräfte

Christian Püttjer und **Uwe Schnierda** kennen die Wünsche und Hoffnungen, aber auch Sorgen und Nöte von Bewerberinnen und Bewerbern seit über 25 Jahren. Ihre umfassenden Erfahrungen aus der Optimierung von Bewerbungsunterlagen, aus Einzelcoachings und aus Seminaren bringen sie in ihre praxisnahen Ratgeber ein, die exklusiv im Campus Verlag erscheinen. Die konkreten Tipps, die klare Sprache und die motivierende Unterstützung von Püttjer & Schnierda haben schon über einer Million Leserinnen und Lesern weitergeholfen

Christian Püttjer & Uwe Schnierda

Das Bewerbungscoaching für Führungskräfte

Exklusives Know-how für Ihren Erfolg

Campus Verlag
Frankfurt/New York

MIX
Papier aus verantwortungsvollen Quellen
FSC® C089473

ISBN 978-3-593-51209-9
ISBN 978-3-593-44403-1 (PDF)
ISBN 978-3-593-44402-4 (EPUB)

8., überarbeitete und aktualisierte Auflage 2020

Umschlaggestaltung: Thierry Wijnberg nach einem Entwurf von hauser lacour
Umschlagmotiv: © Shutterstock: sirtravelalot
Satz: Publikations Atelier, Dreieich
Druck und Bindung: Beltz Bad Langensalza
Printed in Germany

www.campus.de

Inhalt

Bewerbungscoaching für Führungskräfte: Profitieren Sie vom Insiderwissen

Sie möchten Ihren nächsten Karriereschritt ohne unnötige Reibungsverluste, also schnell, zielgerichtet und professionell in Angriff nehmen? Dann nutzen Sie diesen Ratgeber, der auf unserer umfangreichen und detaillierten Erfahrung im Bewerbungs- und Karrierecoaching von Führungskräften beruht!

Seit über 25 Jahren sorgen wir dafür, dass die beruflichen Stärken von Führungskräften in Bewerbungsunterlagen auf einen Blick sichtbar werden und dass die Unterlagen passgenau auf die neuen Stellen ausgerichtet sind. Ist die erste Bewerbungshürde übersprungen, coachen wir die Führungskräfte weiter, damit sie ihr außergewöhnliches Engagement, ihre Innovationsfähigkeit, ihr unternehmerisches Denken und ihre Führungsstärke in Job-Interviews mit Headhuntern, Personalexperten, Fachvorgesetzten und Vorständen fokussiert und glaubwürdig verdeutlichen können.

Insiderwissen für Ihren Bewerbungserfolg

Wer mit seinen Bewerbungsunterlagen und im Job-Interview von Anfang an den Eindruck eines gesuchten Top-Kandidaten beziehungsweise einer Top-Kandidatin hinterlassen möchte, sollte die zahlreichen Gestaltungsspielräume in Sachen Selbstmarketing kennen und nutzen. Die Ansprüche der Unternehmen sind hoch, aber aus unseren Coachings wissen wir, dass es sehr viele Ansatzpunkte für eine nachhaltige Optimierung der Selbstdarstellung gibt. Dies gilt auch für die Führungskräfte, deren Werdegänge Anzeichen dafür enthalten, dass nicht immer alles nach Plan verlaufen ist.

Im Bewerbungsverfahren setzen sich Führungskräfte einem Wettstreit ähnlich dem Zehnkampf aus. Wie in der Königsdisziplin der Leichtathletik müssen Sie ihre Stärken so einsetzen, dass am Ende eine optimale Punktzahl erzielt wird. Der Sieg wird Ihnen gelingen, wenn Sie sich strategisch vorbereiten, mental für ausreichend Selbstbewusstsein sorgen und in allen

Einzeldisziplinen trainiert sind. Die Infobox zeigt Ihnen, wie wir Sie dabei mit unserem ausgefeilten fünfstufigen Coachingprogramm unterstützen werden.

Schritt 1: Strategisch vorbereiten

Selbstbewusst: ausführliche Erfolgsbilanz erstellen

Anforderungen: Unternehmenswünsche verstehen

Selbstpräsentation: passgenaue Einstellungsargumente

Stellenwechsel: akzeptierte Wechselgründe

Schritt 2: Suche und erste Kontaktaufnahme

Stellenmarkt: offen, verdeckt, Headhunter

Telefon: erste Kontaktaufnahme

Schritt 3: Aussagekräftige Bewerbungsunterlagen

Individuell: das Anschreiben

Wichtig: die Gehaltsfrage

Strukturiert: der Lebenslauf

Leistungsbilanz: sinnvolle Zusatzseite?

Vollständigkeit: passend ausgewählt

Online-Bewerbung: E-Mail-Bewerbung mit Anhang

Schritt 4: Überzeugen im Vorstellungsgespräch

Einstellungsargumente: Schnittstellen betonen

Zielgerichtetes Training

Unser umfassendes Bewerbungscoaching wird Ihnen dabei helfen, sich den nächsten Karriereschritt zu erarbeiten. Wir werden Ihnen anhand vieler Praxisbeispiele die richtige Technik für die einzelnen Disziplinen erläutern und haben zahlreiche Übungen vorbereitet, damit Sie zielgerichtet trainieren können. Stellen Sie Ihren persönlichen Rekord auf und sichern Sie sich so den entscheidenden Vorsprung für den Sieg im anspruchsvollen Bewerbungsverfahren für erfahrene und künftige Führungskräfte.

1. Führungskräfte gesucht

Als Führungskraft können Sie nicht einfach im Bewerberstrom mitschwimmen. Man erwartet von Ihnen Höchstleistungen im Berufsalltag und ebenso im Bewerbungsverfahren. Machen Sie schon mit der Bewerbung deutlich, dass Sie mehr zu bieten haben als der Durchschnitt. Unsere Tipps aus der Praxis werden Ihnen dabei helfen, den Karrieresprung vorzubereiten.

Ihre berufliche Orientierung ist abgeschlossen und in Ihren bisherigen Tätigkeiten haben sich Bereiche herauskristallisiert, in denen Sie Experte sind. Hier setzt unser Bewerbungscoaching an, denn: Auf dem Weg nach oben steigen die Anforderungen. Der Karrieresprung wird Ihnen nur gelingen, wenn Sie herausstellen können, dass Sie in Ihren bisherigen Positionen ein Gewinn für das jeweilige Unternehmen waren.

Ihr Nutzen für das Unternehmen

Machen Sie interessanten Arbeitgebern mit Ihren Bewerbungsunterlagen und in Vorstellungsgesprächen deutlich, in welchen Aufgabenfeldern Sie Außergewöhnliches geleistet haben, und lassen Sie erkennen, auf welche Weise das neue Unternehmen davon profitieren wird.

Erfolg durch Individualität

Stellen Sie Ihre individuellen Stärken heraus

Führungskräfte haben im Bewerbungsverfahren Erfolg, wenn sie ihr individuelles Profil in ihren Bewerbungsunterlagen und im Vorstellungsgespräch deutlich machen. Die Individualität der Bewerberinnen und Bewerber zeigt sich daran, über welche Kenntnisse und Fähigkeiten sie verfügen und wie sie diese bei der Lösung beruflicher Aufgaben einsetzen. Wichtig dabei ist, das eigene Qualifikationsprofil auf die Wünsche des betreffenden Unternehmens zuzuschneiden. Diese Anpassung gelingt nicht in einem einzigen Schritt. Sie werden Unternehmen erst dann von sich überzeugen, wenn Sie bereit sind, sich Ihr individuelles Profil vor dem Einstieg in die aktive Bewerbungsphase Schritt für Schritt zu erschließen.

BERATUNG

Aus unserer Beratungspraxis
Bewerber ohne Profil

Ein Sales-Manager suchte uns auf, weil er den Karriereschritt zum Verkaufsleiter vorbereiten wollte. Zum vereinbarten Termin brachte er mehrere für ihn interessante Stellenanzeigen, sein Anschreiben und seinen Lebenslauf mit. Er bat uns, das Anschreiben und den Lebenslauf zu überprüfen und ihm Änderungen vorzuschlagen. Dann verabschiedete er sich. Er hätte es wegen eines Termins bei einem Kunden leider sehr eilig und würde in zwei Stunden wiederkommen, um die überarbeiteten schriftlichen Bewerbungsunterlagen in Empfang zu nehmen.

Der Blick auf die Unterlagen ergab, dass der Sales-Manager sehr oberflächlich, zu allgemein und etwas zu forsch formuliert hatte. In seinem Anschreiben stellte er sich so dar: »Ich kenne die Tätigkeiten eines Verkaufsleiters. Ich bin kreativ, dynamisch und verhandlungsgewandt. Mein derzeitiges Tätigkeitsfeld füllt mich nicht mehr aus. Ich weiß, dass noch mehr in mir steckt. Sie werden es nicht bereuen, mir eine Chance zu geben. Lassen Sie sich von meinen Fähigkeiten in einem Gespräch überzeugen. Rufen Sie mich bald an.« Seine – sicherlich vorhandenen – Handlungskompetenzen bei der Bewältigung des Tagesgeschäftes stellte er ebenso wenig heraus wie besondere Erfolge oder zusätzlich übernommene Projektaufgaben. Auch auf die besonderen Anforderungen der ihn interessierenden Stellenanzeigen war er nicht weiter eingegangen. Sein individuelles Profil wurde dadurch für neue Arbeitgeber nicht deutlich.

Wir konnten den Sales-Manager davon überzeugen, dass er mit seinen Bewerbungsunterlagen nur dann zu Vorstellungsgesprächen eingeladen werden würde, wenn er beim Marketing in eigener Sache genauso vorgehen würde wie bei der Akquisition von Neukunden in seinem Arbeitsfeld. Um im Verkauf ein individuelles Angebot machen zu können, müsse er zunächst die Wünsche des Kunden ermitteln und dann mit seinem Angebot auf die geforderten Leistungsmerkmale eingehen. Wichtig dabei sei auch, den besonderen Nutzen der von ihm angebotenen Produkte herauszustellen, damit deutlich würde, in welcher Hinsicht sich seine Leistungen von denen der Mitbewerber absetzten.

Wir erfragten die Aufgabenbereiche, Tätigkeitsfelder und besonderen Erfolge dieses Sales-Managers und konnten auf diese Weise sein individuelles Profil definieren. Nachdem wir eine Basis für seine Anschreiben erarbeitet hatten, kam es darauf an, auf die besonderen Anforderungen einzugehen, die in den Stellenanzeigen für die Position Verkaufsleiter formuliert wurden. In einem der Anschreiben stellten wir das verlangte aktive Beziehungsmanagement von Kunden stärker in den Vordergrund, in einem anderen gaben wir zusätzliche Belege für die geforderte Erfahrung in der Initiierung von E-Commerce- und Multi-Channel-Projekten.

Der Sales-Manager hatte nun mehrere individuell ausgerichtete Anschreiben und Lebensläufe, in denen mit unterschiedlicher Schwerpunktbildung herausgearbeitet war, welchen Nutzen neue Arbeitgeber von ihm hätten. Die konkrete Beschreibung seiner Tätigkeiten, die Verweise auf seine berufliche Praxis und der individuelle Zuschnitt auf die Anforderungen der Unternehmen führten zum gewünschten Bewerbungserfolg. Der Sales-Manager wurde zu Vorstellungsgesprächen eingeladen und konnte auch dort mit passgenauen Einstellungsargumenten überzeugen. Der Karrieresprung zum Verkaufsleiter gelang.

Fazit: Führungskräfte sind sich über den Umfang und die Art der von ihnen täglich ausgeübten Tätigkeiten oft selbst nicht im Klaren. Im Bewerbungsverfahren kommt es aber darauf an, außenstehende Dritte von den eigenen Qualifikationen in kurzer Zeit zu überzeugen. Deswegen müssen sich Bewerber vor dem Einstieg in die aktive Bewerbungsphase zunächst intensiv mit den eigenen Kenntnissen und Fähigkeiten auseinander setzen. Auf dieser Grundlage lässt sich ein berufliches Profil entwickeln, das auf die individuellen Wünsche der jeweiligen Unternehmen abgestimmt werden muss.

Die Wünsche der Unternehmen

Für Unternehmen sind Führungskräfte in erster Linie Problemlöser. Sie werden eingestellt, um berufliche Aufgaben zu übernehmen, deren Lösung es dem Unternehmen ermöglicht, Geschäftserfolge zu erzielen und am Markt zu bestehen. Die bisher übernommenen beruflichen Aufgaben spielen bei der Beurteilung der Qualifikationen von Führungskräften eine entscheidende Rolle. Führungskräfte müssen nachweisen, dass sie sich in ihrer Berufstätigkeit die Handlungskompetenz erworben haben, die man sich nicht in einer Ausbildung oder einem Studium aneignen kann.

Zeigen Sie Ihre methodische Kompetenz

Der Unterschied zwischen Bewerbern mit Berufserfahrung und Berufseinsteigern liegt darin begründet, dass es bei Einsteigern ausreichen kann, wenn sie über ein ausbaufähiges Qualifikationsprofil verfügen. Führungskräfte dagegen müssen nachweisen, dass sie den Ausbau ihres Qualifikationsprofils schon in ihrer Berufstätigkeit geleistet haben.

Coaching-Tipp

Neben dem unverzichtbaren Fachwissen und gefragten persönlichen Eigenschaften spielt bei Führungskräften die methodische Kompetenz eine wichtige Rolle. Dazu gehört die Fähigkeit, Herausforderungen und Probleme zu analysieren, Strategien zu definieren, komplexe Aufgaben zu strukturieren, Vorgänge zu delegieren, Arbeitsprozesse zu gestalten und Mitarbeiter anzuleiten.

Da bei Führungskräften Hands-on-Qualitäten gefragt sind, müssen Sie nachweisen, dass Sie festgelegte Ziele in operative Teilschritte unterteilen und so die gewünschten Unternehmenserfolge erreichen konnten.

Die Darstellung beruflicher Erfolge einschließlich der davor liegenden Handlungsschritte verlangt von Ihnen inhaltliche Arbeit bei der Bewerbung. Von Unternehmen hören wir häufig die Klage, dass eine inhaltliche Auseinandersetzung mit dem eigenen Profil und den Anforderungen des neuen Arbeitsplatzes von vielen Führungskräften nicht geleistet wird. Aus einer Bewerbung, in der nur Berufsbezeichnungen aneinandergereiht werden und die sich darauf beschränkt, ein prinzipielles Interesse an einer neuen Stelle zu bekunden, kann ein Unternehmen nicht erkennen, ob der Absender bisher erfolgreich gearbeitet hat. Damit ist die Einschätzung unmöglich, ob der Bewerber auf der neuen Position erfolgreich arbeiten wird.

Wir werden Ihnen im Verlauf unseres Bewerbungscoachings viele Möglichkeiten vorstellen, wie Sie sich Ihr individuelles Profil erarbeiten und so präsentieren, dass Sie auf die Wünsche der Unternehmen eingehen können. Machen Sie sich zum Wunschbewerber, indem Sie im Bewerbungsverfahren durchgängig erkennen lassen, welchen Nutzen das neue Unternehmen aus Ihrer Mitarbeit ziehen wird.

Praxiswissen für Ihre Bewerbung

Die Regeln des Bewerbungsverfahrens

Im Bewerbungsverfahren liegen nicht alle Regeln offen. Bewerberinnen und Bewerber erkennen nicht unmittelbar, warum sie mit einer Bewerbung Erfolg hatten oder auch nicht. Nachfragen bei den Unternehmen nach den Gründen für das Scheitern helfen meist nicht weiter. Die Antworten bleiben in der Regel unverbindlich. Sie lauten meist: »Wir haben einen Bewerber gefunden, der besser zu der ausgeschriebenen Stelle passt« oder »Wir fanden Ihr Profil durchaus interessant, haben uns aber für eine andere Bewerberin entschieden«. Als Führungskraft sollten Sie sich damit nicht zufriedengeben.

Wir machen Sie mit den ausgesprochenen, aber vor allem mit vielen unausgesprochenen Regeln des Bewerbungsverfahrens vertraut. Als Bewerbungsberater und Karrierecoaches kennen wir die versteckten Klippen, auf die Führungskräfte immer wieder auflaufen.

Nutzen Sie das Praxiswissen der Bewerbungsprofis

Für Führungskräfte gehören die Aufbereitung von Bewerbungsunterlagen und die Selbstdarstellung im Gespräch nicht zu den täglichen Aufgaben. Oft liegt die letzte Bewerbung schon eine lange Zeit zurück. Damit Sie nicht an Hürden scheitern, die außerhalb Ihrer Wahrnehmung liegen, sollten Sie unser Praxiswissen rund um die Themen Bewerbung und Karriere für sich nutzen. Wir kennen die Sorgen und Nöten der Bewerber ebenso wie die Schwierigkeiten der Unternehmen, geeignete Mitarbeiter zu finden. Der Fokus unserer Arbeit liegt darin, für beide Seiten Zufriedenheit zu erzielen.

Deshalb ist gerade für Führungskräfte ein möglichst detaillierter Abgleich der eigenen Vorstellungen mit denen des Unternehmens wichtig. Ein Wechsel auf eine andere Position bringt Ihnen nichts, wenn Sie zwischen Abteilungsgräben geraten, bei der Umsetzung innovativer Vorhaben ausgebremst werden oder notwendige strategische Entscheidungen nicht umsetzen können.

Definieren Sie Ihre Ziele

Finden Sie deshalb heraus, was Sie durch den Wechsel auf eine neue Position erreichen wollen. Formulieren Sie die idealen Ansprüche, die Sie an Ihr berufliches Umfeld haben, und überlegen Sie dann, in welchen Bereichen Sie Kompromisse eingehen können und in welchen nicht. Definieren Sie auf dieser Basis die Schwerpunkte Ihrer neuen Tätigkeit und gleichen Sie Ihre Vorstellungen gründlich mit denen des Unternehmens ab. Wie Sie die genannten Ziele erreichen können, werden wir Ihnen im weiteren Verlauf des umfassenden Coachingprogramms Schritt für Schritt erläutern.

AUF EINEN BLICK

Führungskräfte gesucht

→ Stellen Sie im Bewerbungsverfahren Ihr individuelles Qualifikationsprofil heraus, und schneiden Sie es auf die Wünsche des Unternehmens zu.

→ Zeigen Sie, dass Sie auch bisher schon erfolgreich gearbeitet haben. Hierbei kommt Ihrer methodischen Kompetenz eine große Rolle zu.

→ Überlassen Sie die Einschätzung Ihrer Qualifikationen nicht Headhuntern oder der Personalabteilung Ihres Wunschunternehmens, liefern Sie Argumente für Ihre Einstellung.

→ Machen Sie sich mit den ausgesprochenen und vor allem auch den unausgesprochenen Regeln des Bewerbungsverfahrens vertraut.

→ Definieren Sie Ihre Idealvorstellungen an die neue Position und überlegen Sie sich, wo Sie Kompromisse eingehen können.

→ Gleichen Sie Ihre eigenen Vorstellungen mit denen Ihres Wunschunternehmens ab.

I

Strategisch vorbereiten

2. Ihre Erfolgsbilanz: Was haben Sie zu bieten?

Führungskräfte, die ihren nächsten Karriereschritt vorbereiten, brauchen Argumentationsmaterial, um den Unternehmen den Wert ihrer Arbeitsleistung verdeutlichen zu können. Als Führungskraft können Sie auf vielfältige berufliche Erfahrungen und Erfolge zurückgreifen. Für das Bewerbungsverfahren kommt es darauf an, dass Sie Ihre Erfolgsbilanz anhand von konkreten Beispielen vermitteln können.

Was waren Ihre bisherigen Erfolge?

Als berufserfahrene Bewerberin oder Bewerber sind Sie in der Lage, Ihren nächsten Karriereschritt auf der Grundlage bisheriger Erfolge vorzubereiten. Es geht für Sie nicht um irgendeine neue Tätigkeit, sondern um die Fortführung Ihrer beruflichen Erfolgsstory. Um Ihren beruflichen Aufstieg voranzutreiben, müssen Sie die Basis für Ihren Erfolg vermitteln können. Aus unserer Beratungspraxis wissen wir, dass man die eigenen beruflichen Erfolge oft nicht mehr wahrnimmt. Im Gedächtnis bleiben eher Probleme und Schwierigkeiten. Erfolgreiches Arbeiten wird von Führungskräften als selbstverständlich angesehen.

Für Sie heißt dies: Für das Bewerbungsverfahren müssen Sie wieder Zugang zu Ihren bisherigen Erfolgen finden. Überzeugen Sie zuerst einmal sich selbst vom Wert des bisher Geleisteten, bevor Sie damit beginnen, andere überzeugen zu wollen.

BERATUNG

Aus unserer Beratungspraxis
Assistent mit Problemen

Ein Assistent der Geschäftsleitung in einem mittelständischen Unternehmen wollte den nächsten Karriereschritt machen. Nach vier Jahren Berufstätigkeit in seiner derzeitigen Position

→ FORTSETZUNG AUF DER NÄCHSTEN SEITE

suchte er eine neue berufliche Herausforderung. Wie viele Stellenwechsler machte er sich mehr Gedanken darüber, welche beruflichen Positionen noch für ihn infrage kämen, anstatt ein aussagekräftiges Profil von sich zu erstellen. Er war der Meinung, dass er als Assistent der Geschäftsleitung mit einigen Jahren Berufserfahrung so breit aufgestellt war, dass Personalberater aus den vielen Erfahrungen schon die richtigen auswählen würden, um ihn dann an passende Unternehmen zu vermitteln.

Weder Lebenslauf noch Anschreiben vermittelten allerdings die vielen Erfolge und Erfahrungen, die der Bewerber zu bieten hatte. Mögliche Einsatzfelder in Unternehmen wurden mangels Schwerpunktbildung überhaupt nicht deutlich. Und viel schlimmer war, dass es an der dazugehörigen Motivation fehlte. Es wurde überhaupt nicht klar, welche der vielen Aufgaben den Assistenten der Geschäftsleitung begeistert hatten.

In dem Gespräch mit dem Bewerber kristallisierte sich heraus, dass er als Assistent der Geschäftsleitung gerne Controllingaufgaben wahrgenommen hatte. Er hatte nach einem Jahr Einarbeitung ein modernes Controllingsystem aufgebaut, ein Management-Informationssystem installiert und die Vernetzung von Informations- und Entscheidungsprozessen in Abstimmung mit den Abteilungsleitern vorangetrieben.

Für ihn selbst waren seine bisherigen Leistungen schon in den Hintergrund getreten. Stattdessen hatte er das Gefühl, sich in Problemen aufzureiben. Eine eigene Abteilung für das Controlling war bisher entgegen gegebener Zusagen nicht geschaffen worden und er verantwortete das gesamte Controlling immer noch alleine. Diese Situation bot jedoch für eine Bewerbung eine gute Ausgangsbasis, da er sehr umfangreiche Aufgaben im Controlling bearbeitet hatte.

Wir erarbeiteten mit ihm eine aussagekräftige Darstellung seiner bisherigen beruflichen Erfahrungen und Erfolge. Mit dieser Erfolgsbilanz konnte er neue Arbeitgeber für sich interessieren und seine schriftlichen Bewerbungen hatten Erfolg. Nachdem er gelernt hatte, seine Erfolge auch im Gespräch herauszustellen, und darauf verzichtete, Probleme am alten Arbeitsplatz zu thematisieren, gelang ihm der Sprung auf eine Abteilungsleiterposition im Controlling.

Fazit: Der Erfolg im Bewerbungsverfahren beruht auf der aussagekräftigen Darstellung beruflicher Erfolge. Das Profil des Bewerbers muss deutlich werden, damit Unternehmen überhaupt einen Abgleich von Bewerberprofil und Stellenprofil vornehmen können.

So lassen sich Erfolge dokumentieren

Machen Sie Ihre Entwicklung deutlich

Ihre momentane Position spielt bei Ihrer Bewerbung die größte Rolle. Stellen Sie die von Ihnen bearbeiteten Aufgaben heraus und vollziehen Sie Ihre Entwicklung in diesem Unternehmen noch einmal nach. Auch die in vorangegangenen beruflichen Positionen wahrgenommenen Aufgaben sollten Sie aufschreiben. Als Anhaltspunkte können Ihnen Arbeitszeugnisse, Zwischenzeugnisse, Stellenbeschreibungen, Projektberichte und Protokolle von Sonderaufgaben dienen. Denken Sie auch an herausragende Erfolge, die am besten aktuell sind, aber auch schon ein paar Jahre zurückliegen dürfen. Nehmen Sie sich genügend Zeit für die Erstellung Ihrer Erfolgsbilanz. Gehen Sie Ihre gesamte Berufstätigkeit von Ihrem Berufseinstieg bis heute durch und erstellen Sie eine umfassende Dokumentation Ihrer bisherigen beruflichen Leistungen.

Lückenlose Darstellung Ihrer Aufgaben

An diesem Punkt Ihrer Vorbereitung sollten Sie sich nicht beschränken. Die Auswahl der für eine Bewerbung relevanten Erfahrungen und Erfolge findet später statt. Erarbeiten Sie sich zunächst eine möglichst lückenlose Aufstellung der bewältigten Aufgaben und Projekte, auf die Sie im Bewerbungsverfahren immer wieder zurückgreifen können. Sie erarbeiten sich jetzt die Basis für die spätere inhaltliche Ausgestaltung der einzelnen Bewerbungsschritte.

Arbeiten Sie Ihre Erfolgsbilanz in der folgenden Form aus:

1. **Abteilung**
2. **Offizielle Berufsbezeichnung**
3. **Personalverantwortung**
4. **Tagesaufgaben**
5. **Projekte/Sonderaufgaben**

6. **Besondere Erfolge**

Wie sich eine Erfolgsbilanz ausarbeiten lässt, zeigen wir Ihnen beispielhaft anhand eines Senior Managers Business Development.

BEISPIEL

Die momentane Position

Ein Senior Manager Business Development, der sich um eine Stelle als Abteilungsleiter Business Development bewirbt, könnte seine momentane Position analysieren und so darstellen:

1. *Abteilung*
   Abteilung Business Development

2. *Offizielle Berufsbezeichnung*
   Senior Manager Business Development

3. *Personalverantwortung*
   direkt: zwei Manager Business Development
   indirekt: regelmäßige Projektleitung, bis zu fünf Projektgruppen parallel, bis zu vierzehn Projektmitglieder in der Projektgruppe

4. *Tagesaufgaben*
   Aufgabe 1: Durchführung von globalen Markt- und Wettbewerberanalysen
   Aufgabe 2: Bewertung aktueller Geschäftsfelder hinsichtlich Chancen und Risiken
   Aufgabe 3: Identifizierung von neuen nachhaltigen Wachstumsfeldern
   Aufgabe 4: Bewertung neuer Wachstumsfelder hinsichtlich Chancen und Risiken

Aufgabe 5: Ausarbeitung von Entscheidungsvorlagen und Handlungsempfehlungen
Aufgabe 6: Präsentationen, teilweise vor dem Vorstand

5. *Projekte/Sonderaufgaben*
   Projektleitung 1: Post-Merger-Steuerung: Definition und Etablierung gemeinsamer Strukturen im Anschluss an die Übernahme eines Mitbewerbers
   Projektleitung 2: Reorganisation der globalen Vertriebsstruktur

6. *Besondere Erfolge*
   Erfolg 1: Aufbau einer strategischen Allianz mit einem chinesischen Komponentenlieferanten
   Erfolg 2: Nachhaltige Kostensenkung durch gezielte Post-Merger-Steuerung (Etablierung gemeinsamer Strukturen)
   Erfolg 3: Erfolgreiche Leitung interdisziplinärer und internationaler Projektteams

Der Senior Manager Business Development hatte vorher als Manager Business Development gearbeitet. Seine Erfahrungen und Erfolge in dieser Position könnte er so bilanzieren.

BEISPIEL

Die vorhergehende Position

1. *Abteilung*
   Abteilung Business Development

2. *Offizielle Berufsbezeichnung*
   Manager Business Development

→ FORTSETZUNG AUF DER NÄCHSTEN SEITE

3. *Personalverantwortung*
   direkt: keine
   indirekt: regelmäßige Projektleitung, bis zu drei Projektgruppen parallel, bis zu sieben Projektmitglieder in der Projektgruppe

4. *Tagesaufgaben*
   Aufgabe 1: Identifizierung neuer Marktpotenziale
   Aufgabe 2: Entwicklung von Mehrwert-Strategien
   Aufgabe 3: Weiterentwicklung der Netzwerk-Strategie (Make or Buy, Netzwerkflexibilität, Produktionsentscheidungen)
   Aufgabe 4: Koordination der Entwicklung von strategischen Optionen für Joint-Ventures
   Aufgabe 5: Zusammenarbeit mit relevanten Schnittstellenpartnern
   Aufgabe 6: Ergebnispräsentationen

5. *Projekte/Sonderaufgaben*
   Projekt 1: Neudefinition von Kennzahlen für »Make or Buy«-Entscheidungen
   Projekt 2: Globale Benchmarks durch externe Dienstleister in Osteuropa
   Sonderaufgabe: Stellvertreter des Teamleiters (Urlaub und sechswöchige Abwesenheit durch Sportverletzung)

6. *Besondere Erfolge*
   Erfolg 1: Kostensenkung durch Einsatz externer Dienstleister
   Erfolg 2: Realisierung des Joint-Ventures mit einem slowakischen Komponentenlieferer
   Erfolg 3: Betreuung von BWL-Praktikanten einschließlich Bachelor-Thesis

Und vor der Tätigkeit als Manager Business Development hatte er die Position Projektmanager strategische Allianzen inne, in der er die folgenden Aufgaben zu bewältigen hatte.

BEISPIEL

Die Position vor der vorhergehenden Position

1. *Abteilung*
   Unterstützung der Geschäftsleitung

2. *Offizielle Berufsbezeichnung*
   Projektmanager strategische Allianzen

3. *Personalverantwortung*
   direkt: keine
   indirekt: regelmäßige Projektleitung, bis zu drei Projektgruppen parallel, bis zu fünf Projektmitglieder in der Projektgruppe

4. *Tagesaufgaben*
   Aufgabe 1: Vorbereitung und Umsetzung strategischer Allianzen
   Aufgabe 2: Durchführung ganzheitlicher Unternehmensanalysen im In- und Ausland
   Aufgabe 3: Mitarbeit bei M&A-Aktivitäten
   Aufgabe 4: Marktanalysen einschließlich Potenzialermittlung und Wettbewerbsbeobachtung
   Aufgabe 5: Mitarbeit Strategieentwicklung
   Aufgabe 6: Repräsentation des Unternehmens während Geschäftsreisen und Messen

5. *Projekte/Sonderaufgaben*
   Projekt 1: Bewertung von Markteintrittschancen für neue Produktlinie

→ FORTSETZUNG AUF DER NÄCHSTEN SEITE

Projekt 2: Aufbau Wissensdatenbank »Marktanalysen«
Sonderaufgabe: Kontaktpflege zu Verbänden

6. *Besondere Erfolge*
   Erfolg 1: Neue Produktlinie erfolgreich eingeführt
   Erfolg 2: Erfolgreiche Unternehmensbewertung: Übernahme eines US-amerikanischen Zulieferers

Zusatzkenntnisse

Abgerundet wird die Erfolgsbilanz durch die Darstellung von Weiterbildungsmaßnahmen, PC- und Fremdsprachenkenntnissen und die Teilnahme an Messen, Kongressen und Tagungen. Der Senior Manager Business Development aus unserem Beispiel hat diese Zusatzkenntnisse zu bieten.

BEISPIEL

Weiterbildungsmaßnahmen, PC- und Fremdsprachenkenntnisse, Messen, Kongresse und Tagungen

1. *Weiterbildungen*
   Weiterbildung 1: Projektmanagement
   Weiterbildung 2: Rhetorik für Manager
   Weiterbildung 3: Make-or-Buy-Analysen
   Weiterbildung 4: Kalkulationstemplates in MS Excel
   Weiterbildung 5: English (Business Focus)

2. *PC-Kenntnisse*
   PC-Kenntnisse 1: Microsoft Office (ständig in Anwendung)
   PC-Kenntnisse 2: SAP ERP (CO, CO-PA, SD), BW, SEM BPS (ständig in Anwendung)
   PC-Kenntnisse 3: Maestro Ressourcen-Planungssystem (ständig in Anwendung)

3. *Fremdsprachenkenntnisse*
   Fremdsprache 1: Englisch sehr gut
   Fremdsprache 2: Spanisch Grundkenntnisse

4. *Messen, Kongresse und Tagungen*
   Tagung: Strategische Allianzen – Chancen und Risiken
   Kongress: Trends im M&A

Nachdem Sie mithilfe der Beispiele eine Vorstellung davon bekommen haben, wie sich berufliche Erfahrungen und Erfolge systematisch erfassen lassen, geht es jetzt mit Ihrer persönlichen Erfolgsbilanz weiter.

Argumente für Ihre Erfolgsbilanz

Nun geht es darum, dass Sie die von Ihnen in Ihrem bisherigen Berufsleben bearbeiteten Aufgaben und Projekte lückenlos darstellen. Der passgenaue Zuschnitt Ihrer Erfolgsbilanz erfolgt erst im Kapitel »Die Selbstpräsentation: Das Herzstück Ihrer Bewerbung«.

Was haben Sie zu bieten?

Dokumentieren Sie jetzt Ihr berufliches Können, indem Sie Ihre berufliche Entwicklung der letzten Jahre noch einmal Revue passieren lassen. Damit Sie genügend Material für die Ausarbeitung Ihrer Erfolgsbilanz haben, können Sie auch Arbeitszeugnisse und Zwischenzeugnisse heranziehen oder Projektberichte und Protokolle von Sonderaufgaben auswerten. Nutzen Sie auch die Jobbörsen im Internet. Geben Sie dort sowohl Ihre aktuelle als auch die vorhergehende Positionsbezeichnung ein und drucken Sie jeweils bis zu sieben Stellenausschreibungen aus. Dann bekommen Sie viele Anregungen dafür, wie Sie Ihren Erfahrungsschatz in passende Worte fassen können.

ÜBUNG

Ihre momentane Position

Beschreiben Sie – wie vorgestellt – jetzt Ihre momentane Position, damit Ihre Erfolgsbilanz die gewünschte aussagekräftige Form bekommt.

1. Abteilung ____________________

2. Offizielle Berufsbezeichnung ____________________

3. Personalverantwortung ____________________

4. Tagesaufgaben ____________________

5. Projekte/Sonderaufgaben ____________________

6. Besondere Erfolge ____________________

Weiter geht es mit der Darstellung Ihrer vorhergehenden Position.

ÜBUNG

Ihre vorhergehende Position

1. Abteilung

2. Offizielle Berufsbezeichnung

3. Personalverantwortung

4. Tagesaufgaben

5. Projekte/Sonderaufgaben

6. Besondere Erfolge

Erfassen Sie auch die Position vor der vorhergehenden Position. Wenn Sie sehr lange in einem Unternehmen gearbeitet haben und dabei nicht formal aufgestiegen sind, können Sie sich an dieser Stelle auch überlegen, wie sich Ihre Arbeitsaufgaben im Laufe der Zeit erweitert und verändert haben, und diese Veränderungen dokumentieren.

ÜBUNG

Ihre Position vor der vorhergehenden Position

1. Abteilung ______________________________

2. Offizielle Berufsbezeichnung ______________________________

3. Personalverantwortung ______________________________

4. Tagesaufgaben ______________________________

5. Projekte/Sonderaufgaben ______________________________

6. Besondere Erfolge ______________________________

Abgerundet wird Ihre Erfolgsbilanz mit der Darstellung der von Ihnen besuchten Weiterbildungsmaßnahmen, der Auflistung Ihrer PC- und Fremdsprachenkenntnisse und der von Ihnen besuchten Messen, Kongresse und Tagungen.

ÜBUNG

Ihre Weiterbildungsmaßnahmen, PC- und Fremdsprachenkenntnisse, Messen, Kongresse und Tagungen

1. Ihre Weiterbildungsmaßnahmen

2. Ihre PC-Kenntnisse

3. Ihre Fremdsprachenkenntnisse

4. Von Ihnen besuchte Messen, Kongresse und Tagungen

Die Grundlage für Ihre Unterlagen

Ihr Einsatz hat sich gelohnt! Ihre ausgearbeitete Erfolgsbilanz ist die Grundlage für die Ausarbeitung Ihres Anschreibens, Ihres Lebenslaufes und Ihrer Selbstpräsentation am Telefon oder in Vorstellungsgesprächen. Sie werden später an vielen Stellen auf die hier gewonnenen Fakten zurückgreifen. Ihre Erfolgsbilanz wird Ihnen dabei helfen, im gesamten Bewerbungsverfahren mit Beispielen aus der Praxis zu argumentieren. Sie vollziehen damit den ersten Schritt zur inhaltlichen Ausgestaltung Ihrer Bewerbung.

Wunschposition definieren

Was möchten Sie erreichen?

Nachdem Sie sich einen Überblick darüber verschafft haben, welche beruflichen Erfolge Sie in den letzten Jahren vorweisen können, sollten Sie nun den Blick nach vorne richten. Überlegen Sie sich, welche Tätigkeiten Sie in Zukunft intensiver ausüben möchten und auf welche Sie verzichten wollen.

Wenn Sie Ihre Erfolgsbilanz in Ruhe durchgehen, wird Ihnen klar werden, bei welchen beruflichen Aufgaben Sie besondere Erfolge erzielt haben, an welche Aufgaben Sie sich gerne erinnern, wo Sie Ihre Stärken sehen, welche Tätigkeitsbereiche Sie ausbauen möchten, welche Tätigkeiten Ihnen nicht lagen und was Sie noch erreichen wollen.

Erarbeiten Sie sich eine Vorstellung davon, was Sie mit Ihrem Stellenwechsel erreichen wollen. Gehen Sie dazu anhand der nachstehenden Übung unsere Fragen zum gewünschten neuen Arbeitsfeld durch und definieren Sie daraus die neuen Anforderungen an Ihre Wunschposition. Es ist typisch für Führungskräfte, dass die Motive für die Suche nach einem neuen Arbeitsplatz vielschichtig sind. Werden Sie sich darüber klar, was Ihre Hauptmotive für den Karrieresprung sind und woran Sie Ihre Wünsche nach Veränderung festmachen.

ÜBUNG

Wunschposition im Blick

Setzen Sie sich intensiv mit den nachfolgenden Fragen auseinander. Nutzen Sie dabei Ihre Erfolgsbilanz, um über Ihre bisherigen beruflichen Erfahrungen zu reflektieren. Definieren Sie an dieser Stelle ruhig Maximalforderungen, um sich über Ihre Wünsche an die neue Stelle klarer zu werden.

- → Streben Sie mehr Freiraum für eigene Entscheidungen an?
- → Möchten Sie sich um parallel laufende Projekte kümmern?
- → Sehen Sie sich als Vermittler von Zielvorgaben der Geschäftsleitung an die einzelnen Abteilungen?
- → Möchten Sie Neuerungen vorantreiben?
- → Können Sie Veränderungen auch gegen Widerstände durchsetzen?
- → Welche neuen Aufgabenbereiche möchten Sie übernehmen?
- → Welche Aufstiegsmöglichkeiten erwarten Sie in einem neuen Unternehmen?
- → Sind Sie eher technisch, kaufmännisch oder organisatorisch orientiert?
- → Möchten Sie die Branche wechseln?
- → In welchen Branchen könnten Sie als Führungskraft arbeiten?
- → Suchen Sie ein besonders innovatives Unternehmen?
- → Streben Sie eine umfangreichere Entscheidungsverantwortung an?
- → Können Sie mit einem großen Abstimmungsbedarf bei Ihrer Arbeit umgehen?
- → Arbeiten Sie gerne schnell und unter großem Erfolgsdruck?
- → Sind Sie bereit, ein hohes Risiko für den Markterfolg einzugehen?
- → Streben Sie eher Projektverantwortung oder eher Personalverantwortung an?
- → Brauchen Sie kurzfristige Erfolge oder möchten Sie langfristig laufende Projekte betreuen?
- → Möchten Sie in einem internationalen Rahmen arbeiten?
- → Sehen Sie sich selbst eher als Spezialisten oder als Generalisten?
- → Wie eng möchten Sie mit anderen zusammenarbeiten?
- → Wollen Sie auch im Ausland tätig werden?
- → Kommt es Ihnen entgegen, wenn Sie an einem festen Ort/ in einer bestimmten Region tätig sind?
- → Wie hoch darf die Belastung durch Reisetätigkeit sein?

Vorstellungen abgleichen

Wenn Sie die aufgeführten Fragen für sich beantwortet und geklärt haben, sind Ihnen die Wünsche, die Sie an Ihre neue Position stellen, klarer geworden. Überlegen Sie sich nun, welche Ihrer Wünsche schon in Ihrer momentanen Berufstätigkeit verwirklicht sind und welche Wünsche Ihnen eine neue Position erfüllen müsste. So können Sie bei persönlichen und telefonischen Kontakten zu neuen Arbeitgebern oder Personalberatern gezielt Ihre Erfahrungen und Erwartungen herausstellen und die gegenseitigen Vorstellungen vor der Aufnahme weiterer Bewerbungsaktivitäten schon einmal grob abklären.

AUF EINEN BLICK

Ihre Erfolgsbilanz

→ Überzeugen Sie sich zuerst selbst von Ihren Qualitäten, bevor Sie damit beginnen, andere zu überzeugen.

→ Erstellen Sie eine Erfolgsbilanz Ihrer bisherigen beruflichen Erfahrungen. Beginnen Sie mit Ihrer momentanen Position und orientieren Sie sich an dieser Reihenfolge:
1. Abteilung,
2. Offizielle Berufsbezeichnung
3. Personalverantwortung
4. Tagesaufgaben
5. Projekte/Sonderaufgaben
6. Besondere Erfolge

→ Vergegenwärtigen Sie sich auch, was Sie in vorhergehenden beruflichen Positionen schon alles geleistet haben.

→ Runden Sie Ihre Erfolgsbilanz durch Weiterbildungsmaßnahmen, PC- und Fremdsprachenkenntnisse und besuchte Messen, Kongresse und Tagungen ab.

→ Bei der Ausarbeitung Ihrer Erfolgsbilanz sollten Sie sich nicht beschränken. Der passgenaue Zuschnitt auf eine neue Stelle findet erst zu einem späteren Zeitpunkt statt.

→ Erarbeiten Sie sich eine Zukunftsperspektive, definieren Sie an dieser Stelle Ihre persönlichen Ansprüche an Ihre Wunschposition.

→ Überlegen Sie sich, welche Aufgaben und Tätigkeiten Sie in Ihrer derzeitigen Position wahrnehmen und welche zusätzlichen Handlungsspielräume Sie in einer neuen Position gewinnen wollen.

3. Anforderungen der Unternehmen an Führungskräfte

In diesem Kapitel setzen Sie sich mit den aktuellen Anforderungen der Unternehmen an Führungskräfte auseinander. Wir erläutern Ihnen die Bedeutung fachlicher, sozialer und methodischer Kompetenz für das gesamte Bewerbungsverfahren. Anschließend werden Sie Ihre individuelle fachliche, soziale und methodische Kompetenz erfassen. So erarbeiten Sie sich eine Übersicht über Ihre berufliche Qualifikation, auf die Sie im schriftlichen und mündlichen Bewerbungsverfahren zurückgreifen werden.

Was erwartet das Unternehmen von Ihnen?

Die Auseinandersetzung mit den aktuellen Anforderungen der Unternehmen an Führungskräfte ist unverzichtbar. Sie müssen wissen, was Unternehmen von Ihnen erwarten, um gezielt auf diese Erwartungen eingehen zu können. Da Sie Verantwortung für Mitarbeiter, Sachmittel und Entwicklungen im Unternehmen übernehmen wollen, werden Sie im Bewerbungsverfahren mit hohen Anforderungen konfrontiert.

Geforderte berufliche Qualifikation

Fachliche, soziale und methodische Kompetenz

Ihre berufliche Qualifikation lässt sich nicht eindimensional darstellen. Je nach Tätigkeitsfeld, Branche und Unternehmensgröße sind ganz unterschiedliche Fähigkeiten und Kenntnisse gefragt. In der Personalarbeit hat sich die Dreiteilung der beruflichen Qualifikation in fachliche, soziale und methodische Kompetenz durchgesetzt. Vereinfacht dargestellt bedeutet dies, Sie müssen über das zu Ihrem Berufsfeld passende Fachwissen verfügen (fachliche Kompetenz), mit Kollegen und Mitarbeitern umgehen können (soziale Kompetenz) und berufliche Aufgabenstellungen strukturieren und bewältigen können (methodische Kompetenz).

Fachwissen allein genügt nicht zur Bewältigung von qualifizierten Berufstätigkeiten. Sie müssen Ihr Wissen auch in die Praxis umsetzen und mit anderen Menschen zusammenarbeiten können.

Die Dreiteilung der beruflichen Kompetenz

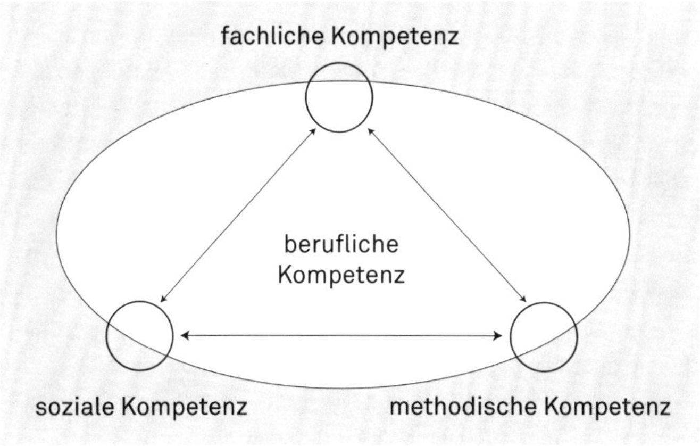

Führungskräfte müssen mehr können

Als Führungskraft können Sie sich nicht mehr allein auf Ihre fachliche Kompetenz berufen, wenn es darum geht, interessante und verantwortungsvolle Positionen zu übernehmen. Gerade auf den höheren Karrierestufen waren Fähigkeiten im zwischenmenschlichen Umgang und in der Strukturierung von Aufgaben immer schon wichtige Anforderungen. Im Zuge der Verflachung der Unternehmenshierarchien sind die Verantwortungs- und Aufgabenbereiche auch in den unteren und mittleren Karriereebenen größer geworden.

Mit der Darstellung der sozialen und methodischen Kompetenz tun sich viele Bewerberinnen und Bewerber schwer. Es ist nicht immer leicht zu durchschauen, was die Unternehmen verlangen und wie dies im Einzelnen darzustellen ist. Daneben gibt es Unterschiede in der propagierten Unternehmenskultur und den tatsächlichen Anforderungen am Arbeitsplatz. Sie werden im Bewerbungsverfahren nur dann erfolgreich sein, wenn es Ihnen gelingt, sowohl Ihr Fachwissen als auch Ihre Fähigkeiten im Umgang mit Menschen und Aufgabenstellungen deutlich zu machen.

BERATUNG

Aus unserer Beratungspraxis
Fachlich einseitig

Ein Teamleiter aus der pharmazeutischen Forschung suchte uns auf, da ihm der anvisierte Karriereschritt zum Abteilungsleiter nicht gelang. Aus seinen Bewerbungsunterlagen konnte man ersehen, dass sein Fachwissen in seiner Bewerbung eine zentrale Rolle spielte. Im Gespräch bestätigte sich diese Einschätzung. So wurde auch deutlich, dass der Teamleiter seine momentane Position verlassen wollte, da seiner Meinung nach Marketing und Vertrieb zu großen Einfluss auf die Produktentwicklung nahmen. Aus seiner Sicht waren die Abstimmungsgespräche zwischen den Abteilungen oftmals reine Zeitverschwendung. Für ihn war die Entwicklung innovativer Produkte der einzige Weg zu einer besseren Marktposition.

Aus diesem Grund stellte er in seinem Anschreiben und seinem Lebenslauf die von ihm beherrschten Analysemethoden und Testverfahren in den Mittelpunkt. Seine Ausführungen waren wegen der eingesetzten Fachtermini nur für Fachkollegen verständlich. Der durch sein Anschreiben erweckte Eindruck lies zwar einen hochkompetenten Fachspezialisten vermuten, aber seine Befähigung, Mitarbeiter anzuleiten und Arbeitsprozesse zu strukturieren, wurde nicht deutlich. Die angeschriebenen Personalabteilungen mussten ihm daher seine Führungsqualität absprechen. Auch die von ihm verwendeten Leerfloskeln »selbstverständlich bin ich führungsstark und ständig kommunikationsbereit« konnten den Eindruck nicht positiv färben, da Belege für diese Behauptungen fehlten.

Es war schwierig, ihn davon zu überzeugen, nicht nur sein Fachwissen zu thematisieren. Wir konnten ihm schließlich klarmachen, dass ein Ausbau seiner Führungsverantwortung nur gelänge, wenn er auch seine Fähigkeiten im Umgang mit Vorgesetzten, Kollegen und Mitarbeitern überzeugend belegen würde. Um seine außerfachlichen Kompetenzen zu verdeutlichen, stellten wir in seinem neuen Anschreiben von ihm initiierte Projektgruppen in den Vordergrund und hoben die Markterfolge von ihm entwickelter Produkte hervor. Die Bewerbung als Abteilungsleiter bekam damit eine neue Gewichtung. Neben den ausgewiesenen Fachkenntnissen wurden jetzt auch seine Fähigkeiten in der Abstimmung der einzelnen Abteilungen klar. Mit den neuen Bewerbungsunterlagen wurde er zu Vorstellungsgesprächen eingeladen und sein beruflicher Aufstieg gelang.

Fazit: Der von Bewerberinnen und Bewerbern oft gewählte Rückzug auf fachliche Aspekte ist aus der Sicht der Personalabteilungen nicht überzeugend. Die geforderte berufliche Qualifikation beinhaltet mehr als nur die Fachkompetenz. Tätigkeitsfelder von Führungskräften sind vom Umgang mit Mitarbeitern und Kollegen und der Gestaltung von Arbeitsabläufen bestimmt. Sie überzeugen Personalverantwortliche nur, wenn Sie in allen Kompetenzbereichen punkten.

Was will das Unternehmen?

Damit Sie in allen Kompetenzbereichen überzeugen können, müssen Sie sich vorher mit den Anforderungen der Unternehmen an Führungskräfte auseinandersetzen. Wir erläutern Ihnen nun, was im Einzelnen hinter den Begriffen fachlicher, sozialer und methodischer Kompetenz steht.

Fachliche Kompetenz

Fachkenntnisse sind unabdingbar

Fachliche Kompetenz ist das zu einem bestimmten Arbeitsbereich gehörende Wissen. Fachliche Kompetenz wird auch als Fachwissen oder Fachkenntnis bezeichnet. Von Führungskräften wird erwartet, dass sie genügend Wissen mitbringen, um die Aufgaben bearbeiten zu können, die ihnen in ihrem Arbeitsfeld gestellt werden. Daneben brauchen sie umfangreiches Wissen, um Entwürfe, Vorschläge und Ausarbeitungen von Mitarbeitern beurteilen zu können.

Eine Basis für Ihre fachliche Kompetenz haben Sie sich in Ihrer Ausbildung oder Ihrem Studium erarbeitet. In Ihrer bisherigen Berufstätigkeit haben Sie bestimmte Wissensbereiche weiter vertieft und sich zusätzliche Kenntnisse angeeignet. Wie wir schon erwähnten, ist Ihr fachliches Wissen allein nicht ausreichend, um Führungspositionen auszufüllen. Es ist jedoch unabdingbar, um überhaupt in Ihrem Arbeitsgebiet tätig zu sein. Auch wenn die anderen beiden Kompetenzbereiche, die soziale und die methodische Kompetenz, letztendlich entscheidend für Ihre Einstellung sein werden, so müssen Sie doch die geforderten Fachkenntnisse mitbringen.

BEISPIEL

Konzerncontrolling

Wenn Sie sich für eine gehobene Position im Konzerncontrolling bewerben, wird man von Ihnen erwarten, dass Sie über ein abgeschlossenes Hochschulstudium mit den Schwerpunkten Rechnungswesen/Controlling verfügen, bilanzsicher sind, den aktuellen fachlichen Stand des modernen Controllings kennen, sehr gute Englischkenntnisse haben, mit Datenbankanwendungen vertraut sind und über SAP R/3-Kenntnisse verfügen.

BEISPIEL

Ingenieurin Maschinenbau

Als Ingenieurin der Fachrichtung Maschinenbau besteht Ihre fachliche Kompetenz unter anderem aus Ihren Studienkenntnissen in Werkstoffkunde, Strömungslehre, Experimentalphysik, Mathematik und Statik. Hinzu kommt Ihr Wissen aus dem Bereich der Datenverarbeitung. Sie kennen sich beispielsweise mit Konstruktionsprogrammen wie CAD oder CAM aus und beherrschen Programmiersprachen wie C++.

Wie Sie an unseren Beispielen sehen können, setzt sich Ihre fachliche Kompetenz aus mehreren Bestandteilen zusammen. Es wird auf jeden Fall eine spezifische Ausbildung oder ein bestimmtes Studium von Ihnen verlangt. Hinzu kommt das Wissen aus Ihrer bisherigen Berufspraxis, manchmal werden auch bestimmte Weiterbildungen gewünscht. Sprachkenntnisse und der sichere Umgang mit EDV-Programmen runden

Ihre fachliche Kompetenz ab. Zum Bereich fachliche Kompetenz gehört ganz wesentlich Ihre Branchenerfahrung. Besonders wenn eine langjährige berufliche Tätigkeit Voraussetzung für den Karrieresprung ist, spielt das Wissen um die besonderen Anforderungen der jeweiligen Branche eine wichtige Rolle.

Um Fachwissen zur Anwendung bringen zu können, ist das Wissen zur Umsetzung gefragt. Sie müssen über methodische Kompetenz verfügen, um Ihr Wissen für ein Unternehmen nutzbringend einsetzen zu können.

Methodische Kompetenz

Theorie-Praxis-Transfer

Als methodische Kompetenz bezeichnen Personalverantwortliche die Fähigkeit zum Theorie-Praxis-Transfer. Es geht darum, wie das Fachwissen bei der Bewältigung beruflicher Aufgaben eingesetzt wird. Von Führungskräften wird darüber hinaus verlangt, dass sie nicht nur ihre eigenen Kenntnisse im Berufsalltag einsetzen können, sondern auch, dass sie das Wissenspotenzial ihrer Mitarbeiter nutzbringend ausschöpfen. Dazu gehört die Delegation von Teilaufgaben an Mitarbeiter, die Strukturierung komplexer Vorgänge und der Einsatz von Mitarbeitern gemäß ihrer Fähigkeiten.

BEISPIEL

Projektleiter

Wenn Sie eine Position als Projektleiter anstreben, wird von Ihnen neben dem entsprechenden Fachwissen auch gefordert werden, dass Sie Projekte planen, koordinieren und realisieren können. Sie müssen interdisziplinäre, an verschiedenen Standorten arbeitende Teams anleiten können und die Zusammenarbeit mit den technischen Abteilungen, dem Produktmanagement, dem Vertrieb und der Support-Abteilung gestalten können.

BEISPIEL

Account Managerin

Als Account Managerin können Sie Ergebnisse präsentieren, Kunden beraten, Angebote erstellen und Kooperationsverträge schließen. Bestehende Kooperationen werden von Ihnen betreut und strategisch weiterentwickelt. Daneben gehört die Strukturierung und Entwicklung neuer Absatzsegmente zu Ihren Aufgaben.

Methodische Techniken

Immer wenn es um die Anwendung Ihres Wissens geht, kommt Ihre methodische Kompetenz zum Tragen. Sie erkennen methodische Kompetenz oft an dem Zusatz »-techniken«: beispielsweise Gesprächstechniken, Führungstechniken, Verkaufstechniken, Präsentationstechniken, Kreativitätstechniken, Moderationstechniken oder Problemlösungstechniken. Ihre methodische Kompetenz spielt für die Unternehmen eine große Rolle, da der Berufsalltag von Führungskräften dadurch gekennzeichnet ist, dass geplant, analysiert, informiert, delegiert, organisiert und strukturiert werden muss.

Im Gegensatz zu Berufseinsteigern wird von Führungskräften verlangt, dass sie einen Fundus an methodischer Kompetenz mitbringen. Diese methodische Kompetenz haben Sie sich sowohl durch Ihre bisherige Berufstätigkeit erschlossen als auch in Seminaren und Trainings angeeignet. Erfolge in Ihrer bisherigen Berufstätigkeit lassen Personalverantwortliche auf das Vorhandensein methodischer Kompetenz schließen. Deshalb besteht der beste Nachweis für methodische Kompetenz aus Beispielen Ihrer bisherigen beruflichen Praxis, aus denen deutlich wird, wie Sie Probleme gelöst und Erfolge erzielt haben.

BEISPIEL

Qualitätsmanagement

Ein Bewerber stellt sich im Bewerbungsverfahren so dar: »Ich war bei meinem derzeitigen Arbeitgeber für die Einführung eines Qualitätsmanagements verantwortlich. Hierzu habe ich abteilungsübergreifende Qualitätszirkel aufgebaut. In diesen Qualitätszirkeln wurden Verbesserungsvorschläge entwickelt, die ich anschließend in neue Qualitätsstandards umgesetzt habe. Zur Sicherung dieser Standards habe ich Kontrollmechanismen installiert.«

Personalverantwortliche schließen aus diesem Vortrag: Der Bewerber verfügt über die Fähigkeiten, Aufgaben zu strukturieren, Problembereiche zu analysieren, die Umsetzung von neuen Ideen zu planen und zu verwirklichen. Der Bewerber stellt damit heraus, dass er sein Wissen im Qualitätsmanagement auch in die berufliche Praxis umsetzen kann. Damit wird seine methodische Kompetenz deutlich.

Zusammenarbeit ohne Reibungsverluste

Damit Sie Ihre methodische Kompetenz auch in der Zusammenarbeit mit anderen gezielt und ohne Reibungsverluste einsetzen können, müssen Sie über Fähigkeiten im Umgang mit anderen Menschen verfügen. Sie müssen sozial kompetent sein.

Soziale Kompetenz

Soziale Kompetenz bezieht sich auf Persönlichkeitsmerkmale. Gerade bei Führungskräften ist soziale Kompetenz ein weiterer wesentlicher Faktor der Qualifikation. Personalverantwortliche gehen davon aus, dass Ihre fachliche und methodische Kompetenz durch gezielte Weiterbildungsmaßnahmen ausgebaut werden kann. Lassen Sie allerdings den Eindruck entstehen, Sie hätten Defizite im Bereich der sozialen Kompetenz, sind Sie im Bewerberrennen disqualifiziert: Für Änderungen im Verhalten ist jahrelanges Training notwendig, und oft bleibt fraglich, ob derartig tiefgreifende Veränderungen überhaupt möglich sind.

Ein entscheidender Faktor im Berufsleben

Sie kennen die klassischen Forderungen nach sozialer Kompetenz, die in jeder Stellenanzeige auftauchen: Durchsetzungskraft, Leistungsbereitschaft, Kontaktfähigkeit, Kommunikationsfähigkeit, Eigeninitiative, Kreativität, Überzeugungsfähigkeit und Begeisterungsfähigkeit. Soziale Kompetenz ist mithin ein entscheidender Faktor in heutigen Arbeitsabläufen.

Soziale Kompetenz bezeichnet im menschlichen Miteinander das Ausmaß, in dem der Mensch fähig ist, selbstständig, umsichtig und nutzbringend zu handeln. Daraus ergeben sich aus Unternehmenssicht zusammengefasst die nachfolgenden Forderungen. Der sozial kompetente Mitarbeiter sollte

- **die Anforderungen erkennen können, die die soziale Situation an ihn stellt,**
- **seine Möglichkeiten und Grenzen in dieser speziellen Situation einschätzen können,**
- **eigene Ziele sowie Gruppenziele generieren können,**
- **situations- und zielgerecht handeln können,**
- **über einen Prozess reflektieren können.**

Zielorientiertes Zusammenspiel

Bestimmt sind Ihnen Teilaspekte dieser Auflistung in Ihrem Arbeitsalltag schon oft begegnet. Bei der Lösung von Aufgaben mussten Sie entscheiden, ob Ihr Wissen zur Problemlösung ausreicht oder ob Sie einen Spezialisten hinzuziehen sollten. Als Führungskraft müssen Sie immer wieder Zielvorgaben entwickeln und dafür sorgen, dass die einzelnen Arbeitsergebnisse zu einem Gesamtergebnis zusammengefasst werden können. Bei Schwierigkeiten in Ihrer Abteilung oder in Ihrem Bereich müssen Sie die Ursachen herausfinden und dafür sorgen, dass Arbeitsabläufe in Zukunft reibungslos gestaltet werden. Sie werden mit Vorgaben von der Geschäftsleitung konfrontiert und müssen diese in Ihrem Arbeitsbereich umsetzen. Dabei müssen Sie den Informationsfluss aufrechterhalten und dafür sorgen, dass Ihre Mitarbeiter die Anweisungen nachvollziehen können. Bei großen Arbeitsbelastungen ist Ihre Fähigkeit gefragt, die Mitarbeiter bei der Stange zu halten und zu besonderem Einsatz anzuspornen.

Schlagworte in Stellenausschreibungen

Personalverantwortliche übersetzen diese Anforderungen aus dem Arbeitsalltag von Führungskräften in die Schlagworte, die Ihnen bei Stellenausschreibungen immer wieder begegnen. Schlagworte zur sozialen Kompetenz von Führungskräften sind:

- → **Motivationsfähigkeit**
- → **Kommunikationsfähigkeit**
- → **Durchsetzungsfähigkeit**
- → **Einsatzbereitschaft**
- → **Leistungswillen**
- → **Kontaktfähigkeit**
- → **Begeisterungsfähigkeit**
- → **Innovationsfähigkeit**
- → **Belastungsfähigkeit**
- → **Kritikfähigkeit**
- → **Teamfähigkeit**
- → **Zielstrebigkeit**
- → **Fähigkeit zum selbstständigen Arbeiten**
- → **Problemlösungsfähigkeit (analytisches Denken)**
- → **Führungsfähigkeit**

Belegen sie Ihre soziale Kompetenz

Diese Auflistung ist natürlich unvollständig. Das Problem von Schlagworten ist nur, dass sehr viele Bewerberinnen und Bewerber sie einfach nur auswendig lernen und bloß aufzählen. Die Behauptung: »Ich bin leistungsbereit und kommunikationsstark« ist ohne konkrete Belege aus der beruflichen Praxis nichtssagend und bringt Sie nicht weiter. Wie beim Fachwissen und der methodischen Kompetenz ist es für das Unternehmen interessant, ob Sie Ihre soziale Kompetenz bei der Lösung beruflicher Aufgaben einsetzen können.

BEISPIEL

Soziale Kompetenz im Vertrieb

Ein Bewerber für eine Position als Außendienstleiter stellt sich wie folgt dar: »In meiner jetzigen Position habe ich erfolgreich die Markteinführung einer neuen Produktserie begleitet. Ich war als Regionalleiter verantwortlich für die Schulung der Außendienstmitarbeiter, die Neustrukturierung des Vertriebsgebietes und die Großkundenbetreuung.«

Diese aussagekräftige Darstellung der Vertriebstätigkeit lässt Personalverantwortliche wie selbstverständlich vermuten, dass der Bewerber für den Erfolg in seiner bisherigen Tätigkeit seine Kommunikationsfähigkeit, seine Zielstrebigkeit, seine Kontaktfähigkeit und seine Einsatzbereitschaft eingesetzt hat. Die geforderte soziale Kompetenz wird dem Bewerber zugesprochen werden.

Eigene berufliche Qualifikation

Erarbeiten Sie sich einen Überblick

Sie haben im Bewerbungsverfahren nur dann Erfolg, wenn Sie Ihre fachliche, methodische und soziale Kompetenz kennen und auf die von Ihnen angestrebten Tätigkeitsfelder abgestimmt darstellen können. Erarbeiten Sie sich mit unseren Übungen und Beispielen einen detaillierten Überblick über Ihre berufliche Qualifikation. Ziehen Sie Ihre Erfolgsbilanz heran und überlegen Sie sich, welchen fachlichen, methodischen oder sozialen Hintergrund die von Ihnen aufgelisteten Tages- und Sonderaufgaben haben.

Bei der Analyse von Stellenausschreibungen, der Ausarbeitung Ihrer Bewerbungsunterlagen und bei der Vorbereitung von Vorstellungsgesprächen werden Sie auf die in diesem Abschnitt geleistete Vorarbeit zurückgreifen können.

Ihre Kompetenz muss anderen deutlich werden

Es ist typisch für Führungskräfte, dass die detaillierte Darstellung der beruflichen Qualifikation Schwierigkeiten bereitet. Aus unserer Beratungspraxis wissen wir, dass den meisten Führungskräften die einzelnen beruflichen Aufgaben dermaßen »in Fleisch und Blut übergegangen« sind, dass sie nicht mehr als besondere Leistung angesehen werden. Bei einer Bewerbung müssen Sie jedoch Ihre Leistungen und Erfolge auf eine Weise herausstellen, dass Ihre Kompetenz auch für andere deutlich wird. Ermitteln Sie deshalb ausführlich Ihre fachliche, methodische und soziale Kompetenz, damit Sie Ihr Profil auf die Anforderungen der Unternehmen zuschneiden können.

Fachliche Kompetenz

Berufserfahrung zählt

Listen Sie auf, welches Wissen Sie einsetzen, um Ihre momentanen beruflichen Aufgaben zu bewältigen. Ihre Kenntnisse aus der Berufspraxis haben für Unternehmen – und deshalb auch für Ihre Bewerbung – den größten Stellenwert. Aber auch Ihr Fachwissen aus einer Ausbildung oder einem Studium spielt noch eine Rolle.

Fachliche Kenntnisse eines Abteilungsleiters Automatisierungstechnik

BEISPIEL

Anhand eines Beispiels stellen wir Ihnen jetzt exemplarisch dar, was das hinter einer Berufsbezeichnung stehende Fachwissen beinhalten kann. An diesem Beispiel können Sie sich orientieren, wenn Sie danach in unserer Übung Ihre Fachkenntnisse detailliert darstellen.

Fachkenntnis 1: Messtechnik (Studium)
Fachkenntnis 2: Hochfrequenztechnik (Studium)
Fachkenntnis 3: EMV-Richtlinien (Studium)
Fachkenntnis 4: Dokumentation (Studium und Berufstätigkeit)
Fachkenntnis 5: Programmierung (Studium und Berufstätigkeit)
Fachkenntnis 6: Technisches Englisch (Weiterbildung und Berufstätigkeit)
Fachkenntnis 7: Branchenkenntnisse im Automobilsektor (Berufstätigkeit)
Fachkenntnis 8: Fahrzeugdatenbus (Berufstätigkeit)
Fachkenntnis 9: Produktionsumrüstung (Berufstätigkeit)
Fachkenntnis 10: Qualitätsmanagement (Berufstätigkeit)
Fachkenntnis 11: Inbetriebnahme (Berufstätigkeit)

Jetzt zu Ihnen: Erarbeiten Sie sich mit unserer Übung »Fachliche Kenntnisse« einen Fundus an darstellbaren Fachkenntnissen für Ihre Bewerbung.

Fachliche Kenntnisse

ÜBUNG

Stellen Sie möglichst ausführlich die Kenntnisse aus Ausbildung, Studium, Weiterbildung und Berufstätigkeit dar, die Sie brauchen, um Ihre beruflichen Aufgaben zu erfüllen. Nehmen

→ FORTSETZUNG AUF DER NÄCHSTEN SEITE

Sie Ihre Erfolgsbilanz zur Hand und überlegen Sie sich, welche Fachkenntnisse mit den dort aufgelisteten Tätigkeiten und Sonderaufgaben verbunden sind.

Wenn Sie Probleme damit haben, Ihre Fachkenntnisse zu benennen, können Sie auch auf Stellenausschreibungen zurückgreifen, in denen das für die Ausübung Ihrer Berufstätigkeit notwendige Wissen aufgelistet wird.

Ihre Fachkenntnisse:
Fachkenntnis 1: ____________________
Fachkenntnis 2: ____________________
Fachkenntnis 3: ____________________
Fachkenntnis 4: ____________________
Fachkenntnis 5: ____________________
Fachkenntnis 6: ____________________
Fachkenntnis 7: ____________________
Fachkenntnis 8: ____________________
Fachkenntnis 9: ____________________
Fachkenntnis 10: ____________________

Methodische Kompetenz

Außerfachliche Kompetenzen

Je weiter Sie auf der Karriereleiter nach oben steigen, desto wichtiger werden Ihre außerfachlichen Kompetenzen. Die Bedeutung der fachlichen Kompetenz haben wir Ihnen erläutert. Jetzt kommt es darauf an, Ihre methodische Kompetenz zu erkennen. Damit Sie später Personalverantwortliche überzeugen können, sollten Sie Ihre methodische Kompetenz anhand von berufsnahen Beispielen herausarbeiten. Analysieren Sie, wie Sie berufliche Aufgaben lösen und welche Arbeitstechniken Sie dabei einsetzen.

Belege aus dem Berufsalltag

Unser Beispiel wird Ihnen zeigen, dass sich im Berufsalltag viele Belege für die methodische Kompetenz finden lassen. Anschließend werden Sie Ihre eigene methodische Kompetenz aus Ihren beruflichen Aufgaben herausfiltern.

BEISPIEL

Leiterin Marketing

Eine Leiterin Marketing kann bei der Darstellung ihrer methodischen Kompetenz auf die von ihr im Laufe der Jahre bewältigten Aufgaben zurückgreifen. Sie verfügt über folgende methodische Kompetenzen, die sie bei der Bewältigung beruflicher Aufgaben unter Beweis gestellt hat:

Beleg 1: Abstimmung der Marketingmaßnahmen einzelner Länder
Beleg 2: Entwicklung europäischer Marketingstrategien
Beleg 3: Umsetzung von Marketingplänen
Beleg 4: Adaption von Best-Practice-Ansätzen
Beleg 5: Betreuung interner Abstimmungsprozesse
Beleg 6: Analyse von Marketingstrategien der Wettbewerber
Beleg 7: Koordination von Markt- und Wettbewerberanalysen
Beleg 8: Bewertung durchgeführter Marketingmaßnahmen
Beleg 9: Konzeption der Mediaplanung
Beleg 10: Unterstützung der Sales-Aktivitäten

Nun sind Sie wieder gefordert. Sie haben anhand unseres Beispiels gesehen, wie die methodische Kompetenz mit Nachweisen aus dem Berufsalltag belegt werden kann. Suchen Sie nun Belege für Ihre methodische Kompetenz aus den bisher von Ihnen wahrgenommenen beruflichen Aufgaben heraus.

ÜBUNG

Belege für Ihre methodische Kompetenz

Gehen Sie Ihre beruflichen Aufgaben durch und überlegen Sie, welche Arbeitsmethodik zur Bewältigung gefragt war. Bei welchen Aufgaben haben Sie beispielsweise geplant, organisiert, bewertet, konzipiert, koordiniert oder analysiert? Denken Sie dabei nicht nur an Ihre täglichen Aufgaben, sondern auch an

→ FORTSETZUNG AUF DER NÄCHSTEN SEITE

Projekte und Sonderaufgaben. Finden Sie zehn Belege für Ihre methodische Kompetenz.

Beleg 1: ______________________________

Beleg 2: ______________________________

Beleg 3: ______________________________

Beleg 4: ______________________________

Beleg 5: ______________________________

Beleg 6: ______________________________

Beleg 7: ______________________________

Beleg 8: ______________________________

Beleg 9: ______________________________

Beleg 10: ______________________________

Soziale Kompetenz

Konkrete Beispiele sind wichtig

Nachdem Sie Ihr Fachwissen und Ihre methodische Kompetenz analysiert haben, geht es nun darum, Ihre soziale Kompetenz zu erfassen. Auch hier gilt wieder, dass Sie im Bewerbungsverfahren nur dann überzeugen, wenn Sie konkrete Belege für Ihre soziale Kompetenz liefern können. Es genügt nicht, die Fähigkeiten stichwortartig in den Raum zu stellen. Sie müssen Beispiele aus Ihrem Berufsalltag verwenden, um Ihre soziale Kompetenz deutlich zu machen.

BEISPIEL

Kommunikationsstärke

Statt zu behaupten »ich bin kommunikationsstark«, sollten Sie lieber ein Beispiel wählen, aus dem Ihre Kommunikationsstärke deutlich wird. Dies gelingt beispielsweise so: »In einer Arbeitsgruppe zur Prototypenentwicklung konnte ich zusammen mit dem Vertrieb, dem Controlling und der Produktion die technischen Vorgaben unter Berücksichtigung der Etatvorgaben umsetzen.«

BEISPIEL

Zielstrebigkeit

Die Selbstbeschreibung »ich bin zielstrebig« ist zu knapp, um Personalverantwortliche zu beeindrucken. Es ist besser, ein Beispiel aus der Berufspraxis anzugeben, aus dem die Zielstrebigkeit deutlich wird: »Nachdem der Absatz eines unserer Produkte zurückgegangen war, erarbeitete ich alle Maßnahmen für einen Produkt-Relaunch, da ich nach wie vor von dem Produkt überzeugt war. Die neue Positionierung auf dem Markt machte das Produkt zu einem unserer Topseller.«

Wenn Sie mit konkreten Beispielen aus Ihrer Berufspraxis argumentieren, gelingt Personalverantwortlichen die Übersetzung in Schlagworte aus dem Bereich soziale Kompetenz von selbst. An unseren Beispielen für Kommunikationsstärke und Zielstrebigkeit haben wir Ihnen gezeigt, wie soziale Kompetenz unter Rückgriff auf die Berufspraxis dargestellt werden kann. In der folgenden Übung geht es nun um die Belege für Ihre soziale Kompetenz.

ÜBUNG

Ihre soziale Kompetenz

Suchen Sie sich aus unserer Liste mit Schlagworten zur sozialen Kompetenz mindestens vier Begriffe heraus. Finden Sie anschließend berufliche Aufgaben, für deren Lösung Sie diese persönlichen Fähigkeiten eingesetzt haben. Orientieren Sie sich an unseren Beispielen zur Kommunikationsstärke und zur Zielstrebigkeit. Ordnen Sie den Schlagworten geeignete berufliche Tätigkeiten als Belege zu.

Schlagwort 1: ______________________________
Berufliche Tätigkeit als Beleg: ______________________

→ FORTSETZUNG AUF DER NÄCHSTEN SEITE

Schlagwort 2: ______________________________
Berufliche Tätigkeit als Beleg: ______________________

Schlagwort 3: ______________________________
Berufliche Tätigkeit als Beleg: ______________________

Schlagwort 4: ______________________________
Berufliche Tätigkeit als Beleg: ______________________

Jede Aufgabe erfordert verschiedene Fähigkeiten

Viele Bewerber blockieren sich bei der Darstellung ihrer sozialen Kompetenz selbst, indem sie versuchen, für jede Forderung aus dem Bereich soziale Kompetenz einen eigenen Beleg zu liefern. Dies ist jedoch nicht notwendig, da Sie bei der Lösung einzelner beruflicher Aufgaben stets mehrere persönliche Fähigkeiten einsetzen.

BEISPIEL

Product Manager

Wenn ein Bewerber als Product Manager tätig ist, hat er:

- **neue Produkte konzipiert (Beleg für Kreativität, Beleg für selbstständiges Arbeiten)**
- **Marktchancen beurteilt (Beleg für unternehmerisches Denken, Beleg für Verantwortungsbewusstsein)**
- **sich mit Produktion, Vertrieb, Marketing und Service abgestimmt (Beleg für Organisationsfähigkeit, Beleg für Kommunikationsfähigkeit)**
- **sein Konzept der Geschäftsleitung präsentiert (Beleg für Präsentationsfähigkeit, Beleg für Überzeugungsfähigkeit)**
- **Aufgaben der Markt- und Wettbewerberanalyse an Mitarbeiter delegiert (Beleg für Führungsfähigkeit, Beleg für selbstständiges Arbeiten)**

Die Argumentation mit konkreten Beispielen aus Ihrem Berufsalltag ist unerlässlich, um Personalverantwortlichen Ihre soziale Kompetenz deutlich zu machen. Sie bietet zudem die Chance, mehrere Anforderungen durch ein einziges Beispiel aus der beruflichen Praxis als erfüllt darzustellen. Zur Darstellung Ihrer sozialen Kompetenz sind besonders Projektaufgaben geeignet, da diese eine große Vielfalt an Belegen für persönliche Fähigkeiten beinhalten.

Nennen Sie interessante Beispiele

Erarbeiten Sie sich deshalb interessante Beispiele aus Ihrer bisherigen beruflichen Tätigkeit. Sie vermeiden dadurch den typischen Bewerberfehler, mit Schlagworten herumzuwerfen, zu abstrakt zu formulieren und die Besonderheiten des eigenen Profils zu unterschlagen. Wir werden Sie zu allen Bewerbungsschritten anleiten, mit konkreten Belegen und aussagekräftigen Beispielen zu argumentieren.

Auswertung von Stellenausschreibungen

Der Abgleich des eigenen Profils mit dem vom Unternehmen ausgeschriebenen Stellenprofil ist ein zentraler Aspekt des Bewerbungsverfahrens. Damit Sie lernen, die Anforderungen der Unternehmen zu erkennen, und einen Abgleich mit Ihrem eigenen Profil durchführen können, machen wir Sie jetzt damit vertraut, Anforderungen aus Stellenausschreibungen herauszulesen.

BEISPIEL

Stellenausschreibung Senior Business Consultant

Zu Ihren Aufgabengebieten wird die Geschäftsprozess- und Organisationsanalyse gehören. Sie entwickeln Anwendungskonzeptionen für erfolgreiche E-Commerce-Strategien und deren Umsetzung. Sie sollten über mehrjährige Erfahrung als Consultant in einer Unternehmensberatung verfügen und sich durch IT-Knowhow, Kontaktfreudigkeit sowie Erfahrung im Projektmanagement auszeichnen. Sehr gute Englischkenntnisse setzen wir voraus. Daneben erwarten wir ein hohes Maß

→ FORTSETZUNG AUF DER NÄCHSTEN SEITE

an Lern- und Einsatzbereitschaft, Mobilität, Kommunikationsstärke und Teamgeist.

Die Auswertung der Stellenausschreibung ergibt die folgenden Anforderungen an die einzelnen Kompetenzbereiche:

- **Fachliche Kompetenz:** IT-Know-how, Branchenerfahrung Unternehmensberatung, Kenntnisse in der Geschäftsprozess- und Organisationsanalyse, Englischkenntnisse
- **Methodische Kompetenz:** Anwendungskonzeptionen entwickeln, E-Commerce-Strategien umsetzen, Erfahrung im Projektmanagement
- **Soziale Kompetenz:** Kontaktfreudigkeit, Lernbereitschaft, Einsatzbereitschaft, Mobilität, Kommunikationsstärke, Teamgeist

Erarbeiten Sie sich einen Vorsprung

Wenn Sie Stellenausschreibungen analysieren können, erarbeiten Sie sich einen Vorsprung vor Ihren Mitbewerbern. Personalverantwortliche beklagen häufig, dass Bewerberinnen und Bewerber nicht auf die Anforderungen von Stellenausschreibungen eingehen. Der Versand von Standardanschreiben oder die Kontaktaufnahme mit nichtssagenden Floskeln ist kein Weg, der zum Erfolg führt. Nur wenn Sie wissen, was die Unternehmensseite von Ihnen erwartet, können Sie im Bewerbungsverfahren gezielt darauf eingehen. Üben Sie deshalb, die Anforderungen der Unternehmen aus ihren Stellenausschreibungen herauszulesen.

Stellenausschreibungen auswerten

ÜBUNG

Werten Sie nun die folgenden Stellenausschreibungen so aus, wie wir es Ihnen in unserem Beispiel Senior Business Consultant gezeigt haben. Finden Sie die einzelnen Anforderungen an die fachliche, soziale und methodische Kompetenz der Bewerberinnen und Bewerber heraus.

Manager/in Logistik und Warenkoordination

Sie bereiten weltweite Ausschreibungen vor, verhandeln Angebote und wirken bei der Vergabeentscheidung mit. Preisverhandlungen und die Vertragsgestaltung gehören ebenfalls zu Ihrem Aufgabengebiet. Darüber hinaus wirken Sie aktiv an der Gestaltung und Optimierung von Prozessen und der Umsetzung von Projektvergaben mit. Sie verfügen über eine technische Ausbildung beziehungsweise ein Ingenieurstudium und haben bereits mehrjährige Berufserfahrung in der Zuliefererbranche gesammelt. Über gute Englischkenntnisse verfügen Sie und besitzen idealerweise Kenntnisse in einer weiteren Fremdsprache. Der Umgang mit dem MS-Office-Paket ist Ihnen vertraut. Ergänzend sollten Sie Erfahrungen in SAP R/3 mitbringen. Sie sind mobil und zeichnen sich durch hohe Einsatzbereitschaft aus. Ihre Persönlichkeit wird durch Teamfähigkeit, Durchsetzungsvermögen und Kreativität abgerundet.

Fachliche Kompetenz: ....

....

Methodische Kompetenz: ....

....

Soziale Kompetenz: ....

....

→ FORTSETZUNG AUF DER NÄCHSTEN SEITE

Account Manager/in

Ihre Aufgabe liegt in der Entwicklung und Koordination von Marketing- und Sales-Aktionen. Die Konzeption strategischer Lösungen mit Kunden und Geschäftspartnern wird ein zentraler Bestandteil Ihrer Arbeit sein. Sie sollten über umfassende kaufmännische Kenntnisse und Projekterfahrung verfügen. Ihr Auftritt ist professionell und durch ausgeprägte Kundenorientierung gekennzeichnet. Im Rahmen gezielter Vertriebsaktivitäten können Sie auf Ihr Verhandlungsgeschick zurückgreifen. Kenntnisse in den Bereichen Internet-Technologie und Application-Server sollten Sie mitbringen. Sie haben bereits Erfahrungen im Vertrieb von Softwareprodukten gesammelt. Zudem beherrschen Sie mindestens eine Fremdsprache verhandlungssicher und zeichnen sich durch Einsatzfreude und Teamfähigkeit aus.

Fachliche Kompetenz: ....

....

Methodische Kompetenz: ....

....

Soziale Kompetenz: ....

....

Anforderungen der Unternehmen an Führungskräfte

AUF EINEN BLICK

- → Setzen Sie sich mit den Anforderungen der Unternehmen an Führungskräfte auseinander.
- → Nur wenn Sie wissen, was von Ihnen erwartet wird, können Sie mit Ihrer Bewerbung belegen, dass Sie diese Erwartungen erfüllen.
- → Ihre berufliche Qualifikation setzt sich aus fachlicher, sozialer und methodischer Kompetenz zusammen.
- → Fachliche Kompetenz beinhaltet das zu einem bestimmten Arbeitsfeld gehörende Wissen.
- → Methodische Kompetenz bezeichnet die Fähigkeit, Ihr Fachwissen zur Bewältigung beruflicher Aufgaben einzusetzen. Sie müssen in der Lage sein, einen Theorie-Praxis-Transfer zu leisten.
- → Soziale Kompetenz bezieht sich auf Persönlichkeitsmerkmale. Es geht darum, wie Sie mit anderen Menschen zusammen Aufgabenstellungen bewältigen.
- → Ermitteln Sie Ihre fachliche, methodische und soziale Kompetenz.
- → Greifen Sie bei der Darstellung Ihrer Kompetenzen auf Ihre Erfolgsbilanz zurück.
- → Kristallisieren Sie aus Stellenausschreibungen die einzelnen Forderungen an Ihre fachliche, soziale und methodische Kompetenz heraus.

4. Komplex: Auswahlverfahren für Führungskräfte

Die Anforderungen an Führungskräfte sind hoch. Die Unternehmen setzen verschiedene Auswahlverfahren ein, um die fachliche, soziale und methodische Kompetenz der Bewerberinnen und Bewerber zu erfassen. In allen Auswahlverfahren erwarten Sie besondere Anforderungen, mit denen Sie sich vor dem Einstieg in die aktive Bewerbungsphase auseinandersetzen sollten.

Falsche Personalauswahl ist teuer, daher möchte die Firmenseite vor einer endgültigen Einstellungsentscheidung so gut wie möglich abgesichert sein. Je nach Größe des einstellenden Unternehmens und nach Vorliebe aufseiten der Geschäftsführung und der Personalabteilung kommen daher ganz unterschiedliche Auswahlverfahren auf Führungskräfte zu, die Sie kennen sollten.

Kompliziert: Die Stufen im Bewerbungsprozess

Professionalisierte Personalauswahl

Grundsätzlich können Sie davon ausgehen, dass Konzerne mit großen Personalabteilungen mehr Aufwand betreiben als kleine und mittelständische Unternehmen. Allerdings ist schon seit Jahren der Trend zu verzeichnen, dass auch mittelständische Unternehmen ihre Personalauswahl immer stärker professionalisieren. Insbesondere Führungskräfte müssen dann damit rechnen, dass externe Personaldienstleister sie im Auftrag der einstellenden Unternehmen beispielsweise mit Tests oder Einzel-Assessment-Center konfrontieren.

Grundsätzlich ist der Bewerbungsprozess für Führungskräfte in den letzten Jahren immer vielschichtiger geworden. Glücklicherweise treffen Sie bei einem Unternehmen nicht gleichzeitig auf alle Auswahlelemente, die wir im Folgenden aufgelistet haben. Mit einer Kombination aus mehreren Elementen müssen Sie allerdings immer rechnen, und diese wird je nach Unternehmen ganz unterschiedlich ausfallen. Was Sie alles erwarten kann, haben wir in der Übersicht zusammengestellt.

AUF EINEN BLICK

Elemente der Personalauswahl

→ Analyse der Bewerbungsunterlagen
- Digitale Bewerbungsmappe (E-Mail mit angehängter Bewerbungsdatei)
- Bewerbungsmappe (sehr selten)

→ Analyse von Online-Bewerberprofilen
- Bewerberprofile in Jobbörsen
- Bewerberprofile in Datenbanken der Firmen (Firmenhomepage)
- Bewerberprofile in Business-Netzwerken (Xing, LinkedIn)

→ Telefonische Interviews
- strukturiertes Interview mit der internen Personalabteilung
- strukturiertes Interview mit der externen Personalberatung

→ Persönliche Interviews und Vorstellungsgespräche
- strukturiertes Interview mit der internen Personalabteilung
- strukturiertes Interview mit der externen Personalberatung
- unstrukturiertes Vorstellungsgespräch mit der Fachabteilung
- unstrukturiertes Vorstellungsgespräch mit der Geschäftsleitung

→ Assessment-Center
- Gruppen-Assessment-Center
- Einzel-Assessment-Center

→ FORTSETZUNG AUF DER NÄCHSTEN SEITE

→ Fallstudie/Business-Case mit Ergebnispräsentation

→ Kundengespräch (Rollenspiel)

→ Management-Audit

→ Online-Assessment-Center
  - Persönlichkeitstest
  - Intelligenztest
  - Konzentrationstest/Leistungstest
  - Fallstudie/Business-Case

→ Tests
  - Persönlichkeitstest
  - Intelligenztest
  - Konzentrationstest/Leistungstest

→ Referenzen

Analyse der Bewerbungsunterlagen

Online-Bewerbung

Werden Ihre hohe Eigenmotivation, Ihre individuellen Erfahrungen und Ihre persönlichen Stärken im Anschreiben erkennbar? Verdeutlicht Ihr Lebenslauf, dass Sie auch bisher schon Berührungspunkte zu den Aufgaben im neuen Job hatten? Wird Ihre Fähigkeit, lösungs- und ergebnisorientiert zu arbeiten, deutlich? Und werden ausgewählte Führungserfolge genannt?

Keine Frage, Ihre Bewerbungsunterlagen sollten die Personalprofis in den Firmen und ebenso Headhunter positiv einstimmen. Die richtigen Einstellungsargumenten müssen strukturiert und glaubwürdig präsentiert werden. Sonst ist das Bewerbungsverfahren schon zu einem sehr frühen Zeitpunkt beendet.

Analyse von Online-Bewerberprofilen

Jobbörsen und Firmenwebsites

Führungskräfte können Informationen über ihren beruflichen Werdegang und ihre Zielposition aber auch über das Internet in

Bewerberprofile in Jobbörsen oder direkt in die Datenbanken der Firmen über die Firmenhomepage eintragen. Jobbörsen können im Prinzip von allen suchenden Unternehmen und Personalberatern ausgewertet werden. Einzelne Unternehmen, insbesondere das, bei dem der Bewerber aktuell beschäftigt ist, können selbstverständlich ausgeschlossen werden. Die Datenbanken der Firmen werden naturgemäß ausschließlich von der jeweiligen Firma ausgewertet.

In beiden Fällen treffen die Bewerberinnen und Bewerber auf standardisierte Fragebögen. Diese Fragebögen sind wie Lebensläufe strukturiert. Beispielsweise werden Angaben zu den momentanen Arbeitsaufgaben, zu Aufgaben in früheren Positionen und zu PC- und Sprachkenntnissen erfragt. Die Bewerberprofile können mithilfe von Suchbegriffen ausgewertet werden. Häufig gibt es noch die Möglichkeit, zusätzlich ein Anschreiben, ein Motivationsschreiben oder den Lebenslauf hochzuladen.

Weiter können Sie Ihre digitale Visitenkarte auf beruflichen Netzwerken wie Xing oder LinkedIn einstellen. Achten Sie auch hier darauf, ein professionelles Foto zu verwenden. Nutzen Sie den »Ich biete«- und den »Ich suche«-Bereich taktisch, also mit den richtigen Stichworten für Ihr Berufsfeld. Und achten Sie darauf, Ihr Social-Media-Profil von Zeit zu Zeit zu aktualisieren, damit Recruiter auf Sie aufmerksam werden.

Telefonische Interviews

Schnell und kostengünstig

In den letzten Jahren ist eine deutliche Zunahme von telefonischen Interviews zu beobachten. Termine für telefonische Interviews lassen sich meist viel schneller als persönliche Treffen vereinbaren, auch die Kosten sind weitaus geringer. Unterscheiden lassen sich strukturierte Interviews mit Vertretern der internen Personalabteilung des Unternehmens oder mit externen Personalberatern, die im Auftrag eines Unternehmens tätig sind. Strukturiert meint hier, dass ein vorher festgelegter Fragenkatalog systematisch abgearbeitet wird, beispielsweise zur Motivation des Bewerbers, zu seinen fachlichen, methodischen und sozialen Kernkompetenzen und insbesondere zu seiner kommunikativen Kompetenz. Diese strukturierte Vorgehensweise können üblicherweise nur Personalexperten leisten, daher gibt es an dieser Stelle fast nie Kontakt zu künftigen Fachvorgesetzten oder Mitgliedern der Geschäftsleitung.

Persönliche Interviews und Vorstellungsgespräche

Strukturierte und unstrukturierte Gespräche

Anders sieht es dann bei persönlichen Interviews und Vorstellungsgesprächen aus. In der Praxis der Personalauswahl kommt es hier häufig erst zu strukturierten Interviews vorwiegend mit Vertretern der firmeneigenen Personalabteilungen oder externen Personalberatern. Und dann, in einem zweiten Schritt, zu unstrukturierten Vorstellungsgesprächen mit Fachvorgesetzten und Mitgliedern der Geschäftsleitung. Unstrukturierte Vorstellungsgespräche bieten Bewerberinnen und Bewerbern mehr Freiräume zur Selbstdarstellung des beruflichen Könnens. Hier können Sie punkten, wenn Sie die Produkt- oder Dienstleistungspalette des Unternehmens kennen, wenn Sie auf Ihre Erfahrungen verweisen, die Sie bei einem Mitbewerber in der Branche gesammelt haben oder wenn Sie durchblicken lassen, dass Sie aktuelle Anforderungen der zukünftigen Berufstätigkeit kennen. Achten Sie bei unstrukturierten Gesprächen darauf, dass Sie auch ohne gezielte Nachfrage Ihr Profil deutlich machen.

Die Übergänge von unstrukturierten zu halbstrukturierten Gesprächen sind aber fließend, da Fachvorgesetzte und Geschäftsführer mit viel Erfahrung in der Personalauswahl bestimmte »bewährte« Fragen immer wieder stellen.

Weniger häufig, aber je nach Vorliebe auf der Firmenseite dennoch möglich, werden strukturierte Interviews auch von speziell ausgebildeten Vertretern der Fachabteilungen durchgeführt. Und es gibt weiterhin relativ unstrukturierte Vorstellungsgespräche mit Personalverantwortlichen in kleineren Unternehmen und Personalberatern, die mehr auf ihren Instinkt oder ihr Gefühl vertrauen.

Assessment-Center

Häufig bei Führungsjobs

Bei der Auswahl von Führungskräften werden häufig Assessment-Center eingesetzt. Unserer Erfahrung nach wird etwa jede fünfte Führungsposition mithilfe dieses Auswahlverfahrens beziehungsweise einer seiner Varianten besetzt. Assessment-Center waren ursprünglich reine Gruppenauswahlverfahren, das heißt, mehrere Kandidaten führten verschiedene Übungen wie Diskussionen, Präsentationen oder Mitarbeitergespräche vor mehreren Beobachtern der Unternehmensseite durch. Eine Gruppe von sechs bis zwölf Kandidaten, die von vier bis sechs

Beobachtern bewertet wird, ist heutzutage jedoch nur noch typisch, wenn es um den ersten Führungsjob geht.

Einzel-Assessments

Wenn es um höhere Managementebenen, beispielsweise um die Position Abteilungsleiter, Senior Manager oder Top-Positionen wie Niederlassungsleiter, Geschäftsführer, Vorstand, CFO (Chief Financial Officer), CIO (Chief Information Officer) oder CEO (Chief Executive Officer) geht, werden Gruppen-Assessment-Center nicht eingesetzt. Hier geht der Trend zum Einzel-Assessment-Center, das dann bevorzugt von externen Personalberatungen durchgeführt wird.

Dies liegt zum einen daran, dass man vermeiden möchte, dass nach der erfolglosen Teilnahme an einem unternehmensinternen Gruppen-Assessment-Center zwischen den »Verlierern und Siegern« offene Grabenkämpfe im Unternehmen ausbrechen. Zum anderen treten Top-Bewerber ungern im direkten Vergleich gegeneinander an, insbesondere dann, wenn die Top-Bewerber von außen kommen und im Assessment-Center auf interne Kandidaten um die zu vergebenden Führungspositionen treffen würden.

Weitere Bezeichnungen

Gelegentlich sind Führungskräfte überrascht, weil sie eine Einladung zum Assessment-Center nicht als solche erkannt haben. Denn die Bezeichnungen von Assessment-Centern variieren beträchtlich: So werden Assessment-Center von einigen Unternehmen auch als Potenzialanalyse, Kennenlerntag, Development-Center oder Management-Eignungstest etikettiert.

Die meisten Unternehmen werden bereits in der Einladung darauf hinweisen, dass Sie ein Assessment-Center erwartet, und sogar nähere Informationen zu den Übungsabläufen geben. Ein weiterer Hinweis darauf, ob ein Assessment-Center durchgeführt wird, ist der angegebene Zeitrahmen. Werden Sie gebeten, sich mehr als zwei Stunden für das gegenseitige Kennenlernen beim Unternehmen freizuhalten, haben Sie ein erstes Indiz dafür, dass Sie an einem Assessment-Center teilnehmen werden.

Fallstudie (Business-Case)

Lösung komplexer Aufgaben

Dass Führungskräfte zu einem zweiten Gespräch eingeladen werden und die Einladung damit verbunden ist, dass der Bewerber eine aktuelle, vom Unternehmen selbst oder einer externen Personalberatung vorgegebene Fallstudie/Business-

Case aus seinem künftigen Arbeitsbereich präsentieren soll, erleben wir in letzter Zeit immer öfter. Schätzungsweise jeder zehnte Bewerber um eine Führungsposition muss bereits im Auswahlverfahren vor ausgewähltem Publikum zeigen, wie er komplexe Aufgabenstellungen analysiert, Kennzahlen interpretiert, Kernprobleme herausarbeitet und Lösungsansätze formuliert. Darüber hinaus hat er sich einer kritischen Fragerunde zur Präsentation zu stellen, die sich entweder aus den Entscheidern auf der Firmenseite oder externen Personalberatern zusammensetzt. Üblicherweise informiert Sie die Firma beziehungsweise Personalberatung im Vorfeld darüber, auf welche Weise Sie die Fallstudie präsentieren sollen. Digitale Präsentationen mithilfe von Notebook und Beamer werden hier genauso häufig verlangt wie klassische Flip-Chart-Präsentationen mit Filzstift und Papier.

Management-Audit

Mehr Job- und Branchenbezug

Bei der Führungskräfteauswahl ist neuerdings der verstärkte Einsatz von Management-Audits zu beobachten. Management-Audits sind als Reaktion auf den vermehrten Einsatz von Assessment-Centern entwickelt worden, da Assessment-Center nicht immer die Erwartungen erfüllt haben, die man mit ihnen verbunden hat. Zum einen sollte allein die Bezeichnung Management-Audit deutlich machen, dass es sich um ein neues Managementdiagnostikmodell handelt. Und zum anderen wurden tatsächlich neue Analysetools eingeführt. In der Praxis sieht es oft so aus, dass Management-Audits teilweise herkömmliche Elemente aus Assessment-Centern übernommen haben, nämlich Fallstudien/Business-Cases, Persönlichkeitstests und strukturierte Interviews. Die Übungen sollen dem Anspruch nach aber deutlich mehr Berufsnähe aufweisen als solche in Assessment-Centern und haben oft tatsächlich mehr Bezug zur jeweiligen Branche. Zusätzlich ist in viele Management-Audits die 360-Grad-Bewertung integriert worden. Hierbei handelt es sich um eine vierfache Einschätzung des Kandidaten anhand vorgegebener Kriterien. Der Kandidat wird von Vorgesetzten (von oben nach unten), von Kollegen (von der Seite zur Seite), von Mitarbeitern (von unten nach oben) und durch sich selbst beurteilt. Diese vier Einschätzungen werden dann miteinander verglichen, und der Kandidat wird mit den Ergebnissen in einem umfangreichen strukturierten Interview konfrontiert. Insbesondere zu den Punkten, an denen deutliche Abweichungen in der Einschätzung erkennbar werden, wird verstärkt nachgefragt.

Weitere Einsatzgebiete

Management-Audits werden häufiger bei der Führungskräfteentwicklung eingesetzt. Dann geht es mehr darum, das allgemeine Potenzial der bereits vorhandenen Führungskräfte zu erfassen, um entsprechende Karriereoptionen anbieten zu können. Weiter treffen Führungskräfte auf Management-Audits, wenn das Unternehmen übernommen wurde und die Führungsmannschaft insgesamt auf den Prüfstand gestellt werden soll. Gleiches gilt für Fusionen und Restrukturierungen. Aber auch als Auswahlinstrument werden Management-Audits durchgeführt, dann müssen sich interne oder externe Kandidaten um Führungspositionen diesem Verfahren stellen. Es gibt Personalberatungen, die die 360-Grad-Bewertung externer Kandidaten dann so gestalten, dass frühere Chefs, Kollegen, Mitarbeiter und Kunden befragt werden, selbstverständlich nur mit Einverständnis des Kandidaten.

Online-Assessment-Center

Für Führungskräfte eher selten

Diese haben mit Assessment-Centern zwar den Namen gemeinsam, Übungen, die eine persönliche Präsenz voraussetzen, wie Präsentationen, Mitarbeiter- oder Kundengespräche und Gruppendiskussionen, fehlen hier aber, da es sich um eine deutlich abgespeckte Version handelt, die über das Internet bewältigt wird. Die Kandidaten sitzen am heimischen PC und absolvieren dort Übungen wie Persönlichkeitstests, Intelligenztests, Konzentrationstest (Leistungstest) oder Fallstudien (Business-Cases). Die Wahrscheinlichkeit, auf ein Online-Assessment-Center zu treffen, ist für Hochschulabsolventen deutlich höher als für Führungskräfte. Aber auch bei der Besetzung von Managementpositionen würden gerne mehr Unternehmen zunächst eine Vorauswahl mittels Internet durchführen, um dann die überzeugendsten Kandidaten zum persönlichen Treffen zu bitten. Problematisch ist allerdings, dass nicht ausgeschlossen werden kann, dass die Kandidaten sich bei der Lösung von Aufgaben und Tests durch Dritte helfen lassen.

Tests

Umstrittene Persönlichkeitstests

Aus diesem Grund werden Persönlichkeitstests, Intelligenztests und Konzentrationstest (Leistungstest) manchmal auch in Assessment-Center integriert, die eine persönliche Anwesenheit der Kandidaten verlangen. Führungskräfte werden häufiger auf Persönlichkeitstests treffen, deren Einsatz und Vorhersagegenauigkeit allerdings umstritten ist. Dies liegt daran, dass die meisten Persönlichkeitstests in der klinischen Psychologie entwickelt worden sind. Eine direkte Übertragbarkeit auf das Berufsleben und die Ansprüche, die an Führungskräfte gestellt werden, ist damit ausgeschlossen. Dies hindert einige Personalberatungen aber nicht daran, weiterhin Persönlichkeitstests einzusetzen.

So wirbt ein langjähriger und führender Anbieter von Testverfahren zur Auswahl von Führungskräften mit Aussagen wie »10 Minuten Aufwand - breite Erkenntnis, basierend auf einem wissenschaftlich fundierten Modell der Persönlichkeitspsychologie«. Es darf zu Recht bezweifelt werden, ob derartige Kurzanalysen wirklich so treffsicher sind, wie manche Anbieter behaupten.

Intelligenztests

Intelligenztests werden dagegen eingesetzt, um das logische Denken, die sprachliche Intelligenz oder das räumliche Vorstellungsvermögen zu überprüfen. Und mit Konzentrationstests möchte man feststellen, wie sorgfältig die Kandidaten unter Zeitdruck Aufgaben lösen. In eine ähnliche Richtung geht hier die Überprüfung der Merkfähigkeit, also der Gedächtnisleistung.

Referenzen

Für viele Unternehmen haben Referenzen bei der Auswahl von Führungskräften einen hohen Stellenwert. Für neue Arbeitgeber ist es interessant, Auskünfte über die Leistungen des zukünftigen Mitarbeiters in einem Telefonat, beispielsweise mit ehemaligen Vorgesetzten, zu erfragen. Deshalb ist der Griff zum Telefon zur Überprüfung der Angaben zu Arbeitsleistungen und zum Umgang mit Mitarbeitern und Kollegen bei Personalverantwortlichen durchaus beliebt.

Je höher die zu besetzende Position in der Firmenhierarchie angesiedelt ist, desto häufiger werden persönliche Referenzen eingefordert. Seien Sie aber vorsichtig mit der Formulierung

»Als Referenz zu meiner Person und zu meinen Erfahrungen und Erfolgen nenne ich Ihnen …«. Damit erlauben Sie Ihrem zukünftigen Arbeitgeber, Informationen über Sie von Dritten einzuholen.

Referenzgeber überlegt auswählen

Wenn Sie Referenzen angeben, verzichten Sie auf die schützenden Regelungen, die für das Ausstellen von Arbeitszeugnissen gelten. Arbeitszeugnisse müssen nach der gängigen Rechtsprechung vom Wohlwollen des Arbeitgebers getragen sein und dürfen den Arbeitnehmer beim beruflichen Fortkommen nicht unzulässig behindern. Bei einer Referenz sind Sie dagegen vom Wohlwollen Ihres Referenzgebers abhängig. Überlegen Sie deshalb gut, wen Sie als Referenzgeber angeben, und bereiten Sie diese Person darauf vor.

Geben Sie als Referenz eine Auskunftsperson mit beruflicher Position und Durchwahlnummer an und achten Sie darauf, dass die infrage kommende Person mit Ihren Kenntnissen und Fähigkeiten und einigen von Ihnen erfolgreich bewältigten Sonderaufgaben und Projekten vertraut ist. Sprechen Sie also mit Ihrer Referenzperson, bevor Sie sie potenziellen Arbeitgebern gegenüber angeben. Erinnern Sie Ihren Referenzgeber an die von Ihnen übernommenen Verantwortungsbereiche, die dazugehörigen Kernaufgaben, besondere Projekttätigkeiten, Beispiele für Ihre Innovationsstärke oder Ihre Gestaltungskraft bei Change-Prozessen. Schicken Sie Ihrem Referenzgeber am besten im Vorfeld per E-Mail den gleichen Lebenslauf zu, den Sie auch an Unternehmen oder Personalberatungen versenden.

Auswahlverfahren für Führungskräfte

AUF EINEN BLICK

→ Machen Sie sich mit den Auswahlverfahren vertraut, mit denen Sie konfrontiert werden.

→ Im Verlauf des Bewerbungsverfahrens erwarten Sie auf jeden Fall die Analyse Ihrer Bewerbungsunterlagen und Interviews oder Vorstellungsgespräche.

→ Unterscheiden lassen sich strukturierte Interviews mit

→ FORTSETZUNG AUF DER NÄCHSTEN SEITE

systematischen Fragenkatalogen und eher unstrukturierte Vorstellungsgespräche, die mehr Freiraum bieten.

→ Strukturierte Interviews werden vorwiegend von Personalverantwortlichen oder externen Personalberatern durchgeführt.

→ In unstrukturierten Vorstellungsgesprächen treffen Sie eher auf künftige Fachvorgesetzte oder Mitglieder der Geschäftsleitung.

→ Telefonische Interviews werden bei der Besetzung von Führungspositionen in den letzten Jahren deutlich häufiger eingesetzt. Anhand Ihrer Antworten wird entschieden, ob es eine Einladung zu einem persönlichen Vorstellungsgespräch gibt.

→ Etwa jede fünfte Führungsposition wird mithilfe von Assessment-Centern beziehungsweise einer Variante dieses Verfahrens besetzt.

→ Assessment-Center werden als Gruppenauswahlverfahren durchgeführt, wenn es um den ersten Führungsjob oder die mittlere Managementebene geht. Höhere Managementebenen werden vorwiegend mithilfe von Einzel-Assessment-Centern besetzt.

→ Nicht jedes Assessment-Center wird in der Einladung auch so bezeichnet, häufig ist auch die Rede von der Teilnahme an einem Development-Center, einer Potenzialanalyse oder einem Kennenlerntag.

→ Etwa jede zehnte Führungskraft muss damit rechnen im Bewerbungsverfahren eine Fallstudie beziehungsweise einen Business-Case zu lösen und die Ergebnisse zu präsentieren.

→ Management-Audits werden vorwiegend bei der internen Führungskräfteentwicklung und -auswahl eingesetzt. Sie haben den Anspruch, berufsnäher als Assessment-Center ausgestaltet zu sein. Häufig enthalten Sie das Bewertungstool der 360-Grad-Bewertung.

- → Online-Assessment-Center werden über das Internet absolviert. Hier stehen Tests und Fallstudien im Vordergrund.

- → Tests lassen sich in Persönlichkeitstests, Intelligenztests und Konzentrationstests unterscheiden. Sie sind manchmal auch in Assessment-Center integriert, dies gilt sowohl für Gruppen- als auch für Einzel-Assessment-Center.

- → Auch Referenzen werden bei der Auswahl von Führungskräften verlangt. Je höher die zu besetzende Position ist, desto häufiger werden persönliche Referenzen eingefordert.

5. Die Selbstpräsentation: Das Herzstück Ihrer Bewerbung

Ihre Selbstpräsentation ist das Fundament für sämtliche Bewerbungsaktivitäten. Sie müssen Ihre Selbstpräsentation so ausgestalten, dass deutlich wird, dass Sie die beziehungsweise der Richtige für die neue Position sind. Lernen Sie, sich in einem Kurzvortrag so darzustellen, dass Ihre fachliche, soziale und methodische Kompetenz für Unternehmen erkennbar wird. Belegen Sie Ihre berufliche Qualifikation durch Erfolge aus Ihrer bisherigen Berufstätigkeit und machen Sie sich damit zu einem interessanten Bewerber.

Berufsprofil auf das Unternehmen zuschneiden

Damit Sie sich den nächsten Karriereschritt erarbeiten können, müssen Sie Ihre bisherige erfolgreiche Tätigkeit so darstellen können, dass ein Nutzen für das neue Unternehmen deutlich wird. Als Führungskraft müssen Sie aktiv werden. Sie brauchen ein interessantes Profil, mit dem Sie auf Unternehmen zugehen können. Das Problem besteht in der Regel darin, dass Führungskräfte wegen ihrer langjährigen Berufstätigkeit über umfangreiche Erfahrungen und Kenntnisse verfügen und sich deshalb schwer damit tun, ihr Profil auf die speziellen Anforderungen einer neuen Position und die Besonderheiten eines neuen Unternehmens auszurichten.

Wozu dient die Selbstpräsentation?

Personalabteilungen und Personalberater werden zu häufig mit inhaltsleeren Bewerbungen konfrontiert, aus denen nicht deutlich wird, über welche berufliche Qualifikation der Bewerber verfügt und warum er für das Unternehmen interessant sein könnte. Das Herzstück unserer Beratungstätigkeit ist deshalb die personenbezogene Entwicklung des beruflichen Stärkenprofils von Bewerbern. Dieses Stärkenprofil nennen wir Selbstpräsentation. Mit einer gut ausgearbeiteten Selbstpräsentation schaffen Sie sich die Grundlage für

- → **die überzeugende Darstellung Ihrer fachlichen, sozialen und methodischen Kompetenz,**
- → **Telefongespräche mit Personalabteilungen,**
- → **die Kontaktaufnahme zu Personalberatungen,**
- → **persönliche Kontakte zu Mitarbeitern anderer Firmen,**
- → **Anschreiben und**
- → **Antworten auf Schlüsselfragen in Vorstellungsgesprächen wie »Was macht Sie für die ausgeschriebene Position geeignet?« und »Warum sollten wir gerade Sie einstellen?«.**

Um ein Unternehmen davon zu überzeugen, dass Sie der oder die Richtige für die vakante Position sind, müssen Sie Ihre fachliche, soziale und methodische Kompetenz in einer Weise darstellen, dass Sie sich positiv von anderen Bewerberinnen und Bewerbern abheben.

Bedenken Sie: Nicht derjenige, der die Anforderungen des zu vergebenden Arbeitsplatzes am besten erfüllt, wird eingestellt, sondern derjenige, der sich im Bewerbungsverfahren am überzeugendsten darstellt. Die Entwicklung einer glaubwürdigen Selbstpräsentation ist deshalb das Fundament für Ihre sämtlichen Bewerbungsaktivitäten.

Bringen Sie Ihre Entwicklung auf den Punkt

Mit den Informationen und den Übungen aus diesem Kapitel werden wir Sie in die Lage versetzen, Ihre eigene Selbstpräsentation zu entwickeln. Wir beginnen damit, Ihnen beizubringen, sich mündlich so darzustellen, dass keine Zweifel bestehen, dass Sie die Wunschbesetzung für den Arbeitsplatz sind. Ihr Vortrag zum Thema »Warum ich in Ihrem Unternehmen als XYZ arbeiten will!« wird eine Länge von etwa drei Minuten haben. Mit diesem Zeitrahmen vermeiden Sie die Gefahr langatmiger Ausführungen und präsentieren sich als Bewerber, der in der Lage ist, die Darstellung seiner beruflichen Entwicklung auf den Punkt zu bringen.

Struktur für die Selbstpräsentation

Rückwärts-chronologische Darstellung

Bauen Sie Ihre Selbstpräsentation so auf, dass der Bezug zur angestrebten Position deutlich wird. Das bedeutet für Sie, dass Sie zuerst Ihre jetzige Tätigkeit darstellen sollten, da diese die Basis für Ihren Stellenwechsel ist. Die Aufgaben, Projekte und Verantwortungsbereiche, die Sie momentan wahrnehmen, sind für das neue Unternehmen üblicherweise besonders interessant. Fangen Sie daher Ihre Selbstpräsentation nicht bei Ihrer Ausbildung, Ihrem Studium oder womöglich Ihrer Schulzeit an. Arbeiten Sie sich von Ihren jetzigen Aufgaben schrittweise zurück.

Orientieren Sie sich bei der Erstellung Ihrer Selbstpräsentation an der von uns in der Beratungspraxis entwickelten Struktur:

AUF EINEN BLICK

Die Struktur Ihrer Selbstpräsentation

→ **Abschnitt 1:** Wir empfehlen grundsätzlich, mit den aktuellen Aufgaben Ihrer momentanen Position zu beginnen.

→ **Abschnitt 2:** Gehen Sie dann – kurz – auf Ihre vorhergehende Stelle ein, insbesondere dann, wenn Sie dort Aufgaben erledigt haben, die von Ihnen auch in der neuen Stelle bearbeitet werden sollen.

→ **Abschnitt 3:** Dann könnte – ebenfalls sehr kurz – die Grundlage Ihrer beruflichen Entwicklung, beispielsweise ein Studium, eine Berufsausbildung oder eine aktuelle Fortbildung, folgen.

→ **Abschnitt 4:** Ihre Selbstpräsentation endet mit einer kurzen Schlusszusammenfassung.

Lösen Sie sich von der konventionellen Selbstdarstellung, die in der schulischen Vergangenheit beginnt und bei Ihren Freizeitaktivitäten aufhört. Präsentieren Sie sich neuen Arbeitgebern, indem Sie die für die neue Position wichtigsten Kenntnisse und Fähigkeiten herausstellen. Machen Sie den roten Faden in Ihrer beruflichen Entwicklung deutlich.

Werbung in eigener Sache

Die Werbung in eigener Sache fällt Bewerberinnen und Bewerbern naturgemäß schwer. Dies liegt daran, dass die Abstufungen zwischen Überheblichkeit und übertriebener Selbstdarstellung auf der einen Seite und Unterwürfigkeit und

Graue-Maus-Image auf der anderen Seite sehr fein sind. Es ist schwierig, den richtigen Ton für die schriftliche Darstellung der eigenen Person zu finden. Deshalb erläutern wir Ihnen die häufigsten Fehler, die in Selbstpräsentationen gemacht werden. Anschließend erfahren Sie, wie Sie es besser machen können.

Fehler in der Selbstpräsentation

So nicht

Aus unseren Kontakten zu Personalverantwortlichen und aus unserer eigenen Beratungstätigkeit wissen wir, dass bei der Selbstdarstellung immer die gleichen Fehler auftauchen. Damit Sie sehen, welche Fehler Sie unbedingt vermeiden sollten, erst einmal ein Beispiel für eine misslungene Selbstpräsentation. Die Zahlen in unserem Beispiel aus der Praxis weisen auf die Art des Fehlers hin, die wir Ihnen im Anschluss daran erläutern werden.

Zu einer Einzelberatung brachte ein Bewerber die folgende Stellenausschreibung mit, die er im Internet gefunden hatte.

Wir suchen eine/n
Leiter/in Vertrieb

In unserem Unternehmen finden Sie den idealen Partner für Ihren Tatendrang. Sie passen gut zu uns, wenn Sie ein technisches oder betriebswirtschaftliches Studium (oder eine vergleichbare Ausbildung) abgeschlossen haben und schon mehrere Jahre erfolgreich im Vertrieb in der TK-, IT- oder EDV-Branche tätig waren. Einsatzwille, Flexibilität und Kundenorientierung zeichnen Sie aus. Sehr gute Englischkenntnisse sind durch unsere internationalen Kooperationen Voraussetzung. Ihre zukünftigen Aufgaben:

→ Akquisition neuer Vertriebskooperationen
→ Analyse der Anforderungen dieser Vertriebskooperationen

→ FORTSETZUNG AUF DER NÄCHSTEN SEITE

- → Abschluss von Kooperationsverträgen
- → selbstständige Strukturierung und Entwicklung des Verkaufspotenzials
- → Berichterstellung für die Geschäftsführung
- → strategische Weiterentwicklung bestehender Kooperationen
- → Eingliederung von Kooperationen in unsere Vertriebsorganisation

Wir baten den Bewerber, seine bisherigen beruflichen Erfahrungen zusammenzufassen und in einem Kurzvortrag zu begründen, warum er sich auf die neue Position als Vertriebsleiter bewerben wollte. Seine unvorbereitete Selbstpräsentation lautete so:

Schlechte Selbstpräsentation

Bei meiner jetzigen Firma komme ich nicht weiter, daher glaube ich, dass ich das Unternehmen wechseln muss. ③ Das Verkaufen liegt mir im Blut. ④ Wenn man mir nur genügend Freiräume lässt, kann ich sehr erfolgreich arbeiten. ①

Leistungsbereitschaft und Flexibilität hat man sowieso, wenn man im Vertrieb arbeitet. ④ Mich interessieren IT-Lösungen sehr. ① Ich suche zum nächstmöglichen Zeitpunkt ein interessantes und herausforderndes neues Tätigkeitsgebiet und möchte mehr Verantwortung übernehmen. ②

Meine jetzigen Vorgesetzten blockieren immer wieder Ideen von mir, das sollte in der neuen Firma nicht vorkommen. ③

Selbstverständlich bin ich sehr kundenorientiert. ④ Ich bin internationalen Einsätzen nicht abgeneigt. ⑤ Ich bin mir absolut sicher, dass ich der Richtige für die ausgeschriebene Stelle bin ⑥, wenn ich auch bisher noch keine Berichte für die Geschäftsführung erstellt habe. ⑦

Sie werden gemerkt haben, dass die Ausführungen nicht sehr überzeugend klingen. Deshalb möchten wir Ihnen anhand dieses Beispiels die typischen Fehler von Selbstpräsentationen aufzeigen.

Typische Fehler

Fehler ①: Fachliche Anforderungen werden nicht erkannt und belegt
Fehler ②: Profillosigkeit
Fehler ③: Kontraproduktive Ehrlichkeit
Fehler ④: Leerfloskeln für soziale und methodische Kompetenz
Fehler ⑤: Nicht- und Negativ-Formulierungen
Fehler ⑥: Übertriebene positive Selbstbewertung
Fehler ⑦: Selbstanklage

Fehler ①: Fachliche Anforderungen werden nicht erkannt und belegt: Wer in seiner Selbstpräsentation nicht auf die gefragte fachliche Kompetenz eingeht, hat wenig Chancen zu überzeugen. Der Bewerber unseres Beispiels ging in seiner Selbstpräsentation nicht auf die geforderte Branchenerfahrung ein. Er stellte weder seine Englischkenntnisse heraus, noch belegte er seine Erfahrungen in der Vertriebskooperation.

Zu allgemein

Seine Aussage »mich interessieren IT-Lösungen sehr« ist zu allgemein formuliert. Dadurch werden seine Erfahrungen im Vertrieb von IT-Lösungen nicht deutlich. Die Forderung nach »genügend Freiräumen« ist gefährlich, da Personalverantwortliche aus ihr schließen werden, dass die Anpassungsfähigkeit und die Bereitschaft zur Einordung in firmeninterne Abläufe nur mangelhaft ausgeprägt ist.

Treten Sie aus der Masse hervor

Fehler ②: Profillosigkeit: Personalverantwortliche suchen Bewerber, die aus der Masse ihrer Mitbewerber herausragen. Ziellos operierende Bewerber, die sich wie in unserem Negativbeispiel weniger für die Aufgaben in der neuen Position interessieren, sondern nur angeben, dass sie »in der jetzigen Firma nicht weiterkommen«, lassen Personalverantwortliche aufhorchen. Es drängt sich förmlich die Frage auf, warum der Bewerber an seinem derzeitigen Arbeitsplatz nicht als förderungswürdig angesehen wird.

Die Suche nach einem »interessanten und herausfordernden Tätigkeitsgebiet« sollte für jeden Bewerber selbstverständlich sein. In einer Selbstpräsentation ist diese Wendung eine reine Nullaussage. Der vom Bewerber angegebene Zusatz »suche zum nächstmöglichen Zeitpunkt« lässt Personalverantwortliche vermuten, dass der Bewerber bereits freigestellt und gekündigt ist.

Fehler ③: Kontraproduktive Ehrlichkeit: Im Bewerbungsverfahren ist die Ehrlichkeit der Bewerber immer dann kontraproduktiv, wenn sie - ohne dazu verpflichtet zu sein - Dinge aussprechen, mit denen sie sich selbst in ein ungünstiges Licht setzen.

Immer die anderen

Die Formulierung »meine jetzigen Vorgesetzten blockieren immer wieder Ideen von mir« lässt den Bewerber als Kandidaten erscheinen, der immer dann, wenn es Probleme am Arbeitsplatz gibt, auf »die anderen« als Schuldige verweist. Selbst wenn Bewerber tatsächlich unter einer Blockadehaltung ihrer Vorgesetzten leiden, sollten sie dies nicht in einer Bewerbung thematisieren. Die Darstellung von Problemen am jetzigen Arbeitsplatz schlägt immer auf den Bewerber zurück.

Aussagekräftige Beispiele sind gefragt

Fehler ④: Leerfloskeln für soziale und methodische Kompetenz: Die bloße Aufzählung von Begriffen aus dem Bereich soziale und methodische Kompetenz ist ein typischer Bewerberfehler. Denn ohne Beispiele und Belege sind die verwendeten Begriffe zur Charakterisierung der verlangten persönlichen Eigenschaften wie »kundenorientiert«, »Leistungsbereitschaft« und »Flexibilität«, nicht aussagekräftig. Seine Herangehensweise an Aufgaben im Vertrieb wird nicht klar, wenn der Bewerber behauptet »das Verkaufen liegt mir im Blut«.

Stellen Sie sich in Ihrer Bewerbung nicht als Phrasendrescher dar, sondern machen Sie an geeigneten Beispielen deutlich, dass Sie über die geforderte soziale und methodische Kompetenz verfügen.

Fehler ⑤: Nicht- und Negativ-Formulierungen: Formulierungen wie »ich bin internationalen Einsätzen nicht abgeneigt« verwirren den Zuhörer nur unnötig. Er muss für sich übersetzen, was Sie eigentlich sagen wollen. Zuerst hört er nur die negative Aussage »ich bin abgeneigt«, die er dann in eine positive Formulierung umwandeln müsste. Dies geschieht aber oft nicht.

Missverständnisse

BEISPIEL

Wenn eine Bewerberin im Vorstellungsgespräch die Nicht-Formulierung »Ich ziehe mich bei Konflikten nicht zurück« benutzt, muss eine Personalverantwortliche diese Aussage aus kommunikationspsychologischer Sicht in zwei Schritten nachvollziehen, um sie für sich verständlich zu machen.

Erstens: Die Bewerberin zieht sich bei Konflikten zurück.
Zweitens: Nein, das tut sie nicht.

Selbst wenn die Personalverantwortliche es schafft, den zweiten Verständnisschritt zu tun, bleibt die eigentlich von der Bewerberin gemeinte Aussage »Ich bin in der Lage mich Konflikten zu stellen und unangenehme Situationen aufzulösen« unausgesprochen. Es kann aber auch vorkommen, dass der zweite Schritt unter den Tisch fällt, dann steht ausschließlich die negative Selbstbeschreibung im Raum.

Hier noch ein Beispiel in Kurzform: Ungeeignete Nicht-Formulierung eines Bewerbers: »Ich werde nicht schnell aufbrausend.« Die zwei Übersetzungsschritte des Personalverantwortlichen:

Erstens: Der Bewerber wird schnell aufbrausend.
Zweitens: Nein, das wird er nicht.

Die tatsächlich gemeinte Aussage des Bewerbers »Ich bleibe auch unter Druck gelassen« wird nicht deutlich.

Positiv und eindeutig

Vermeiden Sie es, sich in Ihrer Selbstpräsentation mit Aussagen zu beschreiben, die negativ verstanden werden können. Formulieren Sie immer eindeutig und positiv. Um Sie für diesen Aspekt zu sensibilisieren, schlagen wir Ihnen zum Training die nachfolgende Übung vor.

ÜBUNG

Eindeutig und positiv formulieren

Suchen Sie für die folgenden Nicht-Formulierungen Aussagen, die eindeutig und positiv sind.

»Ich fasse Mitarbeiter nicht zu hart an.«
Ihre positive Umformulierung: ______________________________

____

»Große Arbeitsbelastungen sind kein Problem für mich.«
Ihre positive Umformulierung: ______________________________

____

»Die Zusammenarbeit mit anderen Abteilungen stellt mich nicht vor Probleme.«
Ihre positive Umformulierung: ______________________________

____

»Mit meinen Vorgesetzten habe ich keinen Streit gehabt.«
Ihre positive Umformulierung: ______________________________

____

»Unter Zeitdruck verliere ich nicht die Nerven.«
Ihre positive Umformulierung: ______________________________

____

»Ich habe keine Schwierigkeiten damit, mit Kunden richtig umzugehen.«
Ihre positive Umformulierung: ______________________________

____

Bei Ihrer Selbstdarstellung sollten Sie versuchen, ganz auf Nicht-Formulierungen zu verzichten. Beschreiben Sie sich immer positiv und damit eindeutig. Unser Bewerber sollte in seiner Selbstpräsentation auf die Formulierung »Ich bin internationalen Einsätzen nicht abgeneigt« verzichten und stattdessen passender formulieren: »Eine umfangreiche Reisetätigkeit gehört auch zu meiner jetzigen Position. Ich übernehme gerne auch internationale Einsätze für Sie.«

Übertreibungen sind fehl am Platz

Fehler ⑥: Übertrieben positive Selbstbewertung: Vorsicht mit zu positiven Bewertungen: Wenn Sie Ihre berufliche Qualifikation zu sehr loben, zwingen Sie andere damit automatisch in die Gegenposition. Dann wollen sie Ihnen nur noch zeigen, dass Sie sich irren.

Die Formulierung in unserem Negativbeispiel: »Ich bin mir absolut sicher, dass ich der Richtige für die ausgeschriebene Stelle bin« oder ähnlich lautende Selbstbewertungen wie »Ich bin der Beste für diese Stelle!« oder »Ich bin mir ganz sicher, dass ich für diese Position optimal geeignet bin!« dürfen Sie in Ihrer Selbstpräsentation auf keinen Fall verwenden. Personalverantwortliche finden es überhaupt nicht witzig, wenn Sie ihnen die Kandidatenbewertung abnehmen wollen. Sie fühlen sich dann herausgefordert, besonders gründlich nach den Einwänden zu suchen, die gegen Sie sprechen.

Stärken statt Schwächen nennen

Fehler ⑦: Selbstanklage: Niemand wird für eine Tätigkeit eingestellt, weil er etwas nicht oder besonders schlecht kann. Vor Gericht wie im Bewerbungsverfahren gilt: Es besteht keine Selbstanklagepflicht. Der Bewerber in unserem Negativbeispiel macht es sich unnötig schwer, wenn er am Ende seiner Selbstpräsentation offen eingesteht »ich habe bisher noch keine Berichte für die Geschäftsführung erstellt«. Die Kunst der Selbstdarstellung besteht nicht darin aufzuzählen, wo man bei sich selbst Schwächen sieht, sondern darin zu zeigen, was man für die neue Stelle an Kenntnissen und Fähigkeiten mitbringt.

Mit den typischen Fehlern bei der Werbung in eigener Sache haben wir Sie vertraut gemacht, jetzt zeigen wir Ihnen, mit welchen Überzeugungstechniken Sie sich optimal präsentieren.

Überzeugungsregeln für Ihre Selbstpräsentation

So geht's

Bevor wir Ihnen Regeln und Tipps für eine erfolgreiche und aussagekräftige Selbstpräsentation vorstellen, möchten wir Ihnen die Bearbeitung des vorherigen Negativbeispiels mit unseren Überzeugungsregeln vorstellen. Hier weisen die Zahlen auf die eingesetzte Überzeugungstechnik hin, die wir Ihnen wiederum im Anschluss erläutern werden.

Gelungene Selbstpräsentation

»Seit sechs Jahren arbeite ich erfolgreich im Vertrieb von Software-Lösungen. ① Die Akquisition neuer Vertriebspartner und die Betreuung von Kooperationen mit Hardware-Produzenten ist seit drei Jahren Bestandteil meiner Berufstätigkeit. ③, ④

Momentan arbeite ich als Regionalleiter für die Hard & Soft GmbH im Vertriebsaußendienst. Zu meinen Aufgaben gehört die Strukturierung des Vertriebsgebietes, die Akquisition neuer Vertriebspartner und die Erstellung von Konzepten für die digitale Transformation beim Kunden. ③, ⑥

Nach einem abgeschlossenen Studium der Informatik an der Fachhochschule Gießen stieg ich in meiner jetzigen Firma ein. Als Außendienstmitarbeiter akquirierte und beriet ich Kunden. In einem Sonderprojekt habe ich Synergien geschaffen zwischen den von unserem Unternehmen durchgeführten Anwenderschulungen und dem Vertrieb von Hard- und Software-Lösungen. ②, ⑤, ⑥

Da unser Unternehmen in den letzten Jahren stark expandiert ist, habe ich mich in abteilungsübergreifenden Projektgruppen immer wieder mit Kooperationslösungen und der Neustrukturierung unserer Angebotspalette auseinandergesetzt. ①, ②, ④ Bei der Gründung einer Auslandsniederlassung war ich beteiligt. ②, ⑤ Ich spreche sehr gut Englisch und verfüge über sehr gute Präsentationskenntnisse. ① Meine Erfahrungen in der Definition und Umsetzung von Vertriebsstrategien, der gezielten Akquisition neuer Vertriebspartner und dem Aufbau strategischer Kooperationen möchte ich nun gebündelt bei Ihnen in der Position Leiter Vertrieb einsetzen.«

Damit auch Sie sich eine überzeugende Selbstpräsentation für die Bewerbung auf Ihren neuen Arbeitsplatz erarbeiten können, stellen wir Ihnen jetzt die Überzeugungsregeln vor, mit denen Sie Ihr Ziel erreichen.

Überzeugungsregeln

Regel ①: Fachliche Anforderungen erkennen
Regel ②: Aktivität zeigen
Regel ③: Individuelles Profil darstellen
Regel ④: Beispiele für soziale und methodische Kompetenz geben
Regel ⑤: Beschreiben statt bewerten
Regel ⑥: Der Joker: Schlüsselbegriffe aus dem Tagesgeschäft benutzen

Regel ①: Fachliche Anforderungen erkennen: Der Bewerber aus dem Positivbeispiel gibt zu erkennen, dass er sich mit den fachlichen Anforderungen, die an ihn gestellt werden, auseinandergesetzt hat. Er geht auf die geforderte Branchenerfahrung im Vertrieb von digitalen Transformationskonzepten ein. Die Mitarbeit bei der Strukturierung des Verkaufspotenzials wird ebenso deutlich wie seine Erfahrung mit Vertriebskooperationen. Seine Sprachkenntnisse stellt er ebenfalls heraus.

Regel ②: Aktivität zeigen: Bewerber stellen sich aktiv dar, wenn sie zeigen, wo sie sich über das übliche Maß hinaus engagiert haben, um sich für neue Aufgaben zu qualifizieren.

Zeigen Sie, dass Sie vorankommen wollen

Der Bewerber weist auf seine Mitarbeit in abteilungsübergreifenden Projektgruppen hin und stellt die Übernahme eines Sonderprojektes heraus. Aktivität in Form von besonderer Leistungsbereitschaft lässt dieser Bewerber auch dadurch erkennen, dass er seine Mitarbeit bei der Gründung einer Auslandsniederlassung anspricht. An den Beispielen wird deutlich, dass er in seiner beruflichen Entwicklung nicht stagniert und weiter vorankommen will.

Was unterscheidet Sie von anderen?

Regel ③: Individuelles Profil darstellen: Von Profillosigkeit sprechen die Personalverantwortlichen immer dann, wenn es Bewerbern nicht gelingt, aus der Masse ihrer Mitbewerber positiv herauszuragen. Aus unserer Beratungserfahrung wissen wir, dass dies meist ein Problem der Darstellung der eigenen

Kenntnisse und Fähigkeiten ist. Fast jeder Bewerber hat etwas Besonderes zu bieten, das ihn von den anderen unterscheidet.

So stellt der Bewerber im Positivbeispiel heraus, dass er im Vertrieb von Softwarelösungen Kooperationen mit Hardwareproduzenten betreut hat. Er hebt auch seine Erfahrungen in der Strukturierung von Vertriebsgebieten und das Zuschneiden von EDV-Konzepten auf die Kundenbedürfnisse hervor. Es wird klar, dass der Bewerber die Interessen seines Unternehmens mit denen von Kooperationspartnern und Kunden abstimmen kann, sodass alle Beteiligten einen optimalen Nutzen aus der Zusammenarbeit ziehen können.

Beispiele statt Leerfloskeln

Regel ④: Beispiele für soziale und methodische Kompetenz geben: Der Bewerber zeigt an konkreten Beispielen, dass er über Kooperationsfähigkeit, Teamfähigkeit, Kommunikationsfähigkeit und Kundenorientierung verfügt und Abschlusssicherheit besitzt. Dies erschließt sich Personalverantwortlichen aus den von ihm eingesetzten Formulierungen: »Die Akquisition neuer Vertriebspartner und die Betreuung von Kooperationen ist Bestandteil meiner Berufstätigkeit«, »Ich habe Kunden akquiriert und beraten«, »Ich habe mich in abteilungsübergreifenden Projektgruppen immer wieder mit Kooperationslösungen und der Neustrukturierung unserer Angebotspalette auseinandergesetzt«.

Der Bewerber vermeidet durch die Verwendung konkreter Beispiele aus seinem Berufsalltag den Fehler, Leerfloskeln aufzuzählen, unter denen sich Personalverantwortliche alles und nichts vorstellen können.

Regel ⑤: Beschreiben statt bewerten: Die Fehler »kontraproduktive Ehrlichkeit« und »Selbstanklage« bei der Darstellung Ihrer Kenntnisse und Fähigkeiten können Sie durch die Verwendung der Überzeugungsregel »beschreiben statt bewerten« vermeiden. Diese Überzeugungsregel hat außergewöhnlich große Wirkung, wenn sie richtig eingesetzt wird.

Mit ehrlichen Aussagen wie »Mein Vorgesetzter hat bei wichtigen Entscheidungen nie hinter mir gestanden«, »In meiner Abteilung wurde die meiste Zeit mit Surfen im Internet verbracht« oder »In unserer Firma gehörte Mobbing zum Arbeitsalltag« kommen Sie bei der Erarbeitung Ihrer Selbstpräsentation und damit auf dem Weg zu einer neuen Position nicht weiter.

Wertfreie Beschreibung

Der Trick, der Sie vorwärts bringt, lautet »beschreiben statt bewerten«. Neutrale Beschreibungen haben wir im Positivbeispiel benutzt. Dort heißt es: »In einem Sonderprojekt habe ich Synergien zwischen der Anwenderschulung und dem Vertrieb geschaffen.« Eine weitere beschreibende Darstellung enthält der Satz: »Bei der Gründung einer Auslandsniederlassung war ich beteiligt.«

Mit solchen sachlichen Formulierungen heben sich überzeugende Bewerber von Dauerkritikern und Miesmachern wohltuend ab. Der Verzicht auf die Thematisierung von Schwierigkeiten, Reibungen und Problemen verhindert, dass der positive Eindruck von Ihnen getrübt wird. Denn vergessen Sie nicht: Geäußerte Kritik fällt im Bewerbungsverfahren immer auf Sie selbst zurück. Man wird immer auch bei Ihnen den Anteil am Problem suchen. Üben Sie deshalb, Ihre Erlebnisse und Erfahrungen aus Ihrem Berufsalltag anhand beschreibender Formulierungen darzustellen.

Beschreiben statt bewerten

ÜBUNG

Nehmen Sie Ihre Erfolgsbilanz zur Hand und beschreiben Sie, welche Aufgaben Sie übernommen haben, welche Projekte Sie geleitet haben und über welche Erfahrungen Sie verfügen.

Üben Sie, die wesentlichen Tätigkeiten Ihrer beruflichen Stationen schlagwortartig und ohne Eigenbewertung aufzuzählen. Verwenden Sie dabei die folgenden Beispielformulierungen, die wir der Praktikabilität halber gleich den einzelnen Abschnitten der Selbstpräsentation zugeordnet haben.

Beschreibende Formulierungen für Abschnitt 1: Die momentanen Aufgaben

→ »Bei meinem momentanen Arbeitgeber bin ich zuständig für ______________________________,
______________ und ______________________.«

→ »In meiner jetzigen Position als ______________ bin ich

→ FORTSETZUNG AUF DER NÄCHSTEN SEITE

verantwortlich für ______________________________,
________________ und ________________________.«

→ »Ich nehme die Aufgaben ________________________,
________________ und ____________________ wahr.«

→ »Mein komplexes Aufgabengebiet umfasst ___________,
________________ und ________________________.«

→ »Zu meinen aktuellen Aufgaben gehören ___________,
________________ und ________________________.«

→ »Dabei bin ich berichtspflichtig gegenüber ___________
________________ und ________________________.«

→ »Ich arbeite schwerpunktmäßig mit den Abteilungen _____
________________ , ________________________
und ________________________________ zusammen.«

→ »Ich habe die Projekte ____________________________
und ______________________________________ initiiert.«

→ »Ich habe die Arbeitsprozesse in den Bereichen ________
________________ und ________________ optimiert.«

→ »Das von mir initiierte Kostensenkungsprogramm führte zu nachhaltigen Einsparungen in den Bereichen __________
________________ und ________________________.«

Beschreibende Formulierungen für Abschnitt 2:
Die vorherigen Aufgaben (mit Bezug zur neuen Stelle)

→ »Ich habe seinerzeit die Aufgaben eines ______________
______________________________ wahrgenommen.«

→ »Durch meine Erfolge in den Bereichen ______________
________________ und ___________________________
konnte ich zum ___________________________ aufsteigen.«

→ »Die Beschäftigung mit ____________________________
und ____________________________ ermöglichte es mir, meinen Verantwortungsbereich auszuweiten.«

→ »Ich habe damals meinen Vorgesetzten vertreten und die Tätigkeiten _____________________________________
und ________________________________ verantwortet.«

→ »Gut gefallen hat mir die Möglichkeit, Arbeitsprozesse zu optimieren, und zwar in den Bereichen ______________
und ______________________________________.«

- »Als Teilprojektleiter habe ich zu den Themen ___________ und ______________________ Projektgruppen gesteuert.«
- »In dieser Zeit konnte ich erste Erfahrungen in der internationalen Projektarbeit sammeln, und zwar zu den Aufgabenstellungen ____________________________________ und ____________________________________.«

Beschreibende Formulierungen für Abschnitt 3: Die Grundlagen Ihres beruflichen Werdegangs (Studium/Ausbildung/Fortbildung)

- »Grundlage meines Werdegangs ist mein Studium der ____________________________________.«
- »Nach meinem Studium habe ich den Einstieg in die Industrie über meine Werkstudententätigkeit/als Direkteinstieg/über ein Traineeprogramm geschafft.«
- »Meine kaufmännische Karriere habe ich mit einer Ausbildung zum ______________________________ begonnen.«
- »Erste technische Grundlagen habe ich mir in meiner Ausbildung zum ____________________________________ /meinem Studium der ____________________ angeeignet.«
- »Aktuell habe ich berufsbegleitend ein MBA-Studium abgeschlossen, um meine Kenntnisse in den Bereichen _____, ________________ und ____________________________ zu aktualisieren und zu vertiefen.«

Beschreibende Formulierungen für Abschnitt 4: Zusammenfassung

- »Meine Erfahrungen in ____________________________, ________________ und ____________________________ möchte ich nun gebündelt bei Ihnen in der Position _______ ____________________________________einsetzen.«
- »Da ich also – wie skizziert – in den Bereichen __________, ________________ und ____________________________ über sehr umfassende Erfahrungen verfüge, kann ich mir gut vorstellen bei Ihnen in der Position als _____________

→ FORTSETZUNG AUF DER NÄCHSTEN SEITE

____________________ für den gewünschten Schwung zu sorgen.«

→ »Abschließend möchte ich noch einmal betonen, dass ich bei Ihnen als Manager … anfangen möchte, weil ich Freude daran habe ____________________, ____________________ und ____________________ zu machen.«

→ »Meine Erfahrungen in ____________________, ____________________ und ____________________ werden mir sicherlich dabei helfen, dafür zu sorgen, dass das von Ihnen gewünschte Wachstum auch erreicht werden kann. Dieser Herausforderung möchte ich mich gerne voll und ganz stellen.«

→ »Ich weiß, dass die von Ihnen gewünschte Aufbauarbeit in den Bereichen ____________________, ____________________ und ____________________ einigen Einsatz von mir verlangen wird. Diesen Einsatz bringe ich aber gerne, da Aufbauarbeit auch immer Handlungsspielräume schafft. Und ich handele und gestalte nun einmal sehr gerne.«

→ »Soweit mein Werdegang in Stichworten, gerne beantworte ich Ihnen weitere Fragen dazu.«

→ »Abschließend möchte ich betonen, dass ich meine Stärken in den Bereichen ____________________, ____________________ und ____________________ sehe und auch unter Beweis gestellt habe. Diese Stärken könnten Ihnen bei der Restrukturierung/Sanierung/Optimierung der Abteilung/des Bereiches/des Unternehmens sicherlich nützlich sein.«

Praxisnähe belegen

Regel ⑥: Der Joker: Schlüsselbegriffe aus dem Tagesgeschäft benutzen: Personalabteilungen bevorzugen verständlicherweise Bewerber, die aus ihrem bisherigen Arbeitsalltag schon kennen, was in der vakanten Position verlangt wird. Bewerber, die hier punkten wollen, müssen »Schlüsselbegriffe aus dem Tagesgeschäft« benutzen. Es geht darum, die berufs- und branchenspezifischen Schlagworte zu finden und herauszustellen, die Ihre beruflichen Aufgaben kennzeichnen. Der Bewerber aus dem Positivbeispiel verwendet beispielsweise die Schlagworte »Strukturierung des Vertriebsgebietes«, »Akquisition«, »Synergien«, »Anwenderschulungen« und »abteilungsübergreifende Projektgruppe«.

Berufliches Know-how

Wir alle reagieren auf bestimmte Schlüsselbegriffe und Schlagworte. Um nicht an Informationen zu ersticken, brauchen wir Strukturen, die helfen, Informationen einzuordnen. Dies gilt natürlich auch für Personalverantwortliche. Falsche Stellenbesetzungen sind teuer und werden später den Personalabteilungen angelastet. Um Problemen vorzubeugen, achten die Personalabteilungen daher immer darauf, dass sie Bewerber einstellen, die herausstellen, dass sie die Anforderungen des neuen Arbeitsplatzes erfüllen, weil die neue Tätigkeit »nur« eine Fortsetzung der alten ist. Deshalb sind Schlüsselbegriffe aus dem Tagesgeschäft bei der Ausgestaltung der Selbstpräsentation der Joker, mit dem Sie sich Vorteile gegenüber Mitbewerbern sichern können.

Sie finden die für Ihr Berufsfeld wichtigen Schlüsselbegriffe und Schlagworte in Stellenausschreibungen in Jobbörsen im Internet und in Stellenanzeigen in Zeitungen und Fachzeitschriften.

BEISPIEL

Schlüsselbegriffe herausfinden

Ein Account Manager möchte aufsteigen. In Stellenausschreibungen findet er für die Darstellung seiner bisherigen Tätigkeiten diese Schlüsselbegriffe und Schlagworte:

- → **Neukundengewinnung**
- → **Kundenbetreuung**
- → **Verkaufspräsentation**
- → **Beratung**
- → **Marktanalyse**
- → **Angebotserstellung**
- → **Wettbewerbervergleiche**
- → **Analyse der Kundenwünsche**
- → **Werbemitteleinsatz**
- → **Entwicklung von Planungs- und Steuerungssystemen**
- → **Erschließung neuer Vertriebskanäle**
- → **Unterstützung des Direktvertriebes**
- → **Messedurchführung**

→ FORTSETZUNG AUF DER NÄCHSTEN SEITE

- → Workshop-Durchführung
- → Mitarbeitertraining
- → Produktschulung
- → Verkaufsförderung
- → Marktbeobachtung
- → Umsetzung von Marketingmaßnahmen
- → Zielgruppendefinition
- → Kundenpflege
- → Erarbeitung von Vertriebsstrategien
- → Großkundenbetreuung
- → Kongressplanung
- → Realisierung von Vertriebszielen
- → Kunden- und Gebietsstrukturierung
- → Gestaltung der Preis- und Konditionenpolitik
- → Erstellung vom Umsatzprognosen
- → Verkaufsprogramm entwickeln
- → Markteinführung

Schlagworte in Ihrer Selbstpräsentation

Im nächsten Schritt geht es darum, diese Schlüsselbegriffe und Schlagworte in die Selbstpräsentation einzusetzen. Die stichwortartige Beschreibung von beruflichen Erfahrungen vermittelt Personalverantwortlichen innerhalb kurzer Zeit wichtige Informationen über das Bewerberprofil. Der Account Manager hat 30 Begriffe, mit denen er sich darstellen kann. Aus diesen Begriffen muss er für seine Selbstpräsentation die zur neuen Position passenden Schlagworte auswählen und in Satzform bringen. Unser Beispiel zeigt Ihnen, wie dies gelingen kann.

BEISPIEL

Selbstbeschreibungen mit Schlüsselbegriffen

- → »Ich bin momentan verantwortlich für die Neuakquisition, die Kundenbetreuung und die Kunden- und Gebietsstrukturierung.«
- → »Neben meiner Tätigkeit im Außendienst habe ich Umsatzprognosen erstellt, Verkaufsprogramme entwickelt und Maßnahmen der Verkaufsförderung umgesetzt.«
- → »Die Markteinführung von Produkten und die Vorstellung der Produkte auf Messen und Fachkongressen habe ich in Projektgruppen mit begleitet.«

Die prägnante Kurzdarstellung Ihres Profils ist der beste Weg, um Aufmerksamkeit bei Personalverantwortlichen und anderen Entscheidungsträgern in Unternehmen zu erzielen. Nutzen Sie die Möglichkeit, mit geeigneten Schlagworten und Schlüsselbegriffen Interesse an Ihrem Profil zu erwecken. In unserer Übung »Schlüsselbegriffe und Schlagworte für Ihr Profil« werden Sie sich einen Fundus an Etikettierungen erarbeiten. Auf diese Weise können Sie im Bewerbungsverfahren mit hoher Informationsdichte für sich werben.

Schlüsselbegriffe und Schlagworte für Ihr Profil

ÜBUNG

Suchen Sie die für Ihr Tätigkeitsfeld geeigneten Schlüsselbegriffe und Schlagworte heraus. Beschränken Sie sich dabei nicht, schreiben Sie alle Begriffe auf, die Ihre Tätigkeiten charakterisieren. Ihre Schlüsselbegriffe und Schlagworte:

1. ______	16. ______
2. ______	17. ______
3. ______	18 ______
4. ______	19. ______
5. ______	20. ______
6. ______	21. ______
7. ______	22. ______
8. ______	23. ______
9. ______	24. ______
10. ______	25. ______
11. ______	26. ______
12. ______	27. ______
13. ______	28. ______
14. ______	29. ______

→ FORTSETZUNG AUF DER NÄCHSTEN SEITE

15. ____________________ 30. ____________________

Formulieren Sie nun drei Sätze mit jeweils zwei bis drei Schlagworten. So erarbeiten Sie sich die Fähigkeit, mit großer Informationsdichte zu kommunizieren.

1. »Ich bin verantwortlich für ____________________, (Schlagwort)

   ____________________ (Schlagwort)

   und ____________________.« (Schlagwort)

2. »Zu meinen Aufgaben gehört ____________________, (Schlagwort)

   ____________________ (Schlagwort)

   und ____________________.« (Schlagwort)

3. »Ich habe ____________________, (Schlagwort)

   ____________________ (Schlagwort)

   und ____________________ betreut.« (Schlagwort)

Sie wissen nun, welche Fehler Sie bei der Selbstpräsentation vermeiden sollten und wie Sie es mit dem Einsatz von Überzeugungsregeln besser machen können. Jetzt fehlt nur noch Ihre Feinarbeit, um die Ausführungen zu optimieren.

Selbstpräsentation fokussieren und optimieren

Feinjustierung

Ihre Selbstpräsentation entfaltet dann noch mehr Wirkung bei Ihren Zuhörern auf der Firmenseite, wenn Sie darauf achten, dass Sie sie auf die neue Stelle fokussieren. Wir erleben es in unserer Beratungspraxis häufiger, dass Führungskräfte in einem Coaching zur Vorbereitung auf Vorstellungsgespräche überaus begeistert von den Aufgaben und Herausforderungen sprechen, die sie am aktuellen Arbeitsplatz bewältigen. Dies ist aber immer dann problematisch, wenn die momentanen Aufgaben nicht völlig mit den neuen Aufgaben übereinstimmen. Und eine solche hundertprozentige Übereinstimmung zwischen »heute« und »morgen« gibt es eigentlich nie.

Daher achten wir stark darauf, dass die Schlagworte und Schlüsselbegriffe aus der Stellenausschreibung in die Selbstpräsentation einfließen.

BEISPIEL

Passen Sie Ihren Wortschatz an

Wenn Sie beispielsweise beim momentanen Arbeitgeber im Bereich des Lean Manufacturing gearbeitet haben und dabei die Methoden Kaizen und Kanban eingesetzt haben, der neue Arbeitgeber im Lean Manufacturing aber die Methoden Wertstromanalyse und 5S bevorzugt, dürfen Sie nicht formulieren: »Ich habe die Fertigungssteuerung im Sinne eines Lean Manufacturing optimiert und dabei Kaizen und Kanban eingesetzt.« Taktisch klüger wäre es zu sagen: »Ich habe die Fertigungssteuerung im Sinne eines Lean Manufacturing optimiert und dabei Kaizen und Kanban eingesetzt, die in der Wirkung etwa der Wertstromanalyse oder dem 5S entsprechen.«

Die richtige Balance

Achten Sie auch darauf, mit Ihrer Selbstpräsentation die »Wörterwelt« Ihrer Gesprächspartner zu treffen. Falsch wäre es, die Stellenausschreibung in der Selbstpräsentation einfach wortwörtlich zu wiederholen. Mit einer solchen Vorgehensweise würden Sie unkreativ und unglaubwürdig wirken. Genauso gefährlich ist es aber auch, überhaupt nicht beziehungsweise zu wenig auf die Anforderungen der jeweiligen Stellenausschreibung einzugehen. Arbeiten Sie daher darauf hin, die richtige Balance zwischen den neuen Aufgaben und Ihren bisherigen Erfahrungen, Kenntnissen, Erfolgen und Stärken herzustellen. Dies gelingt Ihnen mit taktisch geschickt gewählten Schlagworten und Schlüsselbegriffen, die Sie dank der jeweiligen Stellenausschreibung ja deutlich vor Augen haben.

Optimieren Sie nun die von Ihnen entwickelte Selbstpräsentation. Überprüfen Sie, ob Ihre Selbstpräsentation fehlerfrei ist, ob Sie unsere Überzeugungsregeln eingesetzt haben und ob Ihre Selbstpräsentation ausreichend auf ausgewählte Stellenausschreibungen hin fokussiert ist.

ÜBUNG

Selbstpräsentation optimieren

Nehmen Sie sich bei Ihrer Selbstpräsentation mit einer Videokamera auf. Werten Sie Ihre Selbstpräsentation kritisch aus. Finden Sie heraus, an welchen Stellen Sie neu formulieren müssen. Stellen Sie fest, welchen Informationen Sie mehr Platz geben müssen und welche Aussagen Sie knapper gestalten sollten. Werten Sie Ihre Selbstpräsentation anhand dieser Fragen aus:

- → Wird für den neuen Arbeitgeber meine Qualifikation deutlich?
- → Überzeugt mich meine Selbstpräsentation selbst?
- → Bin ich an einigen Stellen zu sehr ins Detail gegangen?
- → Wird der rote Faden meiner beruflichen Entwicklung klar?
- → Stelle ich mich aktiv genug dar?
- → Habe ich auf Selbstbewertungen verzichtet?
- → Habe ich die Schwerpunkte meiner Tätigkeit genügend herauskristallisiert?
- → Habe ich genügend Schlagworte und Schlüsselbegriffe eingesetzt?
- → Sind meine Ausführungen auch für Fachfremde (Personalverantwortliche) verständlich?

Das typische Problem von Führungskräften, eine passgenaue, stärkenorientierte und glaubwürdige Beschreibung ihres beruflichen Könnens zu liefern, haben Sie mit der Ausarbeitung Ihrer Selbstpräsentation gelöst. Sie können Ihre beruflichen Erfahrungen jetzt komprimiert vermitteln und gleichzeitig ein aussagekräftiges Profil liefern.

Ihre Selbstpräsentation als ständiger Begleiter

Damit verfügen Sie über klare Argumente, die in allen Stufen des Bewerbungsverfahrens für Sie sprechen. Bei den Themen Kontaktaufnahme, Bewerbungsunterlagen und Vorstellungsgespräch werden wir wieder an Ihre Selbstpräsentation anknüpfen. Die Selbstpräsentation, die Sie sich in diesem Kapitel erarbeitet haben, wird Sie das gesamte Buch - genauer gesagt: das gesamte Bewerbungsverfahren - hindurch begleiten.

AUF EINEN BLICK

Die Selbstpräsentation

→ Die Selbstpräsentation ist ein mündliches oder schriftliches Kurzgutachten über Ihre berufliche Qualifikation. Sie dient der komprimierten Darstellung Ihrer bisherigen Leistungen und Ihrer beruflichen Entwicklung.

→ Ihre Selbstpräsentation ist das Fundament für sämtliche Bewerbungsaktivitäten.

→ Bauen Sie Ihre Selbstpräsentation so auf, dass der Bezug zur ausgeschriebenen Stelle deutlich wird. Nutzen Sie für Ihre Selbstpräsentation unsere vierteilige Struktur:
1. Die momentanen Aufgaben
2. Die vorherigen Aufgaben (mit Bezug zur Stelle)
3. Die Grundlagen Ihres Werdegangs (Studium/Ausbildung/Fortbildung)
4. Zusammenfassung und Handlungsaufforderung

→ Aus Sicht der Personalabteilungen scheitern Führungskräfte bei der Selbstpräsentation an diesen Fehlern:
1. Fachliche Anforderungen werden nicht erkannt und belegt
2. Profillosigkeit

→ FORTSETZUNG AUF DER NÄCHSTEN SEITE

3. Kontraproduktive Ehrlichkeit
4. Leerfloskeln für soziale und methodische Kompetenz
5. Nicht- und Negativ-Formulierungen
6. Übertriebene positive Selbstbewertung
7. Selbstanklage

→ Gelungene Selbstpräsentationen von Führungskräften orientieren sich an diesen Überzeugungsregeln:
1. Fachliche Anforderungen erkennen
2. Aktivität zeigen
3. Individuelles Profil darstellen
4. Beispiele für soziale und methodische Kompetenz geben
5. Beschreiben statt bewerten
6. Der Joker: Schlüsselbegriffe aus dem Tagesgeschäft benutzen

---

→ Schlüsselbegriffe und Schlagworte helfen Ihnen dabei, mit großer Informationsdichte zu kommunizieren. Finden Sie die Schlüsselbegriffe und Schlagworte heraus, die Ihr Profil verdeutlichen.

→ Fokussieren Sie Ihre Selbstpräsentation auf die neue Stelle, indem Sie Schnittstellen mit den neuen Aufgaben auch sprachlich deutlich herausarbeiten. Dabei gilt es die »Wörterwelt« Ihrer Gesprächspartner zu treffen.

6. Immer vor Augen: Ihre Selbstpräsentation als Mind-Map

Damit Sie Ihre Selbstpräsentation in telefonischen oder persönlichen Kontakten optimal einsetzen können, empfehlen wir Ihnen, im Vorfeld eine Visualisierung in Form eines Mind-Maps auszuarbeiten. Auf diese Weise haben Sie Ihre Einstellungsargumente bei Bedarf immer vor Augen und können Ihr berufliches Kurzprofil bei passenden Gelegenheiten strukturiert und selbstbewusst vermitteln. Machen Sie es wie die Führungskräfte in unserer Beratungspraxis: Erarbeiten Sie ein Mind-Map Ihrer Selbstpräsentation.

In Telefongesprächen mit Headhuntern, bei ersten Treffen mit Personalberatern, beim Networking am Rande von Seminaren oder Konferenzen, aber auch, um in Vorstellungsgesprächen neu hinzugekommene Entscheider wie Geschäftsführer oder Bereichsleiter zu überzeugen: Ihre Selbstpräsentation werden Sie bei vielen Gelegenheiten einsetzen können. Um nicht im Ernstfall mühsam nach Worten ringen zu müssen, empfehlen wir Ihnen, Ihre inhaltlich ausgearbeitete Selbstpräsentation »gehirngerecht« zu visualisieren. Daher zeigen wir Ihnen nun abschließend zum Thema Selbstpräsentation, wie Sie Ihr berufliches Können und Ihre Erfolge mithilfe eines Mind-Maps immer »vor Augen« haben.

Stressabbau durch Mind-Mapping

Bilder als Informationsanker

In unseren Coachings für Führungskräfte beobachten wir bei den Kunden, die bei der Selbstpräsentation den Faden verloren haben und sich mitten in einem Blackout befinden, dass sie nach Bildern suchen, um die Orientierung zurückzugewinnen. Das liegt daran, dass unter Stress viel leichter auf bildhafte Elemente zugegriffen werden kann. Diese bildhaften Elemente lassen sich im Vorfeld eines Vorstellungsgesprächs in Form eines Mind-Maps visualisieren.

Eine Din-A4-Seite reicht meist aus

Wir erarbeiten mit Führungskräften deswegen ein Mind-Map ihrer Erfahrungen, Erfolge, Kenntnisse und Stärken. Die aktuelle berufliche Position, ausgewählte Teile aus davorliegenden Anstellungen, die einen Bezug zur neuen Stelle haben, und das berufliche Fundament, bestehend aus Studium, Ausbildung, Fort- und Weiterbildungen, lassen sich üblicherweise problemlos auf einem DIN-A4-Blatt übersichtlich darstellen. Mind-Maps, die Haupt- und Unterstrukturen, kleine Zeichnungen und grafische Symbole enthalten, helfen definitiv dabei, Telefonaten oder persönlichen Gesprächen von Anfang an die gewünschte Substanz zu geben. Schließlich sind die darin enthaltenen visuellen Elemente ein hervorragender Informationsanker.

Ein Mind-Map Ihrer Einstellungsargumente

Wie sich unsere Tipps praktisch umsetzen lassen, zeigen wir Ihnen jetzt anhand einer Selbstpräsentation, für die wir ein Mind-Map ausgearbeitet haben.

Die Selbstpräsentation einer kaufmännischen Führungskraft, die sich um die Position eines Niederlassungsleiters bewirbt, könnte - als Antwort auf die Frage eines Personalberaters »Warum sollte ich Sie meinem Auftraggeber empfehlen?« - wie folgt lauten:

BEISPIEL

Mind-Map: Bewerbung um die Position Niederlassungsleiter

»In meiner aktuellen Position als Vertriebs- und Marketingleiter habe ich mehrere Jahre in enger Abstimmung mit der Geschäftsführung den Vertrieb entwickelt, ein Vertriebscontrolling aufgebaut, Personal ausgewählt und entwickelt und das Kosten- und Qualitätsmanagement verantwortet. Das Tagesgeschäft, wie die Festlegung von Vertriebs- und Marketingstrategien, die Einführung von Produktinnovationen und die Erstellung von Markt- und Wettbewerbsanalysen, kenne ich gründlich. Weiter ist mir wichtig, mithilfe von Schlüsselprojekten ständig daran zu arbeiten, dass Produktmehrwerte geschaffen werden. Beispielsweise habe ich dafür gesorgt, dass die Produktion besser mit der Supply Chain abgestimmt wurde, aber auch dafür, dass der Service noch kundenspezifischer ausgestaltet wurde.

In meiner vorherigen Position als Verkaufsleiter habe ich, wie in der Stellenausschreibung gewünscht, ebenfalls organisatorische Veränderungsprozesse angeschoben. Schon damals habe ich festgestellt, dass es mir sehr liegt, Schwachstellen in Arbeitsprozessen herauszuarbeiten und gemeinsam mit den daran beteiligten Abteilungen praktikable Lösungen zu entwickeln. So habe ich seinerzeit dafür gesorgt, dass die Kommunikation zwischen der R&D und der Produktion deutlich verbessert wurde, mit dem neuen Produktportfolio konnte ich den Umsatz um 15 Prozent steigern.

Basis meiner beruflichen Entwicklung ist mein Studium der Betriebswirtschaftslehre.

Zusammenfassend möchte ich auf meine umfassenden Erfahrungen in der strategischen und operativen Vertriebsarbeit verweisen und noch einmal betonen, dass es mich persönlich begeistert, wenn ich mit meiner Arbeit aktiv dafür sorgen kann, dass ein Unternehmen weiter nach vorne gebracht wird. Daher denke ich, dass Sie mich Ihrem Auftraggeber guten Gewissens empfehlen können.«

Vor dem Vorstellungsgespräch hatte der Bewerber ein Mind-Map ausgearbeitet, das Sie auf der folgenden Seite finden, und die Schlag- und Schlüsselworte auswendig gelernt.

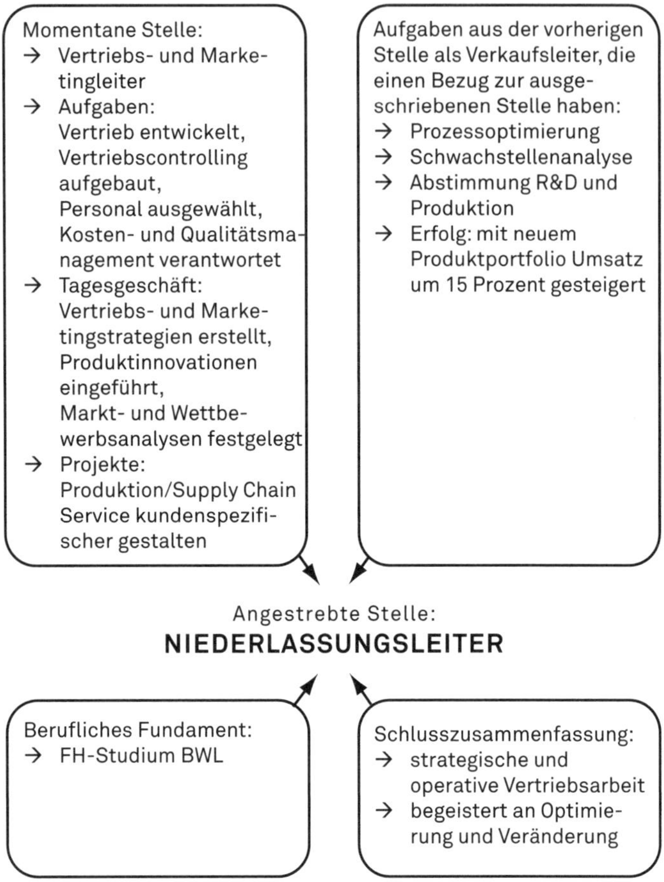

ÜBUNG

Mind-Map ausarbeiten

Vergegenwärtigen Sie sich bitte Ihre Selbstpräsentation und visualisieren Sie sie in Form eines Mind-Maps. Orientieren Sie sich dabei an dem Beispiel oben. Wählen Sie die Kenntnisse, Erfolge, Stärken und Erfahrungen aus, die Ihr besonderes berufliches Profil verdeutlichen.

Überlegen Sie sich für Ihr Mind-Map eine Grundstruktur, die aus vier Oberpunkten bestehen könnte. Beispielsweise:

1. momentane Stelle,
2. Erfahrungen aus der früheren Stelle, die einen Bezug zur neuen Stelle haben,
3. berufliches Fundament: Studium, Ausbildung, Fort- und Weiterbildungen,
4. Schlusszusammenfassung.

Gestalten Sie Ihr Mind-Map farbig, arbeiten Sie auch mit grafischen Symbolen wie Pfeilen, Ausrufezeichen oder Smileys. Nachdem Sie Ihr Mind-Map visualisiert haben, formulieren Sie bitte Ihre Selbstpräsentation mehrere Male mündlich anhand der vorgegebenen Stichworte. Sie werden feststellen, dass Sie die Visualisierung Ihrer individuellen Stärken schon nach kurzer Zeit gut verinnerlicht haben. Dieses neue Selbst-»Bewusstsein« wird Sie sowohl bei der telefonischen Kontaktaufnahme als auch in persönlichen Gesprächen deutlich unterstützen und Ihnen dabei helfen, die richtigen und wichtigen Argumente punktgenau zu bringen.

Idealerweise arbeiten Sie zwei Versionen aus: eine klassische Version, die zweieinhalb bis drei Minuten lang ist, und eine einminütige Version. Mit der längeren Variante sorgen Sie für Substanz zu Beginn von Vorstellungsgesprächen, und die kürzere können Sie immer dann einsetzen, wenn Sie Networking betreiben, mit Personalberatern telefonieren oder in Vorstellungsgesprächen auf neue Gesprächsteilnehmer treffen, die Ihr Profil noch nicht kennen.

AUF EINEN BLICK

Ihre Selbstpräsentation als Mind-Map

→ Durch Mind-Mapping arbeiten Sie Ihr berufliches Kurzprofil hirngerecht auf, damit Sie auch in Stresssituationen schnell darauf zugreifen können.

→ Durch ein Mind-Map verhindern Sie Blackouts – durch Haupt- und Unterstrukturen, Bilder, Zeichnungen und Symbole verinnerlichen Sie Ihre Selbstpräsentation.

→ Überlegen Sie sich eine Grundstruktur, an der Sie sich orientieren.

→ Arbeiten Sie Ihr Mind-Map ganz individuell aus. Der Gestaltung sind keine Grenzen gesetzt – je nach Ihren Vorlieben können Sie mit klaren Strukturen oder einer möglichst bunten Ausgestaltung arbeiten, ganz nach Ihrem Geschmack.

→ Wenn Sie Ihr fertiges Mind-Map haben, formulieren Sie Ihre Selbstpräsentation mehrere Male mündlich aus. Übung macht den Meister! Bereits nach wenigen Wiederholungen wird sich Ihr Mind-Map in Ihrem Gedächtnis verankern.

→ Dann können Sie Ihr Mind-Map nutzen, um bei persönlichen Treffen oder in Telefonaten kurz und prägnant Ihr Kurzprofil zu präsentieren – ohne leidige Hänger oder lange Überlegungen.

7. Wie begründen Sie den Stellenwechsel?

Eine zentrale Frage, die uns in unseren Bewerbungscoachings immer wieder gestellt wird, lautet: »Wie begründe ich meinen Stellenwechsel im Anschreiben, bei der telefonischen Kontaktaufnahme oder im Vorstellungsgespräch?« Diese Frage ist berechtigt, denn sie steht bei der Einschätzung einer Führungskraft durch einen neuen Arbeitgeber immer im Raum: Gab es Ärger am alten Arbeitsplatz? Ist das Verhältnis zu den Vorgesetzten zerstört? Oder hat sich der Bewerber mit der Geschäftsleitung überworfen? Wenn Sie unnötige Spekulationen vermeiden wollen, sollten Sie taktisch formulieren.

Nicht alle Führungskräfte suchen eine neue Stelle, weil sie sich beruflich weiterentwickeln oder einen echten Karrieresprung in Angriff nehmen möchten. Dies wissen auch Personalprofis und werden daher hellhörig, wenn Bewerber den Wunsch nach einer neuen Stelle nicht plausibel begründen können. Aus unserer Beratungspraxis wissen wir, dass Führungskräften diese Begründung im Anschreiben, in Telefongesprächen mit Personalberatern und auch in Vorstellungsgesprächen oft sehr schwerfällt.

Ungünstig: Tatsächliche Wechselgründe

Verschiedene Gründe

Es gibt die unterschiedlichsten Gründe, warum Führungskräfte einen neuen Arbeitsplatz suchen:

- → **Ein Kollege bekommt die intern ausgeschriebene Stelle, auf die man sich selbst beworben hat. Dies geschieht bereits zum zweiten, dritten, vierten Mal.**
- → **Mit dem neu eingestellten Vorgesetzten ist eine Zusammenarbeit unmöglich geworden.**
- → **Gehaltserhöhungen lassen sich nicht im angestrebten Maße durchsetzen.**

- → **Man hat dem Bewerber – zu seiner Gesichtswahrung – nahegelegt, sich wegzubewerben, ansonsten würde in nächster Zeit die Kündigung erfolgen.**
- → **Die Firma ist übernommen worden und im Rahmen der Umstrukturierung »rollen Köpfe«.**
- → **Die ständige Belastung durch Überstunden ohne finanziellen oder zeitlichen Ausgleich ist von der Leistungsfähigkeit her mittelfristig nicht mehr zu bewältigen.**
- → **Die Vorgesetzte, die bisher unterstützt und gefördert hat, hat sich wegbeworben.**
- → **Der wirtschaftliche Zusammenbruch der Firma ist nur noch eine Frage der Zeit.**
- → **»Management-by-Mobbing« ist der bevorzugte Führungs- und Umgangsstil im Unternehmen.**

Kontraproduktive Ehrlichkeit

Alle diese Begründungen sind berufliche Realität und damit eigentlich nachvollziehbar, werden von potenziellen neuen Arbeitgebern jedoch nicht gerne gehört. Wenn es Konflikte oder Streit mit Vorgesetzten oder Kollegen am momentanen Arbeitsplatz gegeben hat, steht immer die Frage im Raum, welchen Anteil der Bewerber daran hatte. Zu schnell entsteht dadurch der Verdacht, eine neue Stelle werde nur als »Lückenbüßer« betrachtet, um unangenehmen Stimmungen oder Situationen auszuweichen. Deutlich günstiger ist es, wenn Sie den anstehenden Stellenwechsel als geplanten und konsequenten Schritt in Ihrer beruflichen Entwicklung darstellen und ihn auf diese Weise nachvollziehbar machen. Keine Sorge: Mit guten Argumenten lassen sich bei allen Führungskräften entsprechend glaubwürdige Begründungen erarbeiten.

Besser: Akzeptierte Wechselgründe

Als Grundregel gilt, dass innerhalb von zehn Berufsjahren zwei bis vier Stellenwechsel akzeptiert werden, wenn der Bewerber zielgerichtet gewechselt hat, um seine Fähigkeiten auszubauen und so seine berufliche Entwicklung voranzutreiben.

Wir benutzen die folgenden drei Argumentationslinien, um einen Stellenwechsel in Vorstellungsgesprächen plausibel zu machen.

Schritt zur Seite

Argumentationslinie 1: »Erfahrungen einbringen« Bildlich gesprochen gehen Führungskräfte in ihrer beruflichen Entwicklung hier einen Schritt zur Seite, beispielsweise bewirbt sich ein Leiter Einkauf & Logistik eines Automotive-Unternehmens nun bei einem anderen Automotive-Unternehmen. Diese Führungskräfte berufen sich dann darauf, dass sie zwar schon über Führungs-, Branchen- und Fachwissen und umfangreiche Erfahrungen verfügen, aber nicht zum Stillstand kommen, sondern auch in den nächsten Jahren weiter dazulernen möchten. Den Wechselwunsch begründet diese Bewerbergruppe also idealerweise damit, dass sie ihr umfangreiches Wissen und ihre vielfältigen Erfahrungen zwar bereits in ihrem Wunscharbeitsfeld einsetzen, sie nun aber in einer anderen Firma mit ähnlichen Produkten oder Dienstleistungen einsetzen und vertiefen möchten.

BEISPIEL

Erfahrungen einbringen

Eine Bewerberin, die einige Jahre als Marketingleiterin gearbeitet hat und nun den Arbeitgeber wechseln möchte, könnte ihren Stellenwechsel im Anschreiben so begründen: »Ich bin in meiner jetzigen Firma bereits für das strategische Marketing und die operative Umsetzung verantwortlich. Dabei sind die strategische Markenführung, die Entwicklung von Kampagnen zur Neukundengewinnung und die Konzeption und Umsetzung von Online-Marketingmaßnahmen schon jetzt ein wesentlicher Teil meiner Arbeit, den ich gerne mache und in der neuen Position bei Ihnen als Leiterin Marketing fortsetzen möchte.«

Realistische Gründe für den Wechsel

Argumentationslinie 2: »Branchenwechsel« Manchmal soll nicht nur der Arbeitgeber, sondern auch die Branche gewechselt werden, beispielsweise weil die Arbeitsbedingungen in der momentanen Branche durchgehend zu fordernd und belastend sind. Denkbar ist diese Konstellation für Führungskräfte in den Bereichen Controlling, Vertrieb, Marketing oder Personal. In diesen Arbeitsbereichen kommt es häufig nicht so stark auf bestimmte Branchenkenntnisse an. Hier wirkt ein Wechselwunsch plausibel, wenn es nachvollziehbare Anhaltspunkte dafür gibt, in welcher Form der Bewerber mit der neuen Wunschbranche bereits in Kontakt gekommen ist, also die Gründe für seinen Branchenwechsel realistisch benennen kann. Hier hilft beispielsweise der Verweis auf bestehende Kontakte am Arbeitsplatz zu Lieferanten oder Kunden oder auch auf den hervorragenden Ruf des neuen Arbeitgebers.

BEISPIEL

Branchenwechsel

Ein Bewerber, der als Teamleiter Controlling in einem Medienkonzern arbeitet und nun auf die gleiche Position bei einem mittelständischen Maschinenbauer wechseln möchte, könnte die Frage nach seinem Wechselwunsch taktisch so beantworten: »Mein Aufgabenbereich umfasst momentan die Überwachung der Budgets, das Erstellen von Reportings und die Unterstützung bei der Erstellung der monatlichen, quartalsweisen und jährlichen Abschlüsse nach HGB.

Nach meinem BWL-Studium habe ich zunächst einige Jahre als Junior-Controller bei einem Handelskonzern gearbeitet. Dann habe ich gezielt in Richtung Medienkonzern gewechselt, um mich dort erst als Projektleiter Controlling und dann als Teamleiter Controlling beruflich breit aufzustellen. Nun möchte ich wiederum einen Wechsel vollziehen, um als Teamleiter Controlling meine Erfahrungen in der Koordination der laufenden Reportingaufgaben, im Forecast und der fundierten Analyse künftig für Sie einzusetzen.«

Beruflicher Aufstieg

Argumentationslinie 3: »Karrieresprung« Führungskräfte, die aufsteigen möchten, haben es besonders leicht. Sie können sich darauf berufen, dass Sie nachvollziehbar gute Arbeit geleistet haben, beispielsweise indem sie schildern, wie sie mit daran gearbeitet haben, Umsatz- und Gewinnziele zu erreichen oder zu übertreffen, Reklamationsquoten zu senken oder Qualitätsvorgaben zu kontrollieren und einzuhalten. Wer einige Jahre gute Arbeit geleistet hat und nun mehr Verantwortung im Sinne von Team-, Abteilungs- oder Bereichsleitung übernehmen möchte oder sogar als Niederlassungsleiter/in oder Geschäftsführer/in tätig werden möchte, sollte diesen Wechselwunsch ruhig aussprechen. Sollte im späteren Vorstellungsgespräch die Nachfrage kommen, warum der Karriereschritt nicht beim momentanen Arbeitgeber möglich ist, reicht es aus, kurz zu erklären, dass alle interessanten Stellen für die nächsten Jahre besetzt sind.

Karrieresprung

BEISPIEL

Bewirbt sich eine Gruppenleiterin Logistik um die Position Leiterin Logistik und Versand oder ein Technischer Bestandsmanager um die Position Leiter Qualitätssicherung, soll es auf der Karriereleiter einen deutlichen Sprung nach oben gehen. Wenn auch Sie sich für die dritte Argumentationslinie »Karrieresprung« entschieden haben, wird Ihr Wechselwunsch plausibel klingen, wenn Sie konkrete Belege für berufliche Erfolge beim alten Arbeitgeber vorweisen können. Dazu gehören beispielsweise Umsatzsteigerungen, Qualitätsverbesserungen, Kostensenkungen, Verschlankungen von Arbeitsprozessen oder die Erhöhung von Produktionskapazitäten.

Die Begründung für einen glaubwürdigen Wechselwunsch für die oben beispielhaft genannte Gruppenleiterin Logistik könnte dann folgendermaßen lauten: »Meine nachweisbaren Erfolge in der Optimierung der Kundenbelieferung hinsichtlich Terminen und Qualität möchte ich künftig bei Ihnen als Leiterin Logistik und Versand einsetzen. Ich führe im Logistikmarkt regelmäßig Wettbewerberanalysen durch und konnte so einerseits immer wieder Kosten senken und andererseits durch Lieferantenaudits für eine durchgängige Qualität sorgen. Die Koordination der Tätigkeiten im Betriebsbereich gehörte bereits zu meinen Aufgaben, wenn der Versandleiter im Urlaub oder krank war. In der Projektgruppe Lagerbestandscontrolling habe ich ebenfalls mitgearbeitet, meine Erfahrungen im Bestandsmanagement sind also praxiserprobt. Mit meiner stark Hands-on-orientierten Arbeitsweise habe ich gute Erfahrungen in der Steuerung gewerblicher Logistikmitarbeiter gemacht. Meine Führungserfahrungen und meine Erfahrungen in der Steuerung und Optimierung logistischer Abläufe möchte ich künftig gebündelt bei Ihnen einsetzen.«

Keine Problemkommunikation

Eine dieser drei vorgestellten Argumentationslinien sollten auch Sie verfolgen, wenn es um die Begründung für Ihren Stellenwechsel geht. Erarbeiten Sie sich plausible Begründungen dafür, warum der angestrebte Wechsel für Sie eine konsequente Weiterentwicklung oder sogar einen echten Karrieresprung bedeutet und auf welche Weise die neue Firma von Ihren Erfolgen oder Kenntnissen profitieren kann. Der Blick nach vorn bewahrt Sie davor, ungewollt Fehlentwicklungen oder Konflikte der Vergangenheit zu thematisieren. Um eigene Argumente für diese Strategie zu finden, sollten Sie die folgende Übung gründlich durcharbeiten.

ÜBUNG

Den Wechsel begründen

In dieser Übung geht es darum, die Entscheider auf der Firmenseite davon zu überzeugen, dass der von Ihnen anvisierte Stellenwechsel eine Fortsetzung Ihrer beruflichen Erfolgsstory ist. Suchen Sie zunächst aus den drei von uns vorgestellten Argumentationslinien die heraus, die am ehesten auf Sie zutrifft. Nun brauchen Sie glaubwürdige Belege aus Ihrer bisherigen Berufspraxis, die diese Argumentation untermauern.

Probieren Sie jetzt aus, wie sich Ihr Wechselwunsch glaubwürdig und zukunftsorientiert begründen lässt. Überlegen Sie sich zwei bis drei konkrete Formulierungen, um Ihren Wechselgrund glaubhaft und sich zum interessanten Bewerber machen zu können.

Ihr erstes Beispiel: ______________________________

____

Ihr zweites Beispiel: ______________________________

____

Ihr drittes Beispiel: ______________________________

____

Strategie: Der Blick nach vorn

Vermeiden: Selbstanklage und Vergangenheitsfixierung

Wir wissen aus unserer Beratungstätigkeit, dass - zumindest in Ansätzen - immer auch Probleme am alten Arbeitsplatz ein Wechselgrund sind. Wenn daher einer der von uns zu Beginn dieses Kapitels genannten tatsächlichen Wechselgründe auf Sie zutrifft, dann gehen Sie darauf im Anschreiben, in Telefongesprächen mit Personalexperten oder in Vorstellungsgesprächen bitte nicht ein. Zu große Ehrlichkeit hilft im Bewerbungsprozess nämlich nicht weiter. Im Gegenteil: Durch ungewollte Selbstanklagen und eine ausgeprägte Vergangenheitsfixierung hinterlassen Sie unabsichtlich einen negativen Eindruck.

Um Ihnen zu verdeutlichen, wie Vorwürfe gegen andere, zum Beispiel »amateurhafte Geschäftsführer«, »mangelnde Unterstützung bei der Arbeit«, »Insolvenz wegen Missmanagement der Firmenleitung«, aus Sicht von Dritten bewertet werden, führen Sie sich bitte Freunde und Bekannte vor Augen, die eine langjährige Partnerschaft beendet haben. Meinen Sie, eine neue Partnerin beziehungsweise ein neuer Partner ist in der Kennenlernphase begeistert über die detailgetreue Schilderung aller Probleme, die zur Trennung vom alten Partner führten? Wohl kaum, denn viele Gründe für den Bruch liegen im Verborgenen oder sind oft so komplex, dass Außenstehende nicht in der Lage und nicht bereit sind, alle problematischen Details nachzuvollziehen.

Vermittlung nach außen

Bei der Beendigung einer Partnerschaft gelten also genauso wie bei der Beendigung von Arbeitsverhältnissen besondere Regeln bei der Vermittlung nach außen. Wenn Sie Erfolg haben wollen, achten Sie deshalb bereits im Anschreiben, aber auch später im Vorstellungsgespräch, darauf, dass Sie nicht auf persönlich als unangenehm erlebte Problemsituationen eingehen.

Nehmen Sie stattdessen immer eine inhaltliche Position ein, das heißt, argumentieren Sie, wie anhand der drei Argumentationslinien vorgestellt, aus den Anforderungen der neuen Position heraus und belegen Sie konkret, auf welche Weise Sie die Anforderungen erfüllen.

AUF EINEN BLICK

Den Wechsel begründen

→ Die tatsächlichen Gründe und die von Personalverantwortlichen akzeptierten Gründe für einen Stellenwechsel stimmen in der Regel nicht überein.

→ Übertriebene Ehrlichkeit ist bei der Begründung des Stellenwechsels meistens kontraproduktiv, weil bei der Schilderung von Konflikten am alten Arbeitsplatz zu viele Emotionen im Spiel sind. Auch unter Personalexperten gilt: Zum Streit gehören immer zwei. Und das spricht leider bei den leisesten Zweifeln an Ihrer Person gegen eine Einstellungsentscheidung.

→ Sie überzeugen, wenn Sie verdeutlichen, dass Sie sich bei einem neuen Arbeitgeber beworben haben, weil Sie Ihre Kenntnisse und Fähigkeiten in der neuen Position gebündelt einsetzen können.

→ Machen Sie mit glaubwürdigen Beispielen deutlich, weshalb Ihre berufliche Entwicklung genau auf die ausgeschriebene Position hinführt.

→ Nutzen Sie eine unserer drei bewährten Argumentationsstrategien zu einer plausiblen Begründung Ihres Stellenwechsels:
- Argumentationslinie 1: »Erfahrungen einbringen«
- Argumentationslinie 2: »Branchenwechsel«
- Argumentationslinie 3: »Karrieresprung«

→ Gewöhnen Sie sich an, innerhalb der von Ihnen als passend ausgewählten Argumentationslinie zum Wechselwunsch zukunftsorientiert zu kommunizieren. Dies gelingt Ihnen, indem Sie die Unternehmensziele und Ihre persönlichen Ziele nennen und darstellen, wie sich beide innerhalb der neuen Aufgaben zur Deckung bringen lassen.

Teil II

Suche und erste Kontaktaufnahme

8. Den Wunscharbeitgeber finden

Auf der Suche nach einem neuen Arbeitgeber können Sie verschiedene Wege gehen. Sie können auf Stellenausschreibungen reagieren, sich den verdeckten Stellenmarkt erschließen oder Headhunter auf sich aufmerksam machen. Vorteile erarbeiten Sie sich im Bewerbungsverfahren immer dann, wenn Sie persönlich in Erscheinung treten. Knüpfen Sie gezielt Kontakte, auf die Sie bei Bewerbungen zurückgreifen können.

Werden Sie aktiv!

Bevor Sie sich bewerben können, müssen Sie wissen, an welche Firmen Sie Ihre Bewerbungen überhaupt richten sollen. Haben Sie vielleicht schon eine Wunschfirma ins Auge gefasst, von der Sie über Bekannte nur Gutes gehört haben? Haben Sie über private Kontakte erfahren, dass ein bestimmter Arbeitgeber in nächster Zeit neue Mitarbeiter einstellen möchte? Oder müssen Sie erst einmal gründlich recherchieren, welche Firma in Ihrer Region an Ihren Erfahrungen Bedarf haben könnte? Nutzen Sie den offenen sowie den verdeckten Stellenmarkt und überlegen Sie sich, wie Sie Headhunter auf sich aufmerksam machen könnten.

Viele Möglichkeiten: Der offene Stellenmarkt

Wenn freie Stellen öffentlich ausgeschrieben werden, spricht man vom offenen Stellenmarkt. Führungskräfte können hier diese Suchwege nutzen:

- → **Spezielle Jobbörsen für Führungskräfte im Internet**
- → **Allgemeine Jobbörsen und Jobrobots im Internet**
- → **Branchenspezifische Jobbörsen im Internet**
- → **Firmenhomepages**
- → **Tageszeitungen und Fachmagazine**

Spezielle Jobbörsen für Führungskräfte im Internet: In den letzten Jahren sind einige Jobbörsen entstanden, die sich ausschließlich an Führungskräfte und Fachspezialisten richten. Eine Jobbörse ragt dabei durch ihre starke Medienpräsenz heraus, nämlich:

→ **www.experteer.de**

Kostenpflichtige und kostenlose Börsen

Das Besondere an dieser Jobbörse ist einerseits die Ausrichtung auf das Premiumsegment und andererseits der Anspruch, das die Zielgruppe der Führungskräfte und Fachspezialisten für die angebotenen Dienste zahlen muss, zumindest dann, wenn sie die Premium-Jobbörsen in vollem Umfang nutzen möchte. Weitere Jobbörsen, die sich an Führungskräfte und Fachspezialisten richten, aber kostenlos genutzt werden können, sind:

→ **www.jobsprinter.com**
→ **www.stellenmarkt.faz.net (Frankfurter Allgemeine Zeitung)**
→ **www.suedeutsche.de (Süddeutsche Zeitung)**
→ **www.zeit.de (DIE ZEIT, Akademiker aus Wissenschaft, Wirtschaft, Technik)**
→ **www.femalemanagers.de (Karriereportal für Frauen im Management)**

Viele Angebote für Führungskräfte

Allgemeine Jobbörsen und Jobrobots im Internet: Es gibt Hunderte von allgemeinen Stellenbörsen im Internet, deren Sinn und Zweck die Kontaktanbahnung zwischen Firmen und neuen Mitarbeitern ist. Auch wenn allgemeine Jobbörsen sich nicht ausschließlich an Führungskräfte richten, haben Sie dennoch viele Angebote für diese Zielgruppe, und zwar üblicherweise kostenfrei. Interessant sind ebenfalls die sogenannten »Jobrobots«, hierbei handelt es sich um Suchmaschinen, die mehrere Jobbörsen, oder auch mehrere Firmenhomepages, gleichzeitig nach Ihren Wünschen durchsuchen. Wichtige große Jobbörsen und Jobrobots, in die Sie auf jeden Fall einmal einen Blick werfen sollten, sind unter anderem die folgenden:

- **www.stepstone.de**
- **www.monster.de**
- **www.stellenanzeigen.de**
- **www.jobs.de**
- **www.careerjet.de**
- **www.jobrapido.de**
- **www.kimeta.de**
- **www.jobworld.de**

Spezialisierte Börsen

Branchenspezifische Jobbörsen im Internet: Neben den allgemeinen Jobbörsen gibt es aber auch Börsen für bestimmte Branchen, beispielsweise:

- **www.aerztestellen.de (Medizin)**
- **www.jobs.springermedizin.de (Gesundheitswesen)**
- **www.klinikstellen.de (Gesundheitswesen)**
- **www.karriere-jura.de (Recht)**
- **www.greenjobs.de (Umweltfachkräfte)**
- **www.joborama.de (Sport und Wellness)**
- **www.horizontjobs.net (Werbung und Marketing)**
- **www.werbeagentur.de (Werbung und Marketing)**
- **www.kulturmanagement.net (Kultur)**
- **www.ingenieur24.de (Ingenieure, Informatiker, Naturwissenschaftler)**
- **www.ingenieurweb.de (Ingenieure, Naturwissenschaftler)**
- **www.bionity.com/de/jobs (Biotechnologie, Pharma)**
- **www.chemie.de/jobs (Chemie)**
- **www.bankjob.de (Banken)**
- **www.geojobs.de (Geologie)**
- **www.automotive-job.net (Automobilindustrie)**

Firmenhomepages: Eigentlich jede Firma hat mittlerweile eine Website. Geben Sie bei großen Firmen einfach den Firmennamen als Internetadresse ein, beispielsweise www.siemens.de oder www.puma.com. Finden Sie Firmenhomepages nicht direkt, verwenden Sie einfach eine Suchmaschine. Nutzen Sie auch die Suchmaschinen www.jobscanner.de und www.yovadis.de, die ausschließlich Firmenhomepages durchforsten.

Interessante Wochenend-ausgaben

Tageszeitungen und Fachmagazine: Auch wenn das Internet mit seinen Jobbörsen und Firmenhomepages bei der Stellensuche heutzutage einen sehr hohen Stellenwert einnimmt, sind die Angebote der Tageszeitungen, vornehmlich in den Wochenendausgaben, nach wie vor interessant. Manche Firmen schalten Anzeigen extra nur vor Ort, um Bewerber aus der Region anzusprechen. Andere bevorzugen Fach- und Branchenmagazine. Und es gibt auch immer noch Firmen, die offene Stellen grundsätzlich nur über Zeitungen ausschreiben.

Networking: Der verdeckte Stellenmarkt

Vom verdeckten Stellenmarkt spricht man, wenn Stellen nicht öffentlich ausgeschrieben werden. Dann verlassen sich die suchenden Unternehmen beispielsweise auf Mitarbeiterempfehlungen oder berufliche Kontakte zu interessanten Bewerbern, die am Rande von Fachmessen entstanden sind. Sie können diese Möglichkeiten der Kontaktanbahnung und -pflege nutzen:

- → **Fachmessen**
- → **Private Kontakte**
- → **Berufliche Kontakte**
- → **Digitale Netzwerke**

Branchentreff

Fachmessen: Der große Vorteil von Fachmessen liegt darin, dass sich in der Regel die ganze Branche trifft. Hier gilt, dass Sie sich mit Ihrem Wechselwunsch nicht unbeabsichtigt zum Branchentratsch machen dürfen. Aber ein gezielter Kontaktaufbau, gerne auch unter dem Deckmantel, sich für die neuesten Produkte oder Dienstleistungen der Mitbewerber zu interessieren, hilft sicherlich weiter. Sammeln Sie also Visitenkarten bei der lieben Konkurrenz.

Private Kontakte: Viele Menschen sind über Hobbys und Freizeitaktivitäten mit anderen verbunden. Die einen engagieren sich ehrenamtlich in Sportvereinen oder Interessengruppen, die anderen knüpfen über ihre Kinder Kontakte am Rande von Versammlungen oder Veranstaltungen in Kindergärten oder Schulen. Oft kennt man den beruflichen Hintergrund der Menschen, mit denen man häufiger spricht. Überlegen Sie daher einmal gründlich, welcher ihrer privaten Kontakte Ihnen bei einer Bewerbung nützlich sein könnte.

Berufliche Kontakte: Wer beruflich im Einkauf, im Verkauf, im Service oder sonst mit Kunden zu tun hat, ist bei der Arbeitgebersuche klar im Vorteil. Spitzen Sie die Ohren, um rechtzeitig zu erfahren, welche Firmen investieren, wachsen und einstellen wollen und deshalb engagierte Mitarbeiter suchen.

Nicht zuviel preisgeben

Digitale Netzwerke: Soziale Netzwerke im Internet mit beruflicher Ausrichtung wie LinkedIn oder Xing entsprechen privaten und beruflichen Kontakten, allerdings auf digitaler Basis. Sie sollten Ihre beruflichen Wechselwünsche natürlich nicht gleich im Internet herausposaunen. Passende und vertrauenswürdige Social-Media-Kontakte können Sie aber ebenfalls für ihre Bewerbungsaktivitäten nutzen. Fragen Sie beispielsweise nach, ob das Unternehmen, bei dem Ihr Kontaktpartner tätig ist, in nächster Zeit expandieren möchte und daher neue Stellen geschaffen werden, ob Kollegen aus der Führungsmannschaft sich mit Wechselabsichten tragen und das Unternehmen bald verlassen werden oder ob interessante Stellen frei werden, weil die Stelleninhaber in den Ruhestand gehen.

Executive Search: Headhunter

Zunächst gilt es, Headhunter von Personalberatern zu unterscheiden, denn diese beiden Begriffe werden von Führungskräften häufiger durcheinander gewirbelt.

Personalberater

Personalberater schalten im Auftrag von Unternehmen Stellenausschreibungen, sind also im offenen Stellenmarkt tätig. Unternehmen beauftragen Personalberatungen aus unterschiedlichen Gründen mit der Suche nach Führungskräften, beispielsweise, weil der momentane Stelleninhaber, dem wegen schlechter Leistungen gekündigt werden soll, dies nicht zu früh erfahren darf. Oder weil die liebe Konkurrenz nicht mitbekommen soll, dass neue geschäftliche Aktivitäten, die eine entsprechende Führungsriege benötigen, in Angriff genommen werden sollen. Und oft auch deswegen, weil die beauftragten Personalberatungen als externe Dienstleister die mit der Bewerberauswahl verbundenen Zwischenschritte wie die Auswertung von Bewerbungsunterlagen, das Führen von strukturierten Interviews oder die Durchführung von Einzel-Assessment-Center gleich miterledigen.

Headhunter

Headhunter dagegen sind im verdeckten Stellenmarkt tätig. Sie schalten keine Stellenausschreibungen in Jobbörsen oder dem Stellenteil von Zeitungen. Stattdessen machen sie sich selbst auf die Suche nach passenden Kandidaten, daher auch die Bezeichnung Executive Search. Viele Führungskräfte wünschen sich, von Headhuntern angesprochen zu werden, allerdings ist ihnen oft unklar, was sie selbst dazu beitragen können, um ins Visier der Headhunter zu geraten. Hier einige bewährte Möglichkeiten, um Headhunter auf sich aufmerksam zu machen:

- → **Jobprofile in Jobbörsen**
- → **Networking in der Branche**
- → **Aktivitäten in der Öffentlichkeit**
- → **Berufliche Netzwerke im Internet**
- → **Direktansprache von Headhuntern**

Das eigene Profil im Netz

Jobprofile in Jobbörsen: Die bereits vorgestellten speziellen Jobbörsen für Führungskräfte, die allgemeinen Jobbörsen und die Branchen-Jobbörsen enthalten nicht nur Stellenausschreibungen für Führungskräfte. Sie bieten auch die Möglichkeit, das eigene berufliche Profil einzustellen. Gerade Headhunter nutzen diese Recherchemöglichkeit gerne, insbesondere dann, wenn es sich um Bewerber mit speziellen Kenntnissen oder gesuchten Branchenerfahrungen handelt. Der Erstkontakt zur umworbenen Führungskraft wird dann per Telefon oder E-Mail hergestellt.

Networking in der Branche: Headhunter sind Vieltelefonierer, sie rufen Führungskräfte direkt am Arbeitsplatz an und fragen, ob der Angerufene nicht einen Tipp geben könne, wer für eine bestimmte Stelle, für die spezielle Erfahrungen oder Kenntnisse unverzichtbar sind, grundsätzlich geeignet sei. Diese Arbeitsweise der Headhunter können Sie für sich nutzen. Pflegen Sie Kontakte innerhalb und außerhalb Ihres Unternehmens und lassen Sie Ihre Kontaktpersonen in groben Zügen wissen, was Sie beruflich machen. Direkte Wechselabsichten müssen Sie bei diesem Networking nicht bekunden, aber indirekte Aussagen wie »Berufliche Chancen muss man heute ja nutzen, wer weiß, wann die wiederkommen« oder »Ich möchte mittelfristig beruflich noch deutlich weiter vorwärtskommen« sind eindeutig genug. Dann werden Ihre Kontaktpersonen Sie bei passender Gelegenheit Headhuntern empfehlen.

Machen Sie auf sich aufmerksam

Aktivitäten in der Öffentlichkeit: Führungskräfte, die auch in der Öffentlichkeit in Erscheinung treten, werden regelmäßig von Headhuntern angerufen, weil sie mit ihren Aktivitäten für Aufmerksamkeit sorgen. Zu diesen Aktivitäten in der Öffentlichkeit gehören unter anderem Vorträge auf Fachmessen oder Fachkongressen, Beiträge für Fachzeitschriften, Interviews für Zeitungen oder Fachzeitschriften, Firmenveranstaltungen im Rahmen von Hochschulmessen oder die Leitung von Fachseminaren oder Workshops für externe Seminaranbieter. Überlegen Sie sich, welche Aktivitäten in der Öffentlichkeit für Sie infrage kommen könnten, dies ist je nach Berufsfeld ganz unterschiedlich. Jede Aktivität erhöht die Wahrscheinlichkeit, dass auch Headhunter auf Sie aufmerksam werden.

Berufliche Netzwerke im Internet: Die bereits erwähnten Netzwerke mit beruflicher Ausrichtung, LinkedIn und Xing, werden von Headhuntern bei der Suche nach interessanten Kandidaten häufig genutzt, und diese Tendenz nimmt deutlich zu. Sogar einige Personalabteilungen großer Konzerne recherchieren in Netzwerken, um sich sowohl den »Umweg« über eine Personalberatung als auch die Kosten dafür zu sparen. Wenn Sie Ihre beruflichen Aktivitäten also frei im Internet präsentieren möchten, sollten Sie Ihr berufliches Profil aussagekräftig beschreiben. Eine bloße Auflistung von beruflichen Stationen reicht nicht aus, um das Interesse von Headhuntern zu wecken.

Suchen Sie die Branchenexperten

Direktansprache von Headhuntern: Statt darauf zu warten, dass Sie von Headhuntern angesprochen werden, können sie auch den umgekehrten Weg wählen und von sich aus den Kontakt suchen. Eine Kontaktaufnahme kann für Sie interessant sein, wenn Sie sich mittelfristig verändern wollen. Manche Executive-Search-Unternehmen sind grundsätzlich an Kandidaten mit überdurchschnittlichem Potenzial interessiert, die sie bei Bedarf vermitteln können. Da die Anzahl der am Markt vertretenen Executive-Search-Unternehmen sehr groß ist, sollten

Sie mithilfe des Internets versuchen diejenigen herauszufiltern, die sich auf Ihre Branche spezialisiert haben.

AUF EINEN BLICK

Den Wunscharbeitgeber finden

→ Nutzen Sie den offenen sowie den verdeckten Stellenmarkt und überlegen Sie sich, wie Sie Headhunter auf sich aufmerksam machen können.

→ Im offenen Stellenmarkt können Sie diese Suchwege nutzen:
- spezielle Jobbörsen für Führungskräfte
- allgemeine Jobbörsen und Jobrobots
- branchenspezifische Jobbörsen
- Firmenhomepages
- Tageszeitungen und Fachmagazine

→ Den verdeckten Stellenmarkt können Sie sich auf diese Weise erschließen:
- Fachmessen
- private Kontakte
- berufliche Kontakte
- berufliche Netzwerke im Internet

→ Unterscheiden Sie Personalberater von Headhuntern. Personalberater schalten Stellenausschreibungen im offenen Stellenmarkt, Headhunter sprechen Kandidaten direkt an (Executive Search).

→ So können Sie Headhunter auf sich aufmerksam machen:
- Jobprofile in Jobbörsen
- Networking in der Branche
- Aktivitäten in der Öffentlichkeit
- berufliche Netzwerke im Internet
- Direktansprache von Headhuntern

9. Ihr Anruf: Erste Kontaktaufnahme

Mit dem Griff zum Telefon können Sie sich deutliche Startvorteile im Bewerbungsverfahren erarbeiten. In diesem Kapitel lernen Sie, wie Sie das Telefon nutzen können, um Bewerbungen auf Stellenausschreibungen hin vorzubereiten. Aber auch bei Initiativbewerbungen spielt der telefonische Vorkontakt eine entscheidende Rolle. Wir erläutern Ihnen, wie Sie sich am Telefon mit einem Kurzprofil von Anfang an als interessant darstellen.

»Für Vorabinformationen steht Ihnen Frau Müller unter der Telefonnummer 040 12345-67 gerne zur Verfügung.« Hinweise wie diese finden sich in vielen Stellenausschreibungen für Führungskräfte. Und sind dann ein klarer Hinweis darauf, dass Ihr Anruf zur ersten Kontaktaufnahme grundsätzlich erwünscht ist.

Der Vorteil für Sie

Schon nach einem ersten Telefongespräch mit potenziellen Arbeitgebern oder den beauftragten Personalberatungen können Sie oft einschätzen, ob sich das Anforderungsprofil des Unternehmens und Ihre Qualifikationen grundsätzlich zur Deckung bringen lassen. Auf diese Weise können Sie sich sinnlose Bewerbungen ersparen und vergeuden nicht Ihre Energie. Wenn das Gespräch gut läuft, erfahren Sie mehr über die Anforderungen der jeweiligen Stelle und finden Schlüsselbegriffe heraus, auf die die Firma »anspringt«. Lassen Sie im Anschluss an das Gespräch die neuen Informationen in Ihre digitale Bewerbungsmappe einfließen, heben Sie sich wohltuend von passiven Massenbewerbern ab.

Der Nachteil für Sie

Es gibt selten eine zweite Chance für den ersten Eindruck. Das bedeutet, dass Sie den besonderen Anforderungen der Selbstdarstellung am Telefon gerecht werden müssen. Die Devise: »Mal sehen, was passiert, wenn ich bei der Firma anrufe« befördert Sie schnell ins Aus.

Die Bewerbung am Telefon unterliegt besonderen Anforderungen, die nicht ohne weiteres ersichtlich sind.

Die richtige Stimmung erzeugen

Störfaktoren ausschalten

Vor einem Telefongespräch müssen Sie zunächst die optimalen Rahmenbedingungen herstellen. Überlegen Sie sich, welche Störfaktoren aus Ihrer Umgebung das Telefonat beeinträchtigen könnten.

Telefonieren Sie auf keinen Fall direkt von Ihrem momentanen Arbeitsplatz aus. Sie setzen sich nur unnötigen Spekulationen aus, wenn Ihre Kollegen oder gar Ihr Chef am alten Arbeitsplatz zu früh erfahren, dass Sie wechseln wollen. Im Handyzeitalter ist es leicht, den Arbeitsplatz kurz zu verlassen, um ungestört ein paar Minuten mit dem neuen Arbeitgeber telefonieren zu können. Dass Sie hierfür ausschließlich Ihr privates Handy benutzen sollten, versteht sich von selbst.

Wenn Sie von zu Hause aus anrufen, weil Sie ein paar Tage Urlaub haben, weil Sie bereits freigestellt sind oder weil der neue Arbeitgeber beziehungsweise die von ihm beauftragte Personalberatung auch abends oder am Wochenende zu erreichen ist, sollten Sie dafür sorgen, dass Sie konzentriert telefonieren können. Schalten Sie gegebenenfalls die Wohnungsklingel ab. Obwohl es statistisch nicht belegbar ist, scheinen Nachbarn, Bekannte oder Paketdienste immer dann Sturm zu klingeln, wenn es gerade überhaupt nicht passt. Informieren Sie die Menschen in Ihrer Umgebung, dass Sie ein wichtiges Telefongespräch führen möchten. Falls Sie die Funktion »Anklopfen« in Ihrem Telefon haben, schalten Sie sie aus. Das Tonsignal, mit dem ein parallel eingehender Anruf gemeldet wird, entnervt sonst nach kurzer Zeit Sie und Ihren Gesprächspartner.

Der akustische erste Eindruck

Im Telefongespräch gibt es nur einen akustischen und keinen visuellen Eindruck. Das bedeutet, dass über Klang und Ausdruck der Stimme Aufregung, Unsicherheit und Ängstlichkeit genauso wie Sicherheit und Selbstbewusstsein vermittelt werden. Rufen Sie deshalb nur an, wenn Sie sich gut und kraftvoll fühlen. Telefonieren Sie im Stehen: Sie sind dann länger konzentriert, und der Spannungsbogen reißt nicht so schnell ab.

Stift und Papier bereithalten

Für das Gespräch sollten Sie immer Stift und Papier bereithalten. Wenn Sie aufgrund einer Stellenanzeige anrufen, sollten Sie diese so positionieren, dass Sie sie im Blick behalten. Notieren Sie sich Datum und Uhrzeit Ihres Telefonates und, falls bekannt, den Namen Ihres Ansprechpartners im Unternehmen.

Wenn Sie die Rahmenbedingungen geklärt haben, müssen Sie sich danach mit der inhaltlichen Seite des Gespräches auseinandersetzen. Wir erläutern Ihnen nun, was Sie beachten müssen, wenn Sie aufgrund einer Stellenausschreibung anrufen. Anschließend erfahren Sie, welche besonderen Spielregeln gelten, wenn Sie mit einem Telefongespräch eine Initiativbewerbung vorbereiten.

Telefonischer Kontakt bei Stellenausschreibungen

Bevor Sie zum Telefonhörer greifen und auf eine Stellenanzeige hin bei einer Firma anrufen, sollten Sie

→ **Ihre Gesprächsziele präzise definiert haben,**
→ **sich intensiv mit den Anforderungen der Stellenanzeige beschäftigt haben und**
→ **sich als erfolgsorientierte Führungskraft präsentieren können.**

Gesprächsziele und eigene Fragen

Aus unserer Beratungspraxis wissen wir, dass Bewerberinnen und Bewerber sich oft über die Ziele ihres Telefonkontaktes nicht im Klaren sind. Die meisten glauben, dass sie am Telefon gleich in ein Vorstellungsgespräch verwickelt werden. Damit bauen sie einen viel zu großen Druck auf und verzichten in der Konsequenz dann lieber auf einen Anruf.

Vorbereitung der schriftlichen Bewerbung

Bei einem Anruf geht es jedoch nicht um die Beantwortung der Frage »Bekomme ich die ausgeschriebene Stelle oder nicht?«. Im Vordergrund sollte die Vorbereitung der schriftlichen Bewerbung stehen. Im Gespräch erfragte Zusatzinformationen können im Anschreiben und im Lebenslauf aufgegriffen werden. Je genauer Sie auf spezielle Firmenanforderungen eingehen, desto größer sind Ihre Chancen, zu einem Vorstellungsgespräch eingeladen zu werden.

Was erfragen Sie?

Legen Sie deshalb vor dem Gespräch fest, an welchen Punkten Sie noch Klärungsbedarf haben:

→ **Möchten Sie mehr Informationen über die ausgeschriebene Stelle haben, weil die Stellenanzeige sehr allgemein formuliert ist (Branche, Märkte, Produkte, Dienstleistungen, Aufgaben, Anforderungen)?**

- → **Möchten Sie herausfinden, worauf die Firma besonderen Wert legt (Innovation, Outsourcing, Aufbau neuer Vertriebskanäle, Restrukturierung, Übernahme oder Integration von Wettbewerbern)?**
- → **Möchten Sie erfahren, in welchem Verhältnis die in der Stellenausschreibung aufgeführten einzelnen Aufgaben zueinander stehen (strategische Aufgaben zu operativen Aufgaben, Entwicklungsmaßnahmen zum Tagesgeschäft, Projekttätigkeiten zu Routineaufgaben, Dienstreisen zu Aufenthalt in der Firma)?**
- → **Möchten Sie mehr über die wesentlichen Schnittstellen der Position ins Unternehmen hinein erfahren (Schnittstelle Vertrieb/Marketing/Produktion oder Schnittstelle Logistik/Einkauf/Warenwirtschaft oder Schnittstelle Business Development/Rechnungswesen/Controlling)?**
- → **Möchten Sie im Anschreiben auf ein Telefongespräch verweisen können?**
- → **Möchten Sie sich einen Kontakt ins neue Unternehmen aufbauen, um bei künftigen Fragen zum weiteren Ablauf des Bewerbungsverfahrens einen persönlichen Ansprechpartner zu haben?**
- → **Möchten Sie erfragen, ob eine Bewerbung per E-Mail mit PDF-Anhang erwünscht ist?**

Wenn Sie sich über Ihre Gesprächsziele klar geworden sind, können Sie die dazu passenden Fragen stellen und sich auf diese Weise die von Ihnen gewünschten Informationen verschaffen.

An Stellenausschreibungen anknüpfen

Kurz und knapp

Beim Anruf aufgrund einer Stellenanzeige haben Sie die Chance, Anknüpfungspunkte für Ihr Gespräch aus der Stellenanzeige herauszulesen. Selbstverständlich reicht es nicht aus, wenn Sie Ihrem Gesprächspartner die Stellenanzeige vorlesen und behaupten, alle Anforderungen zu erfüllen. Das Interesse wecken Sie erst in dem Moment, in dem Sie anfangen, konkrete Beispiele zu geben, aus denen deutlich wird, dass Sie einzelne Anforderungen erfüllen. Und so könnten Sie für positive Aufmerksamkeit sorgen.

BEISPIEL

Senior Account-Manager gesucht

Ein Bewerber für die Position »Senior Account-Manager« in einem Telekommunikationsunternehmen hat aus einer Stellenanzeige diese Anforderungen herausgeschrieben:

- → **Erfahrung in der Telekommunikationsbranche**
- → **Erfahrung in der Großkundenbetreuung**
- → **Selbstständige Initiierung von Kundenprojekten**
- → **Argumentationsstärke**

Für diese Anforderungen hat er in seiner Bestandsaufnahme diese Belege gefunden:

Anforderung 1:	Erfahrung in der Telekommunikationsbranche
Beleg 1:	Vertriebsinnendienst bei einem Internetserviceprovider
Beleg 2:	Vertrieb von Telefonanlagen an Firmenkunden im Außendienst

Anforderung 2:	Erfahrung in der Großkundenbetreuung
Beleg 1:	Großkundenbetreuung beim Telefonanlagenverkauf
Beleg 2:	Produktpräsentationen auf Fachmessen

Anforderung 3:	Selbstständige Initiierung von Kundenprojekten
Beleg 1:	Projekt »Bonuscard« für Internetproviderkunden
Beleg 2:	Kundenbindung durch Einladungen zu Sport-Events

Anforderung 4:	Argumentationsstärke
Beleg 1:	Durchgesetzt auf dem hart umkämpften Markt der Telefonanlagen

→ FORTSETZUNG AUF DER NÄCHSTEN SEITE

Beleg 2: Steigerung der Kundenzahlen des Internetproviders

Für ein Telefongespräch muss er nun diejenigen Belege heraussuchen, die sein Profil im Hinblick auf die ausgeschriebene Stelle am besten deutlich machen. Geeignete Belege für ein Telefongespräch mit einem Telekommunikationsunternehmen sind:

- → **Vertrieb von Telefonanlagen an Firmenkunden im Außendienst**
- → **Großkundenbetreuung beim Telefonanlagenverkauf**
- → **Projekt »Bonuscard« für Internetproviderkunden**
- → **Vertriebserfolge: Steigerung der Kundenzahlen des Internetproviders**

Sammeln Sie Material

Damit Sie nicht erst im Telefongespräch mit dem Unternehmen überlegen, wie Sie sich interessant darstellen, sollten Sie sich vorbereiten. Machen Sie dazu die nachfolgende Übung, um eine fundierte Materialsammlung zur Hand zu haben, aus der Sie passgenaue Belege anführen können. Damit können Sie am Telefon überzeugen.

ÜBUNG

Belege für die Selbstdarstellung am Telefon finden

Nehmen Sie eine für Sie interessante Stellenausschreibung zur Hand. Unterstreichen Sie in der Stellenausschreibung alle Anforderungen, und suchen Sie für jede Anforderung mehrere passende Beispiele aus Ihrem Werdegang. Wenn Sie mehrere Beispiele zur Auswahl haben: Am besten geeignet sind die Belege, die möglichst aus derselben Branche sind und Nähe zu den Tätigkeiten der ausgeschriebenen Stelle haben.

Listen Sie nun die Anforderungen aus der für Sie interessanten Stellenausschreibung auf:

Anforderung 1: ________________________
Anforderung 2: ________________________
Anforderung 3: ________________________
Anforderung 4: ________________________

Anforderung 1: ________________________
Beleg 1: ________________________
Beleg 2: ________________________

Anforderung 2: ________________________
Beleg 1: ________________________
Beleg 2: ________________________

Anforderung 3: ________________________
Beleg 1: ________________________
Beleg 2: ________________________

Anforderung 4: ________________________
Beleg 1: ________________________
Beleg 2: ________________________

Wählen Sie nun die jeweiligen Belege aus, die Sie für am geeignetsten halten.

Geeigneter Beleg für Anforderung 1: ________________________

Geeigneter Beleg für Anforderung 2: ________________________

→ FORTSETZUNG AUF DER NÄCHSTEN SEITE

....

Geeigneter Beleg für Anforderung 3: ____________________

____

....

Geeigneter Beleg für Anforderung 4: ____________________

____

Die richtige Selbstdarstellung am Telefon

Zeigen Sie sich als Problemlöser

Es liegt nun an Ihnen, am Telefon den Ton zu finden, der Personalverantwortliche hellhörig werden lässt. Positiv reagieren Unternehmen, wenn sich Bewerberinnen und Bewerber als zukünftige Problemlöser für die Aufgaben in der neuen Position anbieten.

Es kommt für Sie im Telefongespräch darauf an, mit wenigen Sätzen zu verdeutlichen, dass Sie in Ihrer bisherigen beruflichen Praxis Erfolg gehabt haben. Knüpfen Sie hierbei an Ihre bereits ausgearbeitete Selbstpräsentation an. Machen Sie klar, wie Sie Ihre Kenntnisse und Fähigkeiten bisher eingesetzt haben, um berufliche Aufgaben zu lösen. Beschreiben Sie sich als aktiv und zupackend, dies gelingt Ihnen am besten mit unseren folgenden Formulierungen.

Beispielformulierungen

- »Ich habe bereits Aufbauarbeit in den Bereichen .... und .... geleistet.«
- »Besonders angesprochen hat mich die Möglichkeit Innovationen voranzubringen, hier kann ich auf viele erfolgreiche Impulse im Bereich .... verweisen.«
- »Ich könnte Sie in den Bereichen .... und .... tatkräftig unterstützen, da ich in diesen Aufgabenfeldern bereits tätig war.«
- »Ich habe .... Mitarbeiter geführt.«
- »Ich verfüge über Erfahrungen in .... und ....«
- »Ich habe mich mit .... und .... auseinandergesetzt.«

- → »Ich habe bereits als .... gearbeitet.«
- → »Die Aufgaben eines .... sind mir bekannt aus meiner Tätigkeit als .... «
- → »Das Tätigkeitsfeld einer .... habe ich schon in den letzten Jahren ausgefüllt.«
- → »In die Bereiche .... und .... habe ich mich neben meinen Aufgaben im Tagesgeschäft eingearbeitet.«
- → »Ich habe .... organisiert.«
- → »Projektverantwortung konnte ich als Teilprojektleiterin im Bereich .... übernehmen.«
- → »Mit den Tätigkeiten einer .... bin ich vertraut.«
- → »Ich habe Gewinnsteigerungen realisiert.«
- → »Den Markt für .... habe ich erfolgreich erschlossen.«

So nicht

Um Ihnen die Unterschiede von Telefongesprächen klarzumachen, möchten wir Ihnen im Folgenden am Beispiel der Produktmanagerin Claudia Carlsson zeigen, wie ein negativer Eindruck und wie ein positiver Eindruck aufseiten des jeweiligen Personalverantwortlichen entsteht. Zuerst das Negativbeispiel: So sollten Sie es nicht machen!

Die unvorbereitete Produktmanagerin

Eine in einem Zulieferbetrieb für einen Elektronikkonzern tätige Produktmanagerin beabsichtigt den Karrieresprung in das Produktmanagement eines internationalen Konzerns. Dabei stellt sie sich und ihre Fähigkeiten schlecht dar, wenn sie sich am Telefon so präsentiert. Anmerkung: Damit der Lerneffekt für Sie größer ist, haben wir das folgende Negativbeispiel bewusst überzeichnet.

Personalverantwortlicher: »International AG, Karl Wendlinger.«

Produktmanagerin: »Guten Tag, mein Name ist Claudia Carlsson, ich möchte mich beruflich verändern.«

→ FORTSETZUNG AUF DER NÄCHSTEN SEITE

Personalverantwortlicher: »Guten Tag, Frau Carlsson, wie kann ich Ihnen da weiterhelfen?«

Produktmanagerin: »Auf Ihrer Homepage stand doch, Sie suchen eine Produktmanagerin.«

Personalverantwortlicher: »Welche Fragen kann ich Ihnen zu der Stelle beantworten?«

Produktmanagerin: »Glauben Sie, dass ich bei der Vergabe der Stelle Chancen habe?«

Personalverantwortlicher: »Das weiß ich im Moment nicht, was haben Sie denn bisher gemacht?«

Produktmanagerin: »Ich arbeite als Produktmanagerin. Aber bisher nur in einem kleinen Betrieb. Bin ich damit auch für eine internationale Tätigkeit geeignet?«

Personalverantwortlicher: »Das kann ich Ihnen im Moment wirklich nicht beantworten. Schicken Sie mir doch einfach Ihre Unterlagen per E-Mail.«

Produktmanagerin: »Ja, das mache ich, vielen Dank.«

Personalverantwortlicher: »Auf Wiederhören, Frau Carlsson.«

Die Produktmanagerin hat die Chance verpasst, Interesse aufseiten des Personalverantwortlichen zu wecken. Sie hat am Gesprächsanfang nicht gesagt, um welche Stellenausschreibung es geht. Sie ist mit keinem Wort auf die Inhalte der zu besetzenden Position eingegangen. Sie hat keine Verbindung zwischen ihrer Berufspraxis und der neuen Stelle hergestellt. Ihre berufliche Entwicklung ist nicht zu erkennen, und es wird nicht klar, was sie für die neue Position qualifiziert.

Unser Schema für Telefongespräche

Räumen Sie die typischen Bewerberfehler bei Telefongesprächen mit Firmenvertretern durch gezielte Vorbereitung aus. Sie nehmen Personalverantwortliche am Telefon für sich ein, wenn Sie sich an unserem Schema für Telefongespräche orientieren:

1. Sprechen Sie die Personalverantwortlichen mit Namen an. Den Namen finden Sie üblicherweise in der Stellenausschreibung. Sonst fragen Sie in der Telefonzentrale der Firma nach, wer die Stellenausschreibung bearbeitet.

2. Nennen Sie die ausgeschriebene Position, für die Sie sich interessieren, und die Fundstelle der Ausschreibung.
3. Geben Sie ausgewählte Beispiele dafür, dass Sie mit den Stellenanforderungen in Berührung gekommen sind, beispielsweise durch Ihre bisherigen Tätigkeitsschwerpunkte, Branchenerfahrung, Sonderaufgaben, Projekte.
4. Stellen Sie ein oder zwei geeignete Fragen, die zeigen, dass Sie sich mit Ihrem Qualifikationsprofil und dem Tätigkeitsfeld auseinandergesetzt haben.
5. Bedanken Sie sich für die gegebenen Informationen.
6. Weisen Sie gegebenenfalls darauf hin, dass Sie in Ihrem Wunsch, sich in diesem Unternehmen zu bewerben, bestärkt worden sind und Ihre Bewerbungsunterlagen unverzüglich zu Händen Ihres Gesprächspartners schicken werden.
7. Erfragen Sie bei dieser Gelegenheit gleich mit, ob Sie die Unterlagen per E-Mail und PDF-Anhang zusenden sollen.

So geht's

Die Umsetzung unserer Tipps für Telefongespräche mit Unternehmensvertretern finden Sie für das eben dargestellte Beispiel der Produktmanagerin in unserem nachfolgenden Positivbeispiel.

Die vorbereitete Produktmanagerin

Personalverantwortlicher: »International AG, Karl Wendlinger.«

Produktmanagerin: »Guten Tag, Herr Wendlinger, mein Name ist Claudia Carlsson. Es geht um die Stelle als Produktmanagerin für Bestückungsmaschinen, die ich auf Ihrer Firmenhomepage gefunden habe. Können Sie mir einige Fragen zu der Stelle beantworten?«

Personalverantwortlicher: »Ja, was interessiert Sie?«

Produktmanagerin: »Ich verantworte bei meiner jetzigen Firma das Entwicklungsbudget für Bestückungsmaschinen und

→ FORTSETZUNG AUF DER NÄCHSTEN SEITE

koordiniere die internen Fachbereiche. Ist die ausgeschriebene Position mit Führungsverantwortung verbunden?«

Personalverantwortlicher: »Ja, wir erwarten von Bewerbern, dass sie auch bisher schon Mitarbeiter geführt haben.«

Produktmanagerin: »Neben meiner Budgetverantwortung trage ich auch Personalverantwortung für zehn Mitarbeiter. Ich möchte in Zukunft eine stärkere Beteiligung an der Realisierung von Markteinführungskonzepten erreichen.«

Personalverantwortlicher: »Diese Möglichkeit haben Sie bei uns. Die Position ist eine Schnittstellenfunktion. Sie können dort umfassend tätig sein.«

Produktmanagerin: »Vielen Dank für die Informationen. Darf ich meine Bewerbung direkt per E-Mail an Sie schicken, Herr Wendlinger?«

Personalverantwortlicher: »Machen Sie das bitte, die E-Mail-Adresse lautet wendlinger@firma.net. Und verweisen Sie kurz auf unser Gespräch. Könnten Sie mir noch einmal Ihren Namen sagen?«

Facheinkäuferin: » Ich heiße Claudia Carlsson. Ich buchstabiere: C-a-r-l-s-s-o-n. Zu meiner Sicherheit wiederhole ich noch einmal Ihre Internetadresse, das war wendlinger@firma.net nicht wahr?«

Personalverantwortlicher: »Ja genau.«

Produktmanagerin: »Dann vielen Dank und auf Wiederhören, Herr Wendlinger. Ich maile Ihnen in den nächsten Tagen meine Bewerbungsunterlagen zu.«

Personalverantwortlicher: »Gut, machen Sie das gerne. Auf Wiederhören, Frau Carlsson.«

So hört man Ihnen zu

Sie sehen an unserem Positivbeispiel, dass Personalverantwortliche durchaus ein Ohr für Sie haben, vorausgesetzt, Sie sind in der Lage, auf die ausgeschriebene Position einzugehen. Dies gelingt, indem Sie kurz auf ausgewählte berufliche Erfahrungen und Erfolge verweisen, die einen direkten Bezug zur ausgeschriebenen Stelle haben. Wenn Sie Ihre Überzeugungskraft am Telefon verbessern möchten, helfen Ihnen dabei folgende Hinweise.

Telefonischer Kontakt bei Initiativbewerbungen

Nicht alle zu besetzenden Stellen werden am Stellenmarkt offen ausgeschrieben. Ein Telefonanruf ist für Bewerberinnen und Bewerber daher eine weitere Möglichkeit, sich den verdeckten Stellenmarkt zu erschließen.

Per Anruf zum Wunschunternehmen

Führungskräfte können sich so gezielt einen Kontakt zum Wunschunternehmen aufbauen. Wer schon im Berufsleben steht, möchte oft zu einem ganz bestimmten Unternehmen, in eine bestimmte Region oder in eine besonders zukunftsfähige Branche wechseln. In dieser Ausgangslage ist es oft nicht möglich, auf die entsprechende Stellenanzeigen zu warten. Bewerberinnen und Bewerber können hier von sich aus aktiv werden. Ein Telefongespräch ist dabei der kürzeste Weg.

Auch wenn Sie schon erste persönliche Kontakte auf Messen, Tagungen, Weiterbildungsveranstaltungen, Vorträgen oder im Rahmen von Kunden/Lieferanten-Beziehungen geknüpft haben, sollten Sie diese Kontakte vor dem Versand Ihrer Bewerbungsunterlagen durch ein Telefongespräch auffrischen und so für die Bewerbung nutzbar machen.

Bereiten Sie Ihren telefonischen Erstkontakt vor Initiativbewerbungen vor, indem Sie

- → **lernen, die richtigen Ansprechpartner herauszufinden,**
- → **üben, Ihr Kurzprofil am Telefon zu vermitteln,**
- → **sich mit möglichen Fragen Ihrer Gesprächspartner auf der Unternehmensseite auseinandersetzen.**

Ansprechpartner herausfinden

Verschiedene Wege

Einen Ansprechpartner für Ihren Telefonkontakt finden Sie auf verschiedenen Wegen:

- → **Firmenpräsentationen im Internet enthalten Telefonnummern von Kontaktpersonen.**
- → **In der Lokalpresse oder in Fachmagazinen lassen sich Interviews mit Statements von leitenden Mitarbeitern der Wunschfirma finden, deren Kontaktdaten Sie dann über das Internet oder die Telefonzentrale des Unternehmens recherchieren können.**
- → **In Stellenausschreibungen (mit denen im Wunschunternehmen aber andere Stellen besetzt**

werden sollen) werden die Durchwahlnummern von Personalmitarbeitern angegeben.

- → **Betreiben Sie aktives Networking. Sammeln Sie die Visitenkarten von Kollegen aus der gleichen Branche. Nutzen Sie hierzu Veranstaltungen, die eine Kontaktaufnahme ohne Bewerbungsabsichten ermöglichen. Hierzu gehören Messen, Tagungen, Seminare und Fachvorträge.**
- → **Gehen Sie Ihre persönlichen beruflichen Kontakte und Ihre digitalen Xing- oder LinkedIn-Kontakte durch. Welche Ansprechpartner lassen sich für eine Bewerbung nutzen? Denken Sie an Zulieferer, Kunden, Einkäufer, Verkäufer, Berater.**
- → **Nutzen Sie Ihre Kontakte aus ehrenamtlichen Tätigkeiten (private Vereinsarbeit, berufsbezogene Verbandsarbeit).**

Selbstpräsentation als Kurzprofil am Telefon

Interesse wecken

Es liegt nun an Ihnen, im Telefongespräch bei dem Personalverantwortlichen, der für Ihren Bereich zuständig ist, Interesse zu erwecken. Es geht bei einem Vorabgespräch für eine Initiativbewerbung nicht darum, ein Vorstellungsgespräch oder einen kompletten Bewerber-/Stellenabgleich zu absolvieren. Sie müssen die Personalverantwortlichen neugierig auf Ihre Bewerbung machen, damit Ihre weiteren Bewerbungsaktivitäten auf Interesse stoßen.

Positiv reagieren Personalverantwortliche, wenn sich Führungskräfte im Telefongespräch als Aktivposten für das Unternehmen darstellen. Es muss klar werden, dass Sie der zukünftige Problemlöser für das Unternehmen sind.

Wer nicht auf die Aufgaben der neuen Position eingeht, sondern im Gegenteil Probleme am alten Arbeitsplatz thematisiert, nimmt keinen neuen Arbeitgeber für sich ein. Probleme mit Vorgesetzten, der Konkurs der Firma, Unterforderung am Arbeitsplatz, mobbende Kollegen, allgemeine Unzufriedenheit oder verbaute Aufstiegschancen haben daher keinen Platz in Ihrem Gespräch.

Sie überzeugen, wenn Sie in wenigen Sätzen deutlich machen, dass Sie bisher erfolgreich gearbeitet haben und dies an einer neuen Stelle fortführen möchten.

Ihre Selbstpräsentation, oder Teile daraus, sind auch geeignet zur Selbstdarstellung am Telefon. Die Überzeugungsregel für gelungene Selbstpräsentationen, »Schlüsselbegriffe aus dem Tagesgeschäft«, bringt Sie auch bei der telefonischen Vorbereitung von Initiativbewerbungen weiter. Am Telefon müssen Sie mit hoher Informationsdichte operieren, weitschweifende Ausführungen lassen die Aufmerksamkeit Ihres Zuhörers schnell schwinden. Ihr berufliches Profil muss Ihrem Gesprächspartner beim telefonischen Kontakt möglichst schnell vor Augen stehen, um sein Interesse zu erwecken.

Schlüsselbegriffe aus dem Tagesgeschäft

Selbstpräsentation am Telefon

BEISPIEL

Ein Bewerber, der auf der Suche nach einer Position als Leiter Sales ist, kann sich am Telefon so beschreiben:

»Ich möchte bei Ihnen als Leiter Sales im Business-to-Business-Geschäft tätig werden. Ich habe umfassende Erfahrungen in der Akquisition und im Vertrieb von Dienstleistungen im Transportwesen und der Logistik. Durch die Umsetzung neuer Konzepte in der Vertriebsunterstützung und Kundenansprache habe ich die Marktposition meines jetzigen Unternehmens entscheidend ausgebaut.«

Eine Bewerberin, die eine Stelle als Projektmanagerin für Immobilienfonds sucht, kann auf folgende Kurzdarstellung zurückgreifen:

»Ich suche eine Stelle als Projektmanagerin für Immobilienfonds. Ich habe umfassende Erfahrungen in der Erstellung von Fondskalkulationen und Wirtschaftlichkeitsberechnungen und habe bereits bei Fondkonzeptionen eng mit Steuerberatern zusammengearbeitet. Mit der Erstellung von Verkaufsunterlagen bin ich vertraut.«

Das Interesse des Unternehmens nutzen

Wenn Ihnen im Telefonat Fragen von Ihrem Gesprächspartner gestellt werden, wissen Sie, dass Sie es geschafft haben, Interesse zu wecken. Mögliche Fragen sind:

Mögliche Fragen

→ **Wie kommen Sie auf unsere Firma?**
→ **Warum wollen Sie wechseln?**
→ **Was versprechen Sie sich davon, bei uns zu arbeiten?**
→ **Über welche weiteren beruflichen Erfahrungen verfügen Sie?**

Setzen Sie sich schon vor Ihren Telefongesprächen mit diesen Fragen auseinander. Beantworten Sie die Fragen möglichst konkret mit der Angabe von weiteren Beispielen. Beim telefonischen Erstkontakt wird kein tiefergehendes Vorstellungsgespräch mit Ihnen geführt. Ihr Gesprächsziel ist es, Interesse zu erwecken, damit die anschließende Initiativbewerbung Erfolg hat.

Gespräch aktiv beenden

Sie sollten das Gespräch aktiv beenden. Bei einem positiven Verlauf fassen Sie das Ergebnis kurz zusammen und halten fest, dass Sie der Firma gerne Ihre Bewerbungsunterlagen zusenden möchten.

Wenn Sie den Namen Ihres Gesprächspartners am Ende des Telefonats nicht mehr präsent haben, bitten Sie ihn, seinen Namen noch einmal zu nennen und eventuell zu buchstabieren. Wir wissen, dass es Bewerbern häufig passiert, dass Telefongespräche positiv verlaufen, sie ihre Bewerbungsunterlagen aber unpersönlich adressieren, da sie den Namen des Firmenvertreters wieder vergessen haben. Damit verspielen sie jedoch wieder die durch den telefonischen Kontakt erarbeiteten Vorteile.

Formulierung im Anschreiben

Setzen Sie sich im Anschreiben Ihrer Initiativbewerbung mit einer persönlichen Ansprache und dem Hinweis auf Ihren telefonischen Erstkontakt positiv in Szene. Beispielsweise so:

→ **»Sehr geehrter Herr Baumann,
hier die ergänzenden Informationen zu unserem Telefongespräch vom …«**
→ **»Sehr geehrte Frau Tscheslog,
wie besprochen übersende ich Ihnen die gewünschten Bewerbungsunterlagen.«**

Um den Startvorteil, den Sie sich durch Ihr Gespräch aufgebaut haben, zu nutzen, sollte Ihre digitale Initiativbewerbung spätestens vier Tage nach dem Telefonat beim Gesprächspartner ankommen. Sonst erlischt die Erinnerung an Sie.

Ihr Anruf: Erste Kontaktaufnahme

AUF EINEN BLICK

→ Haben Sie optimale Rahmenbedingungen geschaffen?

→ Liegen Stift, Papier, Ihr Lebenslauf und gegebenenfalls die Stellenausschreibung bereit?

→ Haben Sie Ihre Gesprächsziele vor dem Gespräch definiert?

→ Kennen Sie den Namen Ihres Ansprechpartners?

→ Haben Sie im Telefonat Ihren Gesprächspartner mit Namen angesprochen?

→ Telefonkontakte auf Stellenausschreibungen hin:
  - Benennen Sie die ausgeschriebene Position und eine eventuelle Kennziffer?
  - Haben Sie sich überlegt, welche Überschneidungen zwischen Ihren bisherigen beruflichen Erfahrungen und den genannten künftigen Aufgaben (Teile aus Ihrer Selbstpräsentation) Sie in den Vordergrund stellen werden?

→ Telefonkontakte vor Initiativbewerbungen:
  - Haben Sie mögliche Ansprechpartner recherchiert?
  - Können Sie die Kerninhalte Ihrer bisherigen Berufstätigkeit umreißen (Teile aus Ihrer Selbstpräsentation)?
  - Werden mögliche Einsatzfelder deutlich?

→ Haben Sie sich ein oder zwei sinnvolle Fragen überlegt, die Sie stellen könnten?

→ Können Sie den Wunsch nach einer neuen Arbeitsstelle plausibel begründen?

→ FORTSETZUNG AUF DER NÄCHSTEN SEITE

- → Wissen Sie, welche Bewerbungsform Ihr Wunschunternehmen bevorzugt?

- → Haben Sie sich am Ende des Telefonats für die erhaltenen Informationen bedankt?

- → Sind Ihre Unterlagen so weit vorbereitet, dass Sie innerhalb von vier Tagen eine erwünschte Initiativbewerbung per E-Mail verschicken können?

Teil III

Aussagekräftige Bewerbungsunterlagen

10. Individuell zugeschnitten: Das Anschreiben

Die Rolle des Anschreibens als erste Arbeitsprobe sollten Sie nicht unterschätzen. Für viele Personalmitarbeiter und Recruiter liefern Sie damit ein Kurzgutachten über Ihre bisherigen Erfahrungen, Kenntnisse und Fähigkeiten und sollten ebenso erkennen lassen, dass Sie mit den Aufgaben beim neuen Arbeitgeber grundsätzlich zurechtkommen werden. Und auch in formaler Hinsicht muss Überzeugungsarbeit geleistet werden, weil aus der Art der Aufbereitung Rückschlüsse über die Arbeitsweise von Bewerbern gezogen werden.

Manche Headhunter verzichten zwar ausdrücklich auf ein Anschreiben oder beginnen die Sichtung der Unterlagen aus Prinzip gleich mit der Analyse des Lebenslaufes. Andere Recruiter und Personalmitarbeiter in den Firmen legen dagegen Wert auf ein strukturiertes und informatives Anschreiben. Denn Personalexperten sind es gewohnt, sich in kürzester Zeit ein erstes Bild von den Qualifikationen und der Persönlichkeit eines Bewerbers zu machen. Springen schon beim Überfliegen des Anschreibens Fehler, Widersprüche oder Ungereimtheiten ins Auge, sieht es für den Bewerber düster aus.

Die richtige Form

Inhaltlich und formal überzeugen

Die korrekte Form Ihres Anschreibens ist wichtig, durch sie bleiben Sie im Bewerberrennen. Aber wenn Sie das Rennen gewinnen wollen, müssen Sie inhaltlich überzeugen. Daher werden wir Sie nun zunächst mit den formalen Anforderungen an Anschreiben bekannt machen. Danach erläutern wir Ihnen die inhaltliche Ausgestaltung des Anschreibens. Hier werden Sie direkt an die Vorarbeit anknüpfen können, die Sie bereits mit der Ausarbeitung und Anpassung Ihrer Selbstpräsentation geleistet haben.

Die richtige Form des Anschreibens

Der formale Aufbau

Die Form Ihres Anschreibens hängt davon ab, wie viel Text Sie im Anschreiben unterbringen wollen. Wenn Sie Ihre Fähigkeiten und Kenntnisse knapp darstellen können, sollten Sie Ihr Anschreiben in dieser Form erstellen:

BEISPIEL

Muster für die äußere Form eines kurzen Anschreibens

Vorname und Nachname
Straße und Hausnummer
Postleitzahl und Wohnort
Mobilnummer
(eventuell Festnetznummer)
E-Mail-Adresse

Firma oder Personalberatung (mit richtiger Rechtsform)
Abteilung
Name der Ansprechpartnerin/des Ansprechpartners
Straße und Hausnummer oder Postfach
Postleitzahl und Ort

Ort, Datum

Betreffzeile
Bezugzeile

(Persönliche) Anrede,

Ihr Text Text Text Text Text Text Text Text Text Text Text Text Text Text Text TextText Text Text Text Text Text Text Text Text Text Text Text Text Text TextText Text Text Text Text Text Text Text Text

Text Text Text Text Text Text Text Text Text Text Text Text Text Text Text TextText Text Text Text Text Text Text Text Text Text Text Text Text Text Text Text

Mit freundlichen Grüßen

eventuell Scan: Unterschrift

Anlagen

Wenn Sie Ihr Profil ausführlicher darstellen wollen, brauchen Sie mehr Platz für den Textblock. Wir empfehlen Ihnen bei längeren Anschreiben diese Form, bei der Sie mit zwei Zeilen für Ihre Kontaktdaten auskommen.

Muster für die äußere Form eines ausführlichen Anschreibens

BEISPIEL

Vor- und Nachname, Straße und Hausnummer, Postleitzahl und Ort,
Mobilnummer, eventuell Festnetznummer, E-Mail-Adresse

Firma oder Personalberatung (mit richtiger Rechtsform)
Abteilung: Name der Ansprechpartnerin/des Ansprechpartners
Straße und Hausnummer oder Postfach
Postleitzahl und Ort

Ort, Datum

Betreffzeile
Bezugzeile

(Persönliche) Anrede,

Ihr Text Text Text Text Text Text Text Text Text Text Text Text Text Text Text TextText Text Text Text Text Text Text Text Text Text Text Text Text Text Text TextText Text Text Text Text Text Text Text Text Text Text Text Text Text TextText Text Text Text Text Text Text Text Text Text Text Text Text Text Text TextText Text Text Text Text Text Text Text Text Text Text Text Text Text Text

Text Text Text Text Text Text Text Text Text Text Text Text Text Text Text TextText Text Text Text Text Text Text Text Text Text Text Text Text Text Text

Text Text Text Text Text Text Text Text Text Text Text Text Text Text Text TextText Text Text Text Text Text Text Text Text Text Text Text Text Text Text

Mit freundlichen Grüßen

eventuell Scan: Unterschrift

Anlagen

Übersichtlich und strukturiert

Sie sehen an unseren Beispielen, dass Sie mehrere Möglichkeiten bei der äußeren Form des Anschreibens haben. Entscheidend sind hier vor allem die Übersichtlichkeit und die gute Strukturierung des Anschreibens.

Es gibt keine bindende Vorschrift der Personalabteilungen, nur eine DIN-A4-Seite als Anschreiben abzuliefern. Als Bewerber oder Bewerberin mit umfangreicher Berufserfahrung können Sie auch ein anderthalbseitiges Anschreiben verfassen. Aus Gründen der Prüfungsfreundlichkeit sollten Sie es jedoch immer anstreben, Ihr Anschreiben auf eine DIN-A4-Seite zu beschränken.

Formale Fehler vermeiden

Die richtige Adresse

In die Firmenanschrift (Firmenname, Abteilung, Ansprechpartner, Straße und Hausnummer/Postfach, PLZ und Ort) sollten sich keine Flüchtigkeitsfehler einschleichen. Aus dem Umgang mit den Details der Firmenanschrift ziehen manche Personalverantwortliche bereits erste Schlüsse auf Ihre sorgfältige Arbeitsweise. Geben Sie daher die Rechtsform der Firma (AG, GmbH, GmbH & Co. KG, KGaA) unbedingt richtig an.

Berücksichtigen Sie, dass die Abkürzungen »z. Hd.«, »z. H.« in der Zeile Ansprechpartner/in nicht mehr vorangestellt werden. Es sei denn, Ihr zukünftiger Arbeitgeber verwendet diese Abkürzungen in seiner Stellenanzeige. Dann benutzen Sie bitte ebenfalls diese eigentlich überholten Kurzformen, ansonsten aber nicht.

Eindeutige Zuordnung ermöglichen

Die Betreff- und Bezugzeile in Ihrem Anschreiben sind wichtig. In die Betreffzeile, die über der Anrede steht, gehört die Position, für die Sie sich bewerben. Verwenden Sie die von der Firma benutzte Stellenbezeichnung. In der Bezugzeile Ihres Anschreibens geben Sie die Fundstelle der Stellenausschreibung an, das heißt, Veröffentlichungsmedium (Jobbörse im Internet, Firmenhomepage, Fachzeitschrift) und das Erscheinungsdatum. Die Worte »Betreff« und »Bezug« beziehungsweise deren Abkürzungen »Betr.« und »Bzg.« lassen Sie weg.

Falls eine Kennziffer in der Anzeige angegeben ist, führen Sie diese selbstverständlich auch auf. Größere Personalberatungen und Unternehmen schalten oft mehrere Stellenausschreibungen gleichzeitig. Erleichtern Sie deshalb die interne Zuordnung an den richtigen Bearbeiter durch präzise Angaben.

Wenn Sie vorab telefonische Informationen eingeholt haben, gehört ein Vermerk über das Gespräch mit Datumsangabe ebenfalls in die Bezugzeile. Beispiele dafür, wie Sie diese Formalien bei der Gestaltung Ihrer Anschreiben umsetzen können, finden Sie in unseren Beispielanschreiben im Kapitel »Gelungene Beispielbewerbungen«.

Persönliche Ansprache

Anschreiben, die mit »Sehr geehrte Damen und Herren« beginnen, lassen vermuten, dass Sie im Vorfeld wenig Informationen eingeholt haben. Sie sollten daher unbedingt vor dem Absenden Ihrer Unterlagen den Namen der beziehungsweise des Personalverantwortlichen recherchieren. Die persönliche Ansprache bringt Ihnen bereits den ersten Pluspunkt.

Lange, verschachtelte Sätze im Anschreiben sind schlecht für den Lesefluss. Verwenden Sie kurze Sätze und gliedern Sie den Text in thematische Blöcke. Schaffen Sie eine lesefreundliche Struktur. Damit ermöglichen Sie es Personalverantwortlichen, die wesentlichen Inhalte auf einen Blick zu erfassen.

Klares Schriftbild

Versuchen Sie nicht, Ihr Anschreiben in einer zu kleinen Schriftgröße, die kaum zu entziffern ist, zu verfassen. Orientieren Sie sich an einer Schriftgröße von 11 Punkt und wählen Sie eine gut lesbare Schrifttype aus.

Übertriebene Spielereien mit Zeichenformatierungen (kursiv, fett, unterstrichen, doppelt unterstrichen und gerahmte Absätze) dokumentieren nur das Leistungsvermögen Ihres Textverarbeitungsprogramms, aber nicht das Ihrige. Heben Sie Schlüsselinformationen ruhig hervor, aber verfallen Sie nicht in Spielereien, die die Lesbarkeit Ihres Anschreibens durchgängig beeinträchtigen.

Gegenlesen lassen

Als Bewerbungsberater lesen wir regelmäßig viele Bewerbungsunterlagen. Wir haben leider nur selten Anschreiben vorgelegt bekommen, bei dem wir keine Rechtschreibfehler gefunden haben. Ein oder zwei Fehler werden vielleicht noch akzeptiert, bei mehr Fehlern wird es aber kritisch für Sie. Da man eigene Fehler oft noch nach dem dritten Lesen übersieht, sollten Sie Ihre Unterlagen zur Korrektur idealerweise einer weiteren Person geben.

Inhaltlich überzeugen

Raucht Ihnen schon der Kopf bei so vielen möglichen formalen Fehlerquellen? Dann wird es jetzt etwas leichter für Sie, denn bei der inhaltlichen Ausgestaltung Ihres Anschreibens können Sie auf Ihre Selbstpräsentation zurückgreifen. Das individuelle Profil, das Sie sich dort erarbeitet haben, werden Sie nun in eine schriftliche Form überführen. Welche Besonderheiten Sie bei der inhaltlichen Gestaltung beachten müssen, werden wir Ihnen jetzt zeigen.

BERATUNG

Aus unserer Beratungspraxis
Anschreiben ohne Inhalt

Ein Produktionsleiter kam zu uns, weil er keine positive Resonanz auf seine Bewerbungsunterlagen erhielt. Wie viele Bewerber war er der Meinung, dass sein berufliches Profil aus den beigelegten Zeugnissen zu entnehmen sei. Sein Anschreiben gestaltete er mit inhaltsleeren Standardfloskeln. Seiner Ansicht nach würde er im Bewerbungsgespräch schon den richtigen Ton finden, um die Firmenseite zu überzeugen. Leider erhielt er keine Einladungen zum Vorstellungsgespräch.

Wir überzeugten ihn schließlich mit dem Argument, dass er im Arbeitsalltag ja auch vor geplanten Neuanschaffungen von Maschinen für seine Fachvorgesetzten und die Geschäftsführung inhaltlich nachvollziehbare Entscheidungsvorlagen liefern müsse. Das bloße Weiterreichen von Datenblättern hätte sein Geschäftsführer nicht akzeptiert. Nachdem ihm klar wurde, dass sein Anschreiben eine komprimierte Entscheidungsvorlage für die Personalabteilung ist, machten wir uns an die Arbeit und überführten seine beruflichen Stationen, die ausgeübten Tätigkeiten und die bisher erreichten Erfolge in die Form eines überzeugenden Anschreibens.

Fazit: Das Anschreiben dient den Personalabteilungen als Entscheidungsvorlage. Es ist nicht die Aufgabe von Personalabteilungen, aus einem Papierstapel ein individuelles Bewerberprofil zu entwickeln. Bewerber müssen ihr Profil – als Anschreiben verfasst – selbst liefern.

Interessant oder Durchschnitt?

Das Anschreiben von Führungskräften ist für viele Personalexperten ein wesentliches Element der schriftlichen Bewerbungsunterlagen. Nicht wenige Personalprofis entscheiden aufgrund der Selbstdarstellung, ob es sich um einen interessanten Bewerber oder einen Durchschnittskandidaten handelt.

Die abstrakte Erfolgsformel für die Formulierung Ihres Anschreibens lautet: »Sie suchen einen Mitarbeiter für die Tätigkeit als XYZ – ich als Bewerber biete diese passenden fachlichen Kenntnisse, persönlichen Fähigkeiten, Erfahrungen und Erfolge.« Sie füllen diese Formel für Anschreiben mit Ihrer Selbstpräsentation inhaltlich aus.

Vergegenwärtigen Sie sich noch einmal unsere Anleitung für überzeugende schriftliche Selbstpräsentationen (Seite 90). Sie können folgendermaßen formulieren:

→ **Die momentanen Aufgaben**
»Momentan arbeite ich als ....
Zu meinen Aufgaben gehört ....,
.... und ....
Weiter bin ich verantwortlich für ....,
.... und ....«

→ **Die vorherigen Aufgaben (kurz, mit Bezug zur neuen Stelle)**
»Praxiserprobte Kenntnisse in ....
und .... habe ich mir in meinem vorherigen Arbeitsbereich als .... angeeignet.«
(Unbedingt zur neuen Stelle passende Tätigkeiten nennen.)
Oder: »Mit neuen Trends in ....
habe ich mich im Seminar ....
intensiv beschäftigt.«
Oder: »Eine Weiterbildung zum ....
habe ich berufsbegleitend durchgeführt.«

→ **Die Grundlagen Ihres beruflichen Werdegangs (Studium/Ausbildung/Fortbildung)**
»Meine berufliche Entwicklung begann ich als ....
.... Basis dafür war meine Ausbildung zum ....«
Oder: »Grundlage meiner beruflichen Entwicklung war mein Studium der ....
mit den Schwerpunkten .... und
....«

→ **Zusammenfassung**
»Meine Erfahrungen in ....,
.... und ....
möchte ich nun gebündelt bei Ihnen in der Position
.... einsetzen.«

Erster Absatz

Der erste Satz des Anschreibens, gleich nach der Anrede, sollte Sie bereits von den anderen Bewerbern unterscheiden. Schreiben Sie auf keinen Fall »Mit Interesse habe ich gelesen, dass Sie einen Leiter XYZ suche, daher möchte ich mich bei Ihnen bewerben.« Gehen Sie gleich auf die Anforderungen der Firma ein. Zählen Sie Ihre Fähigkeiten und Kenntnisse stichwortartig auf, setzen Sie wichtige Schlüsselbegriffe ein.

Zweiter Absatz

Im zweiten Absatz führen Sie auf, was Sie in Ihrer aktuellen und der davorliegenden Positionen geleistet haben, um auf die Anforderungen der neuen Stelle vorbereitet zu sein. Machen Sie Ihre Passung zur neuen Stelle gegebenenfalls durch die Übernahme von Projekten oder Sonderaufgaben deutlich. Oder stellen Sie Ihre Lernbereitschaft heraus, indem Sie auf geeignete Weiterbildungsseminare verweisen.

Dritter Absatz

Stellen Sie im dritten Absatz Ihres Anschreibens Ihre berufliche Entwicklung dar, aber bitte nur sehr kurz. Nennen Sie hier auch die Ausbildung oder das Studium, die/das Sie für Ihren Berufseinstieg qualifiziert hat.

BEISPIEL

Selbstpräsentation im Anschreiben umsetzen

Ein Bewerberin für die Position Leiterin Logistik kann in ihrem Anschreiben dann so formulieren:

»Sehr geehrte Frau Kläschen,

momentan bin ich in der Exportabteilung der Import-Export GmbH als Mitarbeiterin Supply Chain für die weltweite Steuerung der termingerechten Fertigwarenversendung inklusive der Einhaltung gesetzlicher Auflagen verantwortlich. Die Implementierung neuer Logistikkonzepte ist mir ebenfalls vertraut.

Vor meiner jetzigen Tätigkeit habe ich für die Europaspedition GmbH als Disponentin gearbeitet. Dort habe ich mit dem Abteilungsleiter die Ablauforganisation umstrukturiert, war also unter anderem auch für Kostenoptimierungen zuständig.

Ich spreche verhandlungssicheres Englisch und bringe auch gute SAP R3- und MS-Office-Kenntnisse mit. Vor meinem Berufseinstieg habe ich eine Ausbildung zur Speditionskauffrau erfolgreich abgeschlossen.

Meine Erfahrungen in der Organisation und Weiterentwicklung von Logistikprozessen möchte ich nun für Sie als Leiterin Logistik einsetzen.«

Zusatzkenntnisse

Gehen Sie in Ihrem Anschreiben auf die Anforderungen der ausgeschriebenen Stelle möglichst ausführlich ein. Erwähnen Sie zusätzlich noch ein bis zwei Fähigkeiten oder Kenntnisse, die für die Bewältigung der ausgeschriebenen Position nützlich sind und über die Sie verfügen. So stellt sich beim lesenden Personalverantwortlichen der »Kandidat-denkt-mit-Effekt« ein.

BEISPIEL

Kandidat-denkt-mit-Effekt

In einer ausgeschriebenen Stelle für einen zukünftigen kaufmännischen Leiter werden folgende Anforderungen genannt:

→ **»Zentraler Ansprechpartner für die kommerzielle Vertragsabwicklung und -verfolgung«**
→ **»Ausarbeitung von passgenauen Angeboten«**
→ **»erfolgsorientierte Arbeitsweise«**

Ein Bewerber kann die genannten Anforderungen ergänzen durch Belege für seine

→ **»Abschlusssicherheit«, oder sein**
→ **»Verhandlungsgeschick«.**

→ FORTSETZUNG AUF DER NÄCHSTEN SEITE

Damit sammelt er Pluspunkte und rundet sein Profil ab. Im Anschreiben könnte der Beleg für seine Abschlusssicherheit so aussehen:

»Im Außendienst habe ich seinerzeit meine Kontaktstärke und Abschlusssicherheit entwickelt. Für meinen derzeitigen Arbeitgeber habe ich Großkunden betreut und konnte den Umsatz deutlich steigern.«

Sein Verhandlungsgeschick ließe sich so dokumentieren:

»Im Rahmen der Lieferantensteuerung habe ich selbstständig Preisverhandlungen geführt und war für die Vertragsausgestaltung zuständig.«

Wenn es Ihnen schwerfällt, zusätzliche Kenntnisse und Fähigkeiten zu finden, mit denen Sie den »Kandidat-denkt-mit-Effekt« erzielen können, sollten Sie Stellenausschreibungen parallel durcharbeiten. Suchen Sie mehrere Ausschreibungen heraus, in denen Ihre Wunschposition ausgeschrieben wird. Machen Sie eine Liste der in den Stellenausschreibungen aufgeführten Anforderungen. So erarbeiten Sie sich einen Fundus an Kenntnissen und Fähigkeiten, die zu Ihrem Berufsfeld passen.

Keine Bewertungen

Vorsicht mit Bewertungen im Anschreiben: Beschreiben Sie Ihre Qualifikationen und bisherigen Tätigkeiten, ohne in Kritik oder Eigenlob zu verfallen. Dies ist der Königsweg, durch den Sie eigene Erfolge belegen, ohne als überheblich oder zur Selbstkritik unfähig abgestempelt zu werden.

Die Überzeugungsregel für gelungene Selbstpräsentationen, »beschreiben statt bewerten« legen wir Ihnen für Ihr Anschreiben noch einmal besonders ans Herz. Beschreiben, beschreiben, beschreiben! Die Bewertung stellt sich automatisch beim Leser ein. Bewerten Sie sich dagegen selbst, fordern Sie Personalverantwortliche nur heraus, Ihnen zu zeigen, dass Sie sich irren.

Nicht zum Widerspruch provozieren

Anschreiben, die beispielsweise mit »Ich bin der geeignete Kandidat für Ihre Firma« beginnen, fordern geradezu dazu auf, bei jedem Satz des Schreibers Fehler und Einwände zu suchen, die gegen eine Einstellung sprechen. Weitere Negativbeispiele für Selbstbewertungen sind: »Ich verfüge über die idealen Voraussetzungen für die ausgeschriebene Position.« »Die Stelle ist wie für mich persönlich geschaffen.« oder »Es gibt keine bessere Bewerberin.« Diese Formulierungen sollten Sie unterlassen.

Sie wissen jetzt, warum Ihre Selbstpräsentation das Herzstück Ihrer Bewerbung ist. Alles, was wir Ihnen für die überzeugende Selbstdarstellung vorgestellt haben, ist nützlich für Ihr Anschreiben. Ihre Selbstpräsentation, die Sie unter Berücksichtigung unserer Überzeugungsregeln ausformuliert haben, spricht bereits für Sie. Eine zusätzliche Eigenbewertung und damit verbundene indirekte Abwertung anderer Bewerber ist überflüssig und schadet nur.

Überzeugungsregeln für Ihr Anschreiben

Ein überzeugendes Anschreiben gelingt Ihnen, wenn Sie unsere Überzeugungsregeln für die Präsentation Ihrer Qualifikationen berücksichtigen:

- → **Gehen Sie auf die fachlichen Anforderungen der neuen Stelle ein.**
- → **Zeigen Sie eine aktiv gestaltete berufliche Entwicklung auf.**
- → **Machen Sie Ihr individuelles Profil deutlich.**
- → **Geben Sie Beispiele für Ihre soziale und methodische Kompetenz.**
- → **Beschreiben Sie Ihre beruflichen Tätigkeiten, ohne sie zu bewerten.**
- → **Verwenden Sie Schlüsselbegriffe aus dem Tagesgeschäft.**

Eintrittstermin

Wenn Sie mitteilen sollen, ab wann Sie zur Verfügung stehen, müssen Sie in Ihrem Anschreiben Ihren frühestmöglichen Eintrittstermin nennen. Auch wenn Ihre Kündigungsfristen den gesetzlichen Bestimmungen entsprechen, sollten Sie darauf verweisen. Dies können Sie zum Beispiel mit folgender Formulierung machen: »Ich bin zur Zeit in ungekündigter Stellung tätig. Meine Kündigungsfristen bemessen sich nach den üblichen gesetzlichen/tarifvertraglichen Vorschriften.«

Sie können hier auch signalisieren, dass Sie Ihren momentanen Arbeitgeber eventuell etwas früher verlassen können: »Ich kann Ihnen ab dem 1. April 2020 zur Verfügung stehen, in Absprache mit meinem Arbeitgeber allerdings auch etwas früher.«

Wie Sie auf die Anforderung, Ihre Gehaltsvorstellung anzugeben reagieren können, erläutern wir Ihnen im sich anschließenden Kapitel »Oft wichtig: Die Gehaltsfrage«.

Der gelungene Abschluss

Verwenden Sie am Ende Ihres Anschreibens keine Demutsformulierungen. Unterwürfigkeit macht uninteressant. Formulierungen wie: »Sie können mich jederzeit anrufen«, »Wann dürfte ich mich bei Ihnen persönlich vorstellen?« oder »Falls ich Ihr Interesse geweckt haben sollte, würde ich mich über eine Nachricht freuen« sollten Sie deshalb vermeiden.

Aber zerstören Sie den guten Eindruck Ihres Anschreibens auch nicht durch eine Schlussformel, die Personalverantwortliche unter Druck setzen soll. Ungeeignet sind Drückerformeln wie: »Wann werden Sie mich zu einem Vorstellungsgespräch einladen?«, »Greifen Sie zu, bevor andere es tun!« oder »Lassen Sie mich mit Ihrer Antwort nicht zu lange warten.«

Benutzen Sie deshalb für den Abschluss Formulierungen, die den realistischen Stil Ihres Anschreibens abrunden:

- **»Für ein Vorstellungsgespräch stehe ich Ihnen gerne zur Verfügung.«**
- **»Über die Einladung zu einem persönlichen Gespräch freue ich mich.«**
- **»Weiterführende Aspekte kläre ich gerne in einem persönlichen Gespräch mit Ihnen.«**

Noch mehr Beispiele

Weitere Beispiele für Anschreiben und zusätzliche Anregungen für Ihre Formulierungen finden Sie im Kapitel »Gelungene Beispielbewerbungen«.

AUF EINEN BLICK

Das Anschreiben

- Führen Sie die Anschrift der Firma beziehungsweise der suchenden Personalberatung und die dazugehörige Rechtsform korrekt auf.
- Geben Sie Erstellungsort und Tagesdatum an.

- → Nennen Sie in der Betreffzeile Ihres Anschreibens die Position, auf die Sie sich bewerben, und nennen Sie in der Bezugzeile die Fundstelle der Stellenausschreibung und eventuell ein vorbereitendes Telefongespräch.
- → Nennen Sie in der Anrede des Anschreibens den Namen der/des Personalverantwortlichen.
- → Verwenden Sie kurze Sätze, und gliedern Sie den Text in mehrere Blöcke.
- → Gleichen Sie die inhaltliche Ausformulierung Ihres Anschreibens mit Ihrer Selbstpräsentation ab.
- → Geben Sie konkrete Beispiele dafür, was Sie an fachlichen Kenntnissen, persönlichen Fähigkeiten, Erfahrungen und Erfolgen für die neue Position mitbringen.
- → Beschreiben Sie Ihre Qualifikationen, statt sie zu bewerten.
- → Nennen Sie Ihren Wechselgrund nur, wenn er plausibel ist. Ansonsten sollten Sie lieber darauf verzichten.
- → Beenden Sie Ihr Anschreiben mit dem Wunsch, man möge Sie zum Vorstellungsgespräch einladen.
- → Machen Sie Angaben zu Ihrem Eintrittstermin und Ihren Gehaltswünschen, wenn dies verlangt wurde.
- → Wir empfehlen, Ihre Unterschrift zu scannen und den Scan am Ende des Anschreibens einzufügen. So wirkt Ihre Bewerbung persönlicher.
- → Führen Sie eine Endkontrolle unter den Aspekten Lesefluss, Schriftgröße, Schrifttype, Seitenrand, Rechtschreibung und Kommasetzung durch, und lassen Sie Ihr Anschreiben idealerweise von einer weiteren Person gegenlesen.

11. Oft wichtig: Die Gehaltsfrage

Bei der Suche nach einer verantwortungsvolleren und interessanteren Position steht für viele Führungskräfte auch der Wunsch nach einem höheren Gehalt im Vordergrund. In diesem Kapitel erläutern wir Ihnen, wie Sie Ihre Gehaltsvorstellungen in Ihren schriftlichen Unterlagen angeben.

Viele Führungskräfte machen sich darüber Sorgen, dass sie zu wenig Gehalt beim Stellenwechsel verlangen, sich unter Wert verkaufen und die Chance einer spürbaren Gehaltsverbesserung nicht ausreichend nutzen. Oder sie befürchten, dass sie sich durch zu hohe Gehaltsforderungen frühzeitig selbst ins Aus katapultieren.

Inhaltlich argumentieren

Aus der Sicht von Personalverantwortlichen sollte es Ihnen vorrangig um Ihre berufliche Entwicklung gehen. Das Gehalt ist dabei nur der formale Rahmen Ihrer zukünftigen Tätigkeit. Argumentieren Sie deshalb inhaltlich: Stellen Sie mit Ihrer Bewerbung heraus, dass Sie ein Gewinn für die neue Firma sind. Heben Sie Ihre Qualifikationen hervor und machen Sie an Beispielen fest, wie Ihnen Ihre persönlichen Fähigkeiten und fachlichen Kenntnisse dabei helfen werden, die neuen Aufgaben erfolgreich zu bewältigen. Es sollte deutlich werden, dass Ihre Arbeitsleistung für die Firma von Anfang an gewinnbringend ist.

Einige Punkte müssen Sie allerdings bei Ihren Gehaltsvorstellungen beachten. Sie haben mit Ihrer Selbstpräsentation eine Entwicklungslinie in Ihrem Berufsleben nachgezeichnet, die auf die neue Position hinführt.

20 Prozent mehr

Wenn diese Entwicklungslinie »nach oben« führt und sie mehr Verantwortung und Handlungsspielräume in der neuen Position suchen oder sogar einen Karrieresprung vollziehen möchten, sollte die neue Stelle auch besser dotiert sein als Ihre vorherige. Als Richtschnur gilt dann: Verlangen Sie etwa 20 Prozent mehr Brutto-Jahresgehalt. Das ist in dieser Höhe für Personalverantwortliche plausibel. Ansonsten vermutet man, dass hinter Ihrem angestrebten Stellenwechsel etwas anderes als der Wunsch nach dem nächsten Karriereschritt steht, beispielsweise eine nahegelegte Kündigung oder permanenter Ärger mit Kollegen oder Chefs.

Wirtschaft: Krise oder Boom?

Mit Richtschnur meinen wir, dass Sie im Idealfall etwa 20 Prozent mehr Gehalt verlangen können. Wenn die Wirtschaft gerade eine krisenhafte Entwicklung durchläuft, wie nach dem Platzen der Internetblase im Jahr 2000 oder der Finanzkrise der Jahre 2007 bis 2009 geschehen, ist es mit Sicherheit sinnvoll, Abstriche am Gehaltswunsch zu machen, um überhaupt im Arbeitsmarkt zu bleiben. Gleiches gilt für die gegenteilige Entwicklung, boomt die Wirtschaft gerade oder gehören Sie zu einer besonders begehrten Bewerbergruppe, sollten Sie selbstverständlich die Gunst der Stunde nutzen und den Gehaltssprung höher ansetzen.

Gehaltshöhe ermitteln

Immer Jahresgehälter nennen

Argumentieren Sie immer mit Brutto-Jahresgehältern. Wenn Sie Monatsgehälter als Verhandlungsbasis angeben, haben Sie noch nicht die Anzahl der Monatsgehälter (12 oder 13) geklärt. Ebenso wenig haben Sie in Ihre Gehaltsvorstellungen Sonderleistungen und Vergünstigungen einbezogen. Überlegen Sie anhand unserer Übung, welche Zahlungen und Leistungen Sie in Ihrer momentanen Stelle erhalten, um Ihr Wunschgehalt bei einem neuen Arbeitgeber zu ermitteln.

Ihr Gehalt

ÜBUNG

Stellen Sie sich die folgenden Fragen, um Ihr momentanes Jahresgehalt komplett zu erfassen:

- → Erhalten Sie Urlaubs- oder Weihnachtsgeld?
- → Gibt es Prämien (flexible Gehaltsbestandteile), die an vorher definierte Erfolgsziele geknüpft sind?
- → Wie häufig haben Sie in der Vergangenheit diese

→ FORTSETZUNG AUF DER NÄCHSTEN SEITE

Erfolgsziele erreicht beziehungsweise in welcher Höhe wurden die flexiblen Gehaltsbestandteile ausgezahlt?
→ Gibt es Sonderzahlungen mit denen die Belegschaft am Unternehmenserfolg beteiligt wird?
→ Stellt man Ihnen einen Dienstwagen zur Verfügung?
→ Werden Überstunden ausbezahlt?
→ Welche Weiterbildungskosten werden übernommen?
→ Erhalten Sie vermögenswirksame Leistungen?
→ Hat Ihre Firma für Sie Zusatzversicherungen abgeschlossen?
→ Kommen Sie in den Genuss von Firmenrabatten?
→ Erhalten Sie kostengünstiges Mittagessen in der Kantine?
→ Wie sind die Reisekostenvergütungen bemessen?
→ Erhalten Sie Zusatzvergütungen für Auslandseinsätze?
→ Gibt es eine zusätzliche betriebliche Altersvorsorge?

Wenn Sie Ihr momentanes Jahresgehalt komplett erfasst haben, verfügen Sie über eine Basis zur Ermittlung Ihres Wunschgehalts.

Weitere Faktoren

Berücksichtigen Sie aber auch, dass durch einen Arbeitsplatzwechsel höhere finanzielle Belastungen entstehen können. Diese zusätzlichen Belastungen sollten Sie im Blick behalten, damit Sie in der neuen Position trotz nomineller Gehaltssteigerungen nicht finanziell verlieren. Beziehen Sie die folgenden Punkte in Ihre Gehaltsüberlegungen mit ein:

→ **Wie hoch ist Ihre bisherige Mietbelastung, und wie hoch sind die Mietpreise an Ihrem neuen Tätigkeitsort (Stadt-Land-/Nord-Süd-Ost-West-Gefälle)?**
→ **Entstehen Ihnen höhere Fahrtkosten?**
→ **Haben Sie aus Nebentätigkeiten zusätzliches Einkommen, das bei Ihrer neuen Stelle wegfallen würde?**
→ **Kann Ihre Lebenspartnerin beziehungsweise Ihr Lebenspartner weiterhin beruflich tätig sein?**

Nachdem Sie Ihr derzeitiges Gehalt ermittelt haben, sollten Sie Informationen über den Gehaltsrahmen der neuen Stelle einholen. Informieren Sie sich über die in Ihrer Branche und der von Ihnen angestrebten Position gezahlten Gehälter. Ihre Vertrautheit mit den Anforderungen der neuen Stelle zeigt sich auch daran, dass Sie mit der üblichen Gehaltshöhe vertraut sind. Nutzen Sie die Veröffentlichungen auf den Berufsseiten großer Tageszeitungen oder in Wirtschaftsjournalen und natürlich das Internet. Geben Sie in Suchmaschinen die Stichworte »Gehalt«, »Stellenbezeichnung« und »Jahr« ein, also beispielsweise »Gehalt Leiter Einkauf 2014«. Bekommen Sie keine ausreichenden Treffer, können Sie die Jahreszahl um ein Jahr verringern oder auch ganz weglassen.

Erste Orientierung

Für eine erste Orientierung können Sie unsere Gehaltsübersicht nutzen, die auf einer Befragung von 25 000 Angestellten beruht (Gesellschaft für Verhaltensanalyse und Evaluation/ eigene Berechnung).

Gehälter von Führungskräften

Unternehmensgröße bzw. Branche	Geschäftsführer	Bereichsleiter	Hauptabteilungsleiter	Abt.-leiter	Gruppen- u. Projektleiter
bis 150 Beschäftigte	150.000	93.000	88.000	71.000	60.000
151 bis 500 Beschäftigte	192.000	107.000	91.000	75.000	62.000
501 bis 1500 Beschäftigte	208.000	120.000	99.000	81.000	63.000
1501 bis 6500 Beschäftigte	220.000	129.000	109.000	85.000	66.000
Maschinen- und Fahrzeugbau	205.000	121.000	100.000	82.000	62.000
Elektrotechnik, Elektronik	205.000	130.000	105.000	84.000	56.000
Chemie, Pharma	209.000	132.000	108.000	86.000	67.000
Bau, Baustoffe	212.000	118.000	102.000	78.000	66.000
Flugzeugbau	235.000	137.000	94.000	79.000	70.000
Nahrungs- und Genussmittel	188.000	119.000	94.000	79.000	60.000
Metall	227.000	117.000	95.000	81.000	62.000
Feinmechanik, Optik	176.000	115.000	97.000	81.000	60.000
Finanzdienstleistungen	203.000	118.000	97.000	78.000	66.000
Unternehmensberatung	209.000	128.000	97.000	94.000	68.000
Tourismus	192.000	95.000	79.000	75.000	67.000
Handel	198.000	113.000	91.000	75.000	62.000

Gehälter, die für ein und dieselbe berufliche Tätigkeit gezahlt werden, unterliegen einer gewissen Schwankungsbreite. Das Gehalt, das Sie in Ihrer neuen Position erzielen können, hängt davon ab, wie gut Sie es schaffen, Ihren Nutzen für die neue Firma zu verdeutlichen. Bei überzeugenden Kandidaten gibt es durchaus die Möglichkeit, das Grundgehalt durch Zulagen zu erhöhen. Dies können leistungsabhängige Prämien, ein Dienstwagen zur privaten Nutzung oder die Übernahme von Weiterbildungskosten sein.

Gehaltsvorstellungen im Anschreiben

Erst am Ende des Anschreibens nennen

In vielen Stellenausschreibungen steht am Ende: »Bewerben Sie sich bitte unter Angabe Ihrer Gehaltsvorstellung.« Auf diese Forderung müssen Sie in Ihrem Anschreiben eingehen. Fangen Sie Ihr Anschreiben aber nicht gleich mit Ihren Gehaltswünschen an. Ihr Qualifikationsprofil ist für die Einstellung wesentlich wichtiger als eine abstrakte Zahl. Zuerst muss im Anschreiben der Wert Ihrer beruflichen Qualifikationen deutlich werden. Erst danach sollten Sie die gewünschte Vergütung Ihrer Qualifikationen thematisieren. Nennen Sie Ihre Gehaltsvorstellung erst am Ende Ihres Anschreibens.

Geben Sie Ihre Gehaltsvorstellung konkret an, beispielsweise mit den folgenden Formulierungen:

→ **»Meine Gehaltsvorstellung beträgt 98 000,- Euro Brutto-Jahresgehalt.«**
→ **»Ich strebe ein Bruttogehalt von 98 000,- Euro pro Jahr an.«**
→ **»Mein Gehaltswunsch liegt bei 98 000,- Euro Bruttogehalt pro Jahr.«**

Geben Sie nie Ihr letztes Jahresgehalt an. Es wird nicht klar, welche Gehaltssteigerung Sie erzielen wollen, wenn Sie so formulieren: »Mein Bruttogehalt betrug im letzten Jahr 81 000,- Euro.« Damit beantworten Sie nicht die Frage nach Ihrer Gehaltsvorstellung.

Äußerst problematisch ist es, wenn Sie in Ihrem derzeitigen Arbeitsvertrag Stillschweigen über Ihr Gehalt vereinbart haben. Dann dürfen Sie Ihre Gehaltshöhe auf keinen Fall schriftlich

Dritten mitteilen. Bewerberinnen und Bewerber, die den Bewerbungsunterlagen ihre letzte Gehaltsabrechnung beilegen, zeigen, dass sie im Umgang mit firmeninternen Daten zu sorglos sind.

Planen Sie Verhandlungsspielraum ein

Bedenken Sie bei der Angabe Ihrer Gehaltsvorstellung weiter, dass Sie einen kleinen Verhandlungsspielraum einplanen müssen, um der Firmenseite im Vorstellungsgespräch etwas entgegenzukommen.

Wenn die Angabe Ihrer Gehaltsvorstellung nicht ausdrücklich gefordert wird, sollten Sie sich hierzu im schriftlichen Bewerbungsverfahren bedeckt halten. Vermitteln Sie Personalverantwortlichen erst ein Bild Ihrer Kenntnisse und Fähigkeiten. Überzeugen Sie sie davon, dass Sie ein geeigneter Kandidat sind. Das Ziel Ihrer schriftlichen Bewerbung ist, dass Sie wegen Ihres interessanten Profils zu einem Vorstellungsgespräch eingeladen werden. Im Gespräch lässt sich ein Abgleich Ihrer Gehaltsvorstellungen mit den Vorstellungen der Unternehmensseite besser durchführen.

Die Gehaltsangabe im Anschreiben

AUF EINEN BLICK

→ Beziehen Sie bei der Ermittlung Ihres momentanen Gehalts sämtliche geldwerten Vorteile mit ein (Erfolgsprämien, Weihnachtsgeld, Urlaubsgeld, Firmenwagen, ausbezahlte Überstunden et cetera).

→ Berücksichtigen Sie, ob durch den neuen Job höhere Kosten auf Sie zukommen (Miete, Umzug, Wegfall des Einkommens des Partners, Fahrtkosten).

→ Machen Sie sich mit den üblicherweise in Ihrer Branche gezahlten Gehältern für die von Ihnen angestrebte Position vertraut.

→ Beziffern Sie Ihren Gehaltswunsch rund 20 Prozent über dem, was Sie aktuell verdienen (gilt nur für einen Karrieresprung).

→ FORTSETZUNG AUF DER NÄCHSTEN SEITE

- → Nennen Sie bei der Angabe Ihrer Gehaltsvorstellungen ein Brutto-Jahresgehalt, kein monatliches Gehalt.
- → Geben Sie auf keinen Fall Ihr derzeitiges Gehalt an.
- → Nennen Sie Ihren Gehaltswunsch nur, wenn dies ausdrücklich gewünscht ist.
- → Ihr Gehaltswunsch sollte niemals am Anfang, sondern erst am Ende des Anschreibens stehen.

12. Strukturiert und passgenau: Der Lebenslauf

In diesem Kapitel zeigen wir Ihnen, wie Sie Ihre bisherige berufliche Entwicklung in Ihrem Lebenslauf so darstellen, dass Sie zum gefragten »passgenauen« Bewerber werden. Unser Musterlebenslauf ermöglicht Ihnen die Umsetzung der Tipps und Beispiele für die Ausarbeitung Ihres individuellen Lebenslaufes.

Hat Ihr Anschreiben inhaltlich überzeugt, wird man sich intensiv mit Ihrem Lebenslauf beschäftigen. Ihr Lebenslauf sollte deshalb einen nachhaltigen Eindruck hinterlassen, sonst haben Sie die Chance auf eine Einladung zum Vorstellungsgespräch schnell wieder leichtfertig vertan.

Passgenauer Lebenslauf

Die für die Wunschposition relevanten Informationen sollten dem Leser beim Lesen des Lebenslaufes sofort ins Auge springen. Darüber hinaus sollte Ihre berufliche Entwicklung nachvollziehbar werden. Dass auch Lebensläufe an die jeweilige Stellenausschreibung angepasst werden können, ist der Mehrzahl der Bewerber unbekannt. Erfahren Sie, wie Sie hier entscheidende Pluspunkte sammeln können.

BERATUNG

Aus unserer Beratungspraxis
Der recycelte Lebenslauf

Eine Betriebswirtin, die aus der Verkaufsförderung an die Schnittstelle Vertrieb und Marketing wechseln wollte, kam zu uns, um ihren Lebenslauf überprüfen zu lassen. Schnell wurde deutlich, dass sie den Lebenslauf, den sie nach dem Studium für ihren Berufseinstieg entworfen hatte, nur minimal abgeändert hatte und, um ihre momentane Position ergänzt, weiterverwenden wollte.

Wie viele Bewerber wollte sie sich die Arbeit ersparen, einen positionsbezogenen Lebenslauf zu erarbeiten. Zwar hatte sie ihre jetzige berufliche Position genannt, aber der Platz, den sie für die Darstellung ihres Studiums und ihrer Praktika verwandt hatte, nahm einen erheblich größeren Raum ein als die Darstellung ihrer momentanen beruflichen Tätigkeit. Dadurch entstand der Eindruck einer Berufseinsteigerin. Es war nicht ersichtlich, dass sie sich durch ihre jetzige Stelle für weiterführende Aufgaben qualifiziert hatte.

Wir kürzten die Darstellung der Studieninhalte und stellten diejenigen Tätigkeiten aus ihrer momentanen Position breiter dar, die einen Bezug zum Marketing hatten. Problematisch war zudem, dass sie als Zeitangaben nur Jahreszahlen verwendet hatte, was Personalverantwortliche vermuten lässt, dass Lükken im Lebenslauf auf diese Weise versteckt werden sollen. Dieser Fehler war leicht auszuräumen. Wir erfragten die zutreffenden Monatsangaben und fügten sie in den Lebenslauf ein.

Fazit: Bewerber sollten in ihrem Lebenslauf diejenigen Positionen ausführlich darstellen, die einen Bezug zur neuen Stelle haben. Personalverantwortliche erwarten von Ihnen, dass Sie in der Lage sind, Wichtiges von Unwichtigem zu trennen. Wenn Sie sich auf unterschiedliche Stellen bewerben, müssen Sie Ihren Lebenslauf genauso anpassen wie Ihr Anschreiben.

Blöcke geben Struktur

Gut gegliedert und informativ

Ein Blick auf unsere Beispiellebensläufe im Kapitel »Gelungene Beispielbewerbungen« gibt Ihnen einen Eindruck davon, wie man sich mit einem gut gegliederten und informativ gestalteten Lebenslauf von der Masse der Bewerber positiv abhebt. Die Beispiellebensläufe haben wir anhand unseres Musterlebenslaufes ausgearbeitet.

BEISPIEL

Muster für Ihren Lebenslauf

Vorname Name
Straße und Hausnummer
Postleitzahl und Ort
Mobilnummer
eventuell Festnetznummer
E-Mail-Adresse

Lebenslauf

Persönliche Daten

geb. am 00.00.0000 in ....
(Ort)

Familienstand (freiwillig): ....
(ledig, verheiratet, geschieden, verwitwet)

Kinder (freiwillig): ....

Berufserfahrung

00/0000 – heute	(derzeitige Position), Abteilung, Firma, Ort, eventuell: Branche Aufgaben: Kernaufgaben 1 Kernaufgaben 2 Kernaufgaben 3 Kernaufgaben 4 (eventuell: besondere Erfolge) Erfolg 1 Erfolg 2
00/0000 – 00/0000	(vorherige Position), Abteilung, Firma, Ort, eventuell: Branche Aufgaben: Kernaufgaben 1 Kernaufgaben 2 Kernaufgaben 3 Kernaufgaben 4 (eventuell: besondere Erfolge)

→ FORTSETZUNG AUF DER NÄCHSTEN SEITE

	Erfolg 1
	Erfolg 2
00/0000 – 00/0000	(Einstiegsposition), Abteilung, Firma, Ort, eventuell: Branche
	Aufgaben:
	Kernaufgaben 1
	Kernaufgaben 2
	Kernaufgaben 3

Studium/Ausbildung

00/0000 – 00/0000	Studium (Studiengang und Name der Hochschule)
	Schwerpunkt 1, Schwerpunkt 2
00.00.0000	erworbener Abschluss
00/0000 – 00/0000	Firma, Ort, Ausbildung zum
00.00.0000	Berufsbezeichnung

Schule, Wehr-/Zivildienst, soziales Jahr, Au-pair

00/0000 – 00/0000	Zivildienst/Wehrdienst/soziales Jahr, Au-pair, Ort
00.00.0000	(letzter) Schulabschluss, Schule

Weiterbildung/Sonstiges (Ehrenämter, Mitgliedschaften)

00/0000 – 00/0000	Institution, Kurs
seit 00/0000	Institution/Verein, Ehrenamt/ Mitgliedschaft

Zusatzqualifikationen

Fremdsprachen:	Sprache (Bewertung)
EDV-Kenntnisse:	Anwendungen (Bewertung)
	Betriebssysteme (Bewertung)
	Spezialsoftware (Bewertung)

Ort, Datum	*Unterschrift* (ausgeschriebener Vor- und Zuname)

Gestalten Sie Ihren Lebenslauf lese- und prüfungsfreundlich. Der Lebenslauf beginnt mit Namen, Adresse, Telefonnummer und E-Mail-Angabe. Rechts neben diesen Daten können Sie Ihr Bewerbungsfoto befestigen. Seit der Einführung des Allgemeinen Gleichbehandlungsgesetzes (AGG) verlangen Firmen Bewerbungsfotos nicht mehr ausdrücklich. Weiterhin ist es Bewerbern aber erlaubt, ihren Unterlagen freiwillig ein Foto beizufügen.

Lese- und prüfungsfreundlich

Bei den Zeitspannen sollten Sie Monat und Jahr angeben. Abschlüsse führen Sie bitte auch mit Tagesdatum auf, beispielsweise den Studienabschluss. Das Tagesdatum finden Sie auf den jeweiligen Urkunden.

Personalverantwortliche haben weder Zeit noch Muße, sich aus einem Datenbrei die für sie wesentlichen Informationen herauszusuchen. Strukturieren Sie daher Ihren Lebenslauf, damit die für eine Einladung zu einem Vorstellungsgespräch relevanten Informationen ins Auge stechen. Sie können diese Blöcke bilden:

Mögliche Blöcke

- **persönliche Daten**
- **Berufserfahrung**
- **Studium/Ausbildung**
- **Wehr-/Zivildienst/soziales Jahr, Au-pair-Jahr und Schule**
- **Weiterbildung/Sonstiges (Ehrenämter/ Mitgliedschaften)**
- **Zusatzqualifikationen (Fremdsprachen- und PC-Kenntnisse)**

Um Personalverantwortliche mit Ihrem Lebenslauf zu überzeugen, müssen Sie Detailarbeit leisten. Bereiten Sie die einzelnen Blöcke so auf, dass sie aussagekräftig sind. Dies gilt insbesondere für den zentralen Block »Berufstätigkeit«. Die Ausgestaltung der anderen Blöcke rundet Ihr Profil ab.

Detailarbeit

Persönliche Daten

Im ersten Block »Persönliche Daten« nennen Sie Ihren Geburtstag und -ort und Ihren Familienstand. Wenn Sie Kinder haben, können Sie diese folgendermaßen angeben:

Beispiel

Persönliche Daten
geb. am 16.06.1976 in Köln, verheiratet,
2 Kinder (7 und 11 Jahre)

Berufserfahrung

Den Block »Berufserfahrung« können Sie auch alternativ mit der Überschrift »Berufstätigkeit«, »Berufliche Erfahrungen«, »Beruf«, »Berufspraxis« oder »Berufliche Tätigkeiten« versehen.

Sie überzeugen mit Ihrem Lebenslauf in diesem Informationsblock, wenn Sie Ihrem zukünftigen Arbeitgeber klarmachen, dass Sie in Ihrer jetzigen Position bereits im Wesentlichen die Tätigkeiten ausgeübt haben, die für die zu vergebende Position wichtig sind.

Gestaltungsspielraum

Dies ist oft eine Frage der geschickten Darstellung. Es geht nicht darum, dass Ihre täglichen Hauptaufgaben mit den Aufgaben in der neuen Stelle identisch sind. Gerade hier haben Sie einen Gestaltungsspielraum, weil Sie Tätigkeiten aufführen können, mit denen Sie beispielsweise im Rahmen von Kollegen- oder Urlaubsvertretungen oder in Projektaufgaben in Kontakt gekommen sind oder die Sie zu einem früheren Zeitpunkt intensiver ausgeübt haben. Deshalb sollten Sie sich dem Block »Berufstätigkeit« in Ihrem Lebenslauf besonders intensiv widmen.

Führungskräften empfehlen wir für den Lebenslauf die rückwärts-chronologische Darstellung: Sie beginnen mit Ihrer derzeitigen Position, dann stellen Sie dar, was Sie in der davor liegenden Position gemacht haben.

Hierzu zwei Beispiele, die Ihnen zeigen, wie Sie mit Ihrem Lebenslauf bei Personalverantwortlichen Punkte sammeln - und wie nicht.

BEISPIEL

Bewerbung als Personalleiterin

07/2017 – heute	Personalreferentin, Abteilung Personal, B. Franck & Söhne GmbH, Rekrutierung und Auswahl von Personal, Einstellungsgespräche

01/2014 – 06/2017 Personalsachbearbeiterin,
Personalabteilung, Nennecke GmbH,
Lohn- und Gehaltsabrechnung

So sollten Sie es nicht machen: Die Bewerberin, die in ihrem Lebenslauf den Arbeitgeber, ihre Position und knappe Angaben aufführt, verschenkt die Chance, sich und ihre Qualifikationen nachhaltig darzustellen.

Es ist besser, die ausgeübten Tätigkeiten umfassender anzugeben und zwar so, dass der Bezug zu der neuen Stelle deutlich wird. In der folgenden verbesserten Version wird zudem die Ausweitung der Kompetenzen der Bewerberin und damit die berufliche Entwicklung deutlich.

07/2017 – heute Personalreferentin, Abteilung Personal,
B. Franck & Söhne GmbH, Leipzig,
Branche: Maschinenbau, Aufgaben:

- Personalrekrutierung und Personalauswahl
- Vorbereitung und Durchführung von Einstellungsgesprächen für kaufmännische und technische Mitarbeiter/innen
- Teilnahme an Ausbildungsmessen und Vorträge in Hochschulen
- Personalentwicklung mit dem Schwerpunkt Wissensmanagement

01/2014 – 06/2017 Personalsachbearbeiterin,
Personalabteilung, Nennecke GmbH,
Dresden, Versicherungsmakler, Aufgaben:

- Lohn- und Gehaltsabrechnung
- IT-gestütztes Führen und Pflegen der Personalstammdaten
- Erstellen und Gestalten von Arbeitsverträgen

BEISPIEL

Bewerbung als Abteilungsleiter Einkauf

Ein Bewerber, der sich von der Position des stellvertretenden Abteilungsleiters Einkauf auf die Stelle eines Abteilungsleiters Einkauf bewirbt, formuliert zu knapp und zu wenig aussagekräftig, wenn er nur die Firma und seine Position angibt:

03/2017 – heute	Import AG, Stellvertretender Abteilungsleiter Einkauf
01/2002 – 02/2017	Hans-Jörg Müller GmbH, Kaufmännischer Angestellter

Überzeugender klingt diese Beschreibung:

3/2017 – heute	Stellvertretender Abteilungsleiter, Abteilung Einkauf, Import AG, Bremen: – Leitung des Einkaufs für die Teilsortimente Textil und Hartwaren, Sortimentsanalyse und -planung für Niederlande, Österreich und Deutschland. – Projektgruppe Zentralisierung des europäischen Beschaffungsmanagements – verantwortlich für die Führung von 12 Mitarbeitern
01/2002 – 02/2017	Kaufmännischer Angestellter, Vertriebsabteilung, Hans-Jörg Müller GmbH, Bielefeld: – Warenwirtschaft, Planung und Beschaffung, Kostenkontrolle Einkauf – Betreuung von Einkaufszentralen und Großhändlern

Berufliche Entwicklung

Stellen Sie Ihre derzeitigen und früheren Tätigkeiten im Block »Berufstätigkeit« so dar, dass Ihre berufliche Entwicklung an Ihren bisherigen Arbeitsplätzen deutlich wird. Nehmen Sie die Stellenanzeige der zu vergebenden Position zur Hand und überlegen Sie, welche Anforderungen Sie in welcher Tätigkeit bereits erfüllt haben.

Sprachwelt der Stellenausschreibung

Formulieren Sie stichwortartig und greifen Sie dabei auf den Sprachgebrauch zurück, der in den Stellenausschreibungen verwandt wird. Es ist reine Übungssache, die von Ihnen ausgeübten Tätigkeiten stichwortartig aufzuführen und zugleich umfassend darzustellen. Trainieren Sie, die Tätigkeiten, die Sie in Ihrer momentanen Position ausüben und in früheren Positionen ausgeübt haben, ausführlich anzugeben.

ÜBUNG

Tätigkeitsbezeichnungen sammeln

In dieser Übung lernen Sie, so viele Tätigkeitsbezeichnungen wie möglich für Ihre beruflichen Tätigkeiten herauszufinden. Recherchieren Sie in Jobbörsen im Internet und suchen Sie Stellenausschreibungen heraus, in denen Ihre jetzige Berufstätigkeit ausgeschrieben ist. In den Ausschreibungen finden Sie für gleiche oder ähnliche Aufgaben ganz unterschiedliche Beschreibungen und Etikettierungen. Sammeln Sie so viele Tätigkeitsbeschreibungen wie möglich. Beschränken Sie sich nicht, wählen Sie auch Tätigkeiten aus, die Sie nicht täglich ausüben.

Beispiel »Personalreferent«

Tätigkeit 1:	Personalbeschaffung
Tätigkeit 2:	Internationales Personalmanagement
Tätigkeit 3:	Personalverwaltung
Tätigkeit 4:	Recruiting
Tätigkeit 5:	Personalentwicklung
Tätigkeit 6:	Personalauswahl
Tätigkeit 7:	Gestaltung von Arbeitszeitmodellen
Tätigkeit 8:	Lösung arbeitsrechtlicher Fragen
Tätigkeit 9:	Beratung von Führungskräften, Betriebsräten und Mitarbeitern
Tätigkeit 10:	Anpassung von Gehaltssystemen

→ FORTSETZUNG AUF DER NÄCHSTEN SEITE

Tätigkeit 11: Implementierung von Personalbeurteilungssystemen
Tätigkeit 12: Outsourcing
Tätigkeit 13: Bildungscontrolling
Tätigkeit 14: Entwicklung von Schulungskonzepten
Tätigkeit 15: Formulierung von Stellenausschreibungen
Tätigkeit 16: Auswahl und Einsatz von in- und externen Fachreferenten
Tätigkeit 17: Vertragsgestaltung
Tätigkeit 18: Personalmarketing
Tätigkeit 19: Entwicklung von Leistungssystemen
Tätigkeit 20: Arbeit mit Personalinformationssystemen
Tätigkeit 21: Personalcontrolling
Tätigkeit 22: Konzeption von Entwicklungsmaßnahmen
Tätigkeit 23: Organisationsplanung
Tätigkeit 24: Pflege und Erweiterung von Personalhandbüchern
Tätigkeit 25: Aufbau und Betreuung von Hochschulkontakten

Finden Sie für Ihre momentane Stelle mindestens zehn passende Tätigkeiten. Neben der Auswertung der Stellenausschreibungen sollten Sie in Gedanken auch noch einmal durchgehen, welche Sonderprojekte Sie bearbeitet haben, wann Sie Kollegen vertreten haben und welche Aufgabenfelder Sie früher intensiver betreut haben.

Ihre momentane Stelle: ____________________

Tätigkeit 1: ____________________
Tätigkeit 2: ____________________
Tätigkeit 3: ____________________
Tätigkeit 4: ____________________
Tätigkeit 5: ____________________
Tätigkeit 6: ____________________
Tätigkeit 7: ____________________
Tätigkeit 8: ____________________

Tätigkeit 9: ______________________________
Tätigkeit 10: ______________________________

Gehen Sie anschließend zu den Stellen über, die Sie vor Ihrer heutigen Position innehatten. Suchen Sie auch hier so viele Tätigkeiten wie möglich aus den Stellenbeschreibungen heraus.

Ihre davorliegende Stelle: ______________________________

Tätigkeit 1: ______________________________
Tätigkeit 2: ______________________________
Tätigkeit 3: ______________________________
Tätigkeit 4: ______________________________
Tätigkeit 5: ______________________________
Tätigkeit 6: ______________________________
Tätigkeit 7: ______________________________
Tätigkeit 8: ______________________________
Tätigkeit 9: ______________________________
Tätigkeit 10: ______________________________

Auswahl geeigneter Begriffe

Sie haben jetzt genug Schlüsselbegriffe, mit denen Sie Ihren Lebenslauf inhaltlich gestalten können. Nun folgt als nächster Schritt die Auswahl der geeigneten Begriffe für die Darstellung Ihrer beruflichen Positionen.

Sortieren Sie die herausgesuchten Tätigkeitsbeschreibungen nach ihrer Bedeutung. Damit meinen wir hier nicht, dass Sie die Tätigkeiten entsprechend Ihren täglichen Hauptaufgaben am momentanen Arbeitsplatz sortieren. Im Gegenteil, überlegen Sie vielmehr, welche Tätigkeiten besonders wichtig für die jeweilige Position sind, auf die Sie sich bewerben. Bringen Sie die Tätigkeiten also in eine Rangfolge bezogen auf die neue Stelle. Die für die neue Position wichtigsten Tätigkeiten stellen Sie nach vorne, die weniger wichtigen ans Ende Ihrer Liste. Mit den »Top-Five« Ihrer Liste haben Sie dann die Tätigkeitsbeschreibungen gefunden, mit denen Sie Ihre momentane Berufstätigkeit im Lebenslauf inhaltlich darstellen können.

BEISPIEL

Personalreferent als Human Resource Manager und als Schulungsleiter

In der Übung »Tätigkeitsbeschreibungen sammeln« haben wir für die berufliche Position Personalreferent 25 passende Tätigkeiten gefunden. Diese Liste ist bewusst sehr umfassend. Für eine konkrete Bewerbung müssen Sie auswählen. Für unterschiedliche Positionen müssen die jeweils passenden Tätigkeiten im Lebenslauf herausgestellt werden.

Wenn sich der Personalreferent als Human Resource Manager bewirbt, sollte er die folgenden Tätigkeiten in den Vordergrund stellen:

→ **Internationales Personalmanagement**
→ **Personalcontrolling**
→ **Personalentwicklung**
→ **Recruitment**
→ **Personalmarketing**

Wenn er sich als Schulungsleiter bewirbt, macht er sich mit diesen Beschreibungen interessant:

→ **Konzeption von Entwicklungsmaßnahmen**
→ **Bildungscontrolling**
→ **Auswahl und Einsatz von internen und externen Fachreferenten**
→ **Entwicklung von Schulungskonzepten**
→ **Pflege und Erweiterung von Personalhandbüchern**

Keine unnötige Beschränkung

Für alle im Lebenslauf angegebenen Tätigkeiten müssen Sie zwar Beispiele aus Ihrer Berufstätigkeit nennen können. Sie sollten keine Tätigkeitsbeschreibungen verwenden, die Sie in einem späteren Vorstellungsgespräch nicht mit Bezug auf Ihre beruflichen Erfahrungen belegen können. Dennoch müssen Sie sich bei der Ausarbeitung Ihres Lebenslaufes nicht unnötig beschränken. Wenn Sie eine Tätigkeit angeben, heißt dies nicht, dass Sie sie durchgehend im Tagesgeschäft ausgeübt haben. Sie können durchaus Tätigkeiten nennen, mit denen Sie in einem zeitlich begrenzten Projekt in Berührung gekommen sind. Es gilt die Regel: Wenn Sie für eine Tätigkeit ein Beispiel aus Ihrer Berufspraxis finden, dürfen Sie sie auch im Lebenslauf angeben.

Ausgewählte Erfolge nennen

Wenn Sie sich um Führungspositionen bewerben, sollten Sie im Lebenslauf auch ausgewählte Erfolge thematisieren. Dies hat zwei Vorteile: Zum einen können Sie die Erfolge thematisieren, die einen Bezug zum Anforderungsprofil der neuen Stelle haben. Und zum anderen verdeutlicht die Darstellung von konkreten Erfolgen Ihre ausgeprägte Leistungsorientierung.

Berufliche Erfolge können Sie nach der Beschreibung Ihrer beruflichen Aufgaben anführen, beispielsweise so:

BEISPIEL

Ausgewählte Erfolge

→ **Erfolg »Vertriebsoptimierung«:** Erstellung eines Verkaufshandbuchs nach Analyse der Kundenstrukturen, Einführung des Handbuchs durch Workshops
→ **Erfolg »SAP CRM«:** Implementierung von SAP CRM für Sales und Marketing

Im Lebenslauf dargestellter beruflicher Erfolg muss sich nicht immer in Zahlen ausdrücken lassen, allerdings lassen sich oft Beispiele finden, die mit Zahlen verknüpft werden können.

BEISPIEL

In Zahlen ausgedrückt

→ **Erfolg »Restrukturierung«:** Nach Restrukturierung Kosten im Warenwirtschaftssystem um 15 Prozent gesenkt
→ **Erfolg »Umsatzsteigerung«:** Nach Relaunch der Produktpalette Umsatzsteigerung von über 20 Prozent

Ein häufiger Bewerberfehler ist die mangelhafte Darstellung einer beruflichen Entwicklung, wenn ein längerer Zeitraum in ein und derselben Firma verbracht wurde. Wenn im Lebenslauf nur die aktuelle Position angegeben und nicht näher auf die Entwicklung in der Firma eingegangen wird, vermuten Personalverantwortliche einen jahrelangen Stillstand in der Entwicklung.

BEISPIEL

Zwölf Jahre Stillstand?

Eine Bewerberin hatte in ihrem Lebenslauf die folgende Angabe:

07/2008 – 12/2020 Autozulieferer GmbH, Assistentin im Vertrieb

Dies gibt Anlass zu Spekulationen. Wenn Personalverantwortliche diese knappe Angabe über einen Zeitraum von zwölf Jahren im Lebenslauf lesen, stellen sie sich vielleicht die folgenden Fragen:

→ **Ist die Bewerberin zwölf Jahre auf ihrer Einstiegsposition als Vertriebsassistentin hängengeblieben?**
→ **Hat man der Bewerberin gekündigt, weil man sie nicht in eine Position mit neu definierten Aufgaben einbinden kann?**
→ **Hat man die Bewerberin von einer anderen Position entbunden und sie auf der Assistentinnenposition kaltgestellt, damit sie von sich aus kündigt?**

Die Chance, Missverständnisse auszuräumen, hätte diese Bewerberin erst im Vorstellungsgespräch. Dazu wird es wegen der Zweifel aber oft gar nicht erst nicht kommen.

Wir halfen der Bewerberin, in ihrem Lebenslauf ihre Tätigkeit für die Firma Autozulieferer GmbH in einzelne Entwicklungsschritte zu untergliedern und jeden Schritt inhaltlich mit Tätigkeitsbeschreibungen zu füllen. Dadurch entdeckten wir auch, dass sich hinter der Berufsbezeichnung »Assistentin im Vertrieb« keine Vertriebsassistentin im Innendienst, sondern die Assistentin des Vertriebsleiters verbarg. Die überarbeitete Darstellung lautet:

07/2008 – 12/2020	Autozulieferer GmbH, Stuttgart
09/2014 – 12/2020	Assistentin des Vertriebsleiters, Aufgaben: Planung und Umsetzung internationaler Vertriebsaktivitäten, Aufbau und Betreuung internationaler Handelspartner, Organisation internationaler Verkaufsmessen und -events, internationale Wettbewerberanalysen
01/2010 – 08/2014	Account Managerin, Aufgaben: aktive Neukundengewinnung, zielgerichtete Entwicklung von Bestandskunden, selbstständige Umsetzung der Vertriebsstrategie, Mitwirkung bei der Angebotserstellung sowie bei größeren Ausschreibungen, Vertriebsreporting
07/2008 – 12/2009	Vertriebsassistentin, Aufgaben: Betreuung von Stammkunden, Anfragenbearbeitung und Erstellen von Teilekalkulationen mit der technischen Abteilung, Abwicklung von Kundenaufträgen, Markt- und Wettbewerberbeobachtung

Nicht zu knapp darstellen

Dieses Beispiel aus unserer Beratungspraxis zeigt: Bewerberinnen und Bewerber mit Berufserfahrung haben neuen Arbeitgebern viel zu bieten. Die Darstellung der beruflichen Qualifikationen lässt jedoch oft zu wünschen übrig. Gerade im Lebenslauf neigen Bewerberinnen und Bewerber dazu, ihre Berufstätigkeit viel zu knapp zu schildern oder durch missverständliche Angaben unabsichtlich zu entwerten.

Wenn Sie die Tätigkeiten, die Sie in Ihren beruflichen Stationen ausgeübt haben, gründlich analysiert haben und besser beschreiben können, ist die inhaltliche Ebene des Lebenslaufes im zentralen Block »Berufstätigkeit« geklärt.

Studium/Ausbildung

Wie ausführlich Sie Ihr Studium beziehungsweise Ihre Berufsausbildung im Lebenslauf darstellen, hängt davon ab, wie lange diese Zeit zurückliegt.

Bewerberinnen und Bewerber, die über mehr als drei Jahre Berufserfahrung verfügen, sollten den Block »Studium/Ausbildung« knapp gestalten.

BEISPIEL

Bewerber mit mehr als drei Jahren Berufserfahrung

09/2000 – 10/2004	Universität Münster, BWL-Studium
15.10.2004	Master of Science in BWL, Gesamtnote »2,3«

Bewerber mit weniger als drei Jahren Berufserfahrung können ihr Studium beziehungsweise ihre Berufsausbildung etwas ausführlicher schildern, um die von Firmen gefragte Berufserfahrung auch für die Ausbildungszeit zu dokumentieren.

BEISPIEL

Bewerber mit Hochschulabschluss und weniger als drei Jahren Berufserfahrung

09/2013 – 10/2016	Universität München, Studium der Betriebswirtschaftslehre, Schwerpunkte: Distribution, Handel und Marketing
12.10.2016	Diplom-Kaufmann, Gesamtnote »2,4«

Durch diese Darstellungsweise wird Ihre Studien- oder Ausbildungszeit aussagekräftiger. Wenn Sie Schwerpunkte für Ihre Ausbildung oder Ihr Studium angeben, sollten diese Angaben idealerweise zur ausgeschriebenen neuen Stelle passen. Auch hier gilt wieder, dass Sie Ihren Lebenslauf im Hinblick auf die neue Position anfertigen sollten. Für die Darstellung von Studienschwerpunkten heißt dies, dass Sie sich nicht streng an die Vorgaben Ihrer Studienordnung halten müssen, sondern die Schwerpunkte benennen sollten, die Sie bereits im Studium interessiert und die Sie dann in der Berufspraxis intensiver kennen gelernt haben. Gleiches gilt für die Darstellung von Schwerpunkten innerhalb einer früheren Ausbildung. Auch hier können Sie die von Ihnen kennen gelernten Abteilungen in den Vordergrund stellen, die eine größere Nähe zu Ihren aktuellen Aufgaben oder zu Ihrem künftigen Aufgabenfeld haben.

Wehr-/Zivildienst, soziales Jahr, Au-pair und Schule

Mögliche Überschriften

Überschriften können hier folgendermaßen lauten: »Au-pair-Jahr und Schulabschluss«, »Wehrdienst und Schule« oder »Soziales Jahr und Schulabschluss«. Diesen Block im Lebenslauf können Sie üblicherweise knapp ausführen. Wenn Sie Wehr-, Zivildienst, ein soziales Jahr oder ein Au-pair-Jahr abgeleistet haben, geben Sie die Zeitspanne in Monats- und Jahreszahlen an. Bewerber mit mehr als drei Jahren Berufserfahrung brauchen hier nicht in die Breite zu gehen.

Von den Schulabschlüssen, die Sie vor vielen Jahren erworben haben, interessiert bei qualifizierten Bewerbern nur der letzte. Von diesem Schulabschluss geben Sie das Tagesdatum, das auf dem letzten Zeugnis steht, an. Danach nennen Sie die Art Ihres Schulabschlusses und den Namen Ihrer Schule.

Beispiel

24.06.2006	Abitur am Kurt-Tucholsky-Gymnasium, Flensburg

Bewerberinnen und Bewerber, die im Block »Schule« die Grundschulzeit und die weiterführende Schule aufführen, verschenken wertvollen Platz, der der Angabe von beruflichen Tätigkeiten vorbehalten sein sollte.

Weiterbildung/Sonstiges (Ehrenämter, Mitgliedschaften)

Im fünften Block geben Sie zuerst die von Ihnen absolvierten Weiterbildungsmaßnahmen an. Hierzu gehören beispielsweise Ausbildereignungsprüfung, REFA-Scheine und Weiterbildungen zur Umwelt-Auditorin, zum Qualitätsmanager oder zum

Systemadministrator. Die Kurse werden mit dem Träger, das heißt, der für die Durchführung verantwortlichen Organisation, und dem Originaltitel des Kurses angegeben. Die Inhalte brauchen Sie nur dann aufzuführen, wenn der Seminartitel nicht aussagekräftig ist.

Beispiel

04/2013	Haus der Technik e.V. Außeninstitut der RWTH Aachen, Seminar: Autonome Arbeitsgruppen in der Produktion, Inhalt: Minimierung der Rüstzeiten bei Produktionsumstellungen
05/2016	Bildungswerk für Ingenieure Workshop: Taktisch verhandeln
10/2018	Allfinanz Akademie, Seminar: Kundengespräche erfolgreich führen

Die Mitarbeit in berufsständischen Vereinigungen oder ehrenamtlichen Organisationen sollten Sie im Lebenslauf nennen. Engagement über die üblichen Anforderungen des Berufs hinaus wird gerne gesehen. Auch hier gelten besondere Regeln: Nennen Sie zuerst die Institution, den Verein, dann die Position, die Sie bekleiden, und eventuell von Ihnen mitorganisierte Veranstaltungen oder Projekte.

Beispiel

seit 05/2013	Deutscher Marketingclub, Mitglied im Arbeitskreis Veranstaltungen, regelmäßige Planung und Organisation von Vorträgen und Firmenbesichtigungen

Zusatzqualifikationen (Fremdsprachen- und PC-Kenntnisse)

Für diesen Block können Sie ebenfalls statt der Überschrift »Zusatzqualifikationen« eine andere Bezeichnung wählen, beispielsweise »PC- und Sprachkenntnisse«, »Software und Fremdsprachen« oder »Fremdsprachen- und Computerkenntnisse«. Wenn Sie über sehr umfangreiche Kenntnisse in speziellen Programmiersprachen oder sehr umfangreiche Sprachkenntnisse verfügen, können Sie gerne zwei Blöcke bilden.

Bewertung von Sprachkenntnissen

Wichtig ist, dass Sie nicht zu allgemein formulieren. Die bloße Angabe »Englisch« oder »gute PC-Kenntnisse« ist wenig informativ. Für Sprachen gilt, dass Sie zuerst die Sprache nennen und Ihre Kenntnisse dann bewerten. Sie können dabei folgende Abstufungen verwenden:

→ **Grundkenntnisse**
→ **gut**
→ **sehr gut**
→ **verhandlungssicher**

Bewertung von PC-Kenntnissen

Ihre PC-Kenntnisse benennen Sie ebenfalls präzise. Führen Sie die Computerprogramme, die Sie täglich benutzen oder kennen, genau auf. Bewerten Sie auch diese Kenntnisse wie die Sprachkenntnisse, nur dass Sie für den besten Kenntnisstand die Bewertung »ständig in Anwendung« verwenden.

→ **Grundkenntnisse**
→ **gut**
→ **sehr gut**
→ **ständig in Anwendung**

Stellen Sie Ihre PC-Kenntnisse beispielsweise so dar:

Beispiel

PC-Kenntnisse:	Windows (gut), Textverarbeitung Word, Tabellenkalkulation Excel, Datenbank Access (alle ständig in Anwendung)

Für den Schluss Ihres Lebenslaufes empfehlen wir Ihnen, mit Vor- und Zunamen zu unterschreiben, und zwar hinter der Ortsangabe und dem Tagesdatum. Wenn Sie Ihren Lebenslauf als PDF per E-Mail verschicken, können Sie Ihre Unterschrift einscannen und dort als Grafik einfügen. In beiden Fällen wirkt Ihr Lebenslauf dann persönlicher.

Hobbys?

Passen die Hobbys zum neuen Job?

Zum Punkt »Hobbys« im Lebenslauf: Ihre Hobbys sind unserer Überzeugung nach nur dann für den Lebenslauf wichtig, wenn sie zur neuen beruflichen Tätigkeit passen. Wenn Sie zukünftig mit der Entwicklung von Textilmembranen für Outdoor-Kleidung zu tun haben, sollten Sie in Ihren Hobbys eine Begeisterung für Outdoor-Aktivitäten deutlich machen. Für die meisten Berufsfelder lässt sich jedoch kein Zusammenhang zwischen Hobbys und Berufstätigkeit herstellen. Dann können Sie eigentlich auf die Nennung von Hobbys verzichten.

Wenn Sie in Ihrem Lebenslauf dennoch Hobbys aufführen möchten, sollten Sie prüfen, ob Personalverantwortliche aus den aufgeführten Hobbys Einschränkungen Ihrer beruflichen Leistungsfähigkeit herauslesen könnten. Hobbys wie Gleitschirmsegeln, Drachenfliegen oder Boxen sollten Sie wegen der vermuteten Verletzungsgefahr daher nicht angeben. Ohne Bedenken jedoch können Sie Hobbys aufführen, die zeigen, dass Sie sich in Ihrer Freizeit aktiv entspannen, um fit für Ihren Berufsalltag zu sein. Dazu gehören Schwimmen, Joggen, Yoga, Aerobic, Tanzen oder Fitness-Training.

Lücken im Lebenslauf

Zeitachse

Gestalten Sie Ihren Lebenslauf immer so, dass links auf dem Blatt eine Zeitachse zu erkennen ist. Die Vorprüfung von Lebensläufen in Personalabteilungen ist auch eine Rechentätigkeit: Es sollen Fehlzeiten aufgespürt und Lücken entdeckt werden. Lücken sind Zeiträume über drei Monate, für die Sie keine Tätigkeiten angeben. Versuchen Sie eventuelle Lücken mit sinnvollen Tätigkeiten auszufüllen.

Wenn Sie zwischen zwei Stellen einen mehrmonatigen Leerlauf haben, sollten Sie darstellen, was Sie in dieser Zeit gemacht haben. Beispielsweise sind Bewerber durchaus gefragt, die größere Zeiträume zur eigenen Verfügung haben und von sich aus tätig werden, um sich sinnvoll zu beschäftigen. Es spricht für das Engagement von Bewerbern, wenn diese beispielsweise während einer Phase der Arbeitslosigkeit Computer-, Sprach- oder Fachkurse belegt haben, um die Chancen für einen Wiedereinstieg in ihr Berufsfeld zu erhöhen.

AUF EINEN BLICK

Der aussagekräftige Lebenslauf

→ Nach Ihrem Anschreiben ist Ihr Lebenslauf das wichtigste Stück der schriftlichen Bewerbungsunterlagen.

→ Führen Sie Ihre Kontaktdaten vollständig auf (Name, Anschrift, Telefon, private E-Mail-Adresse, Handynummer).

→ Bilden Sie für Ihre Daten im Lebenslauf Blöcke, beispielsweise diese sechs:

1. Persönliche Daten
2. Berufserfahrung
3. Studium/Ausbildung
4. Wehr-/Zivildienst, soziales Jahr, Au-pair-Jahr und Schule
5. Weiterbildung/Sonstiges
6. Zusatzqualifikationen (Fremdsprachen- und PC-Kenntnisse)

→ Geben Sie Ihre persönlichen Daten vollständig an (Geburtsdatum, Geburtsort, freiwillig: Familienstand, Kinder, Nationalität).

→ Ordnen Sie die einzelnen Stationen in den jeweiligen Blöcken rückwärts-chronologisch.

→ Geben Sie die Zeitangaben in Monat und Jahr an.

→ Beschreiben Sie stichwortartig die Tätigkeiten, die Sie in den einzelnen beruflichen Stationen ausgeübt haben.

→ Beschreiben Sie die für die neue Stelle wichtigsten beruflichen Positionen, üblicherweise die letzten zwei bis drei, besonders ausführlich.

→ Ziel passgenauer Lebenslauf:

- Nutzen Sie Gestaltungsspielräume bei der Angabe von Tätigkeiten.
- Stellen Sie wichtige berufliche Erfolge heraus

→ FORTSETZUNG AUF DER NÄCHSTEN SEITE

(Qualitätsverbesserungen, Ausweitung des Kundenstamms, Kostensenkungen, Verkaufserfolge).
- Erwähnen Sie gegebenenfalls Projekte oder Sonderaufgaben.

→ Unterteilen Sie längere Verweildauern in Firmen zeitlich und stellen Sie dadurch ihre unterschiedlichen Aufgabenbereiche heraus.

→ Sorgen Sie für einen lückenlosen Lebenslauf und erklären Sie Fehlzeiten.

→ Nennen Sie Firmenbezeichnungen korrekt (Firma mit richtiger Rechtsform, Ort, Abteilung, eventuell Branche).

→ Führen Sie Weiterbildungsmaßnahmen auf, die für die neue Stelle relevant sind.

→ Nennen Sie Ihre Sprach- und PC-Kenntnisse vollständig und bewerten Sie sie.

→ Unterschreiben Sie den Lebenslauf, und geben Sie Erstellungsort und -datum an.

→ Wenn Sie Ihren Lebenslauf als PDF mittels E-Mail versenden: Scannen Sie Ihre Unterschrift ein und fügen Sie sie als Grafik in den Lebenslauf ein.

→ Sorgen Sie dafür, dass Ihr passgenau ausgearbeiteter Lebenslauf wie ein roter Faden auf die ausgeschriebene Position hinführt.

13. Weiterhin gefragt: Professionelle Bewerbungsfotos

Seit dem Jahr 2006 gilt in Deutschland das Allgemeine Gleichbehandlungsgesetz (AGG), aus dem Unternehmen folgern, dass es verboten sein könnte, von Bewerbern Fotos zu verlangen. Weiterhin ist aber erlaubt, Bewerbungsunterlagen freiwillig ein Foto beizulegen. Und dies sollten Sie unserer Meinung nach auch tun. Schließlich liefern Sie mit dem Foto einen ersten persönlichen Eindruck von sich und beantworten eine wichtige Fragen des Unternehmens: »Wie wird die Bewerberin beziehungsweise der Bewerber das Unternehmen repräsentieren?«

Die Macht des ersten Eindrucks

Mit dem Bewerbungsfoto liefern Sie einen ersten persönlichen Eindruck von sich. Mit diesem Foto zeigen Sie, wie Sie Ihre zukünftige Position sehen und wie Sie das Unternehmen nach außen darstellen wollen. Der Macht des ersten Eindrucks können sich auch Personalverantwortliche nicht entziehen. Sammeln Sie deshalb mit einem optimalen Bewerbungsfoto Sympathiepunkte.

Häufiger Optimierungsbedarf

Wer Fehler macht, wird aussortiert

Aus unseren eigenen Erfahrungen in der Überprüfung und Optimierung von Bewerbungsunterlagen wissen wir, dass es mit dem Bewerbungsfoto häufig nicht zum Besten bestellt ist. Damit keine Missverständnisse aufkommen: Sie werden nicht eingestellt, nur weil Sie auf dem Foto überzeugend lächeln und richtig angezogen sind. Wichtig ist jedoch, dass Sie mit dem Bewerbungsfoto keine Fehler machen. Denn dann werden Sie aussortiert, bevor Sie eine Chance zur Darstellung Ihrer Fähigkeiten im Gespräch bekommen.

Damit Sie erkennen, was alles schiefgehen kann und wie gute Fotos aussehen sollten, werden wir nun sechs Bewerbungsfotos besprechen. Bei jedem Bewerber beziehungsweise jeder Bewerberin ist eine Aufnahme unpassend, während die andere zeigt, welchen Ansprüchen ein gutes Bewerbungsfoto genügen sollte.

Vom düsteren Pessimisten zum sympathischen Berater

Müde und abgekämpft

Auf diesem Bewerbungsfoto sehen Sie Herrn Klaus-Peter Lorenz, der sich vom Wirtschaftsprüfer zum Abteilungsleiter Finance weiterentwickeln möchte. Dabei wird das von ihm dem schlechten Lebenslauf beigefügte Bewerbungsfoto ein Stolperstein sein. Das Foto hat mehrere Aspekte, die ungünstig sind: Sofort fällt der sehr düstere Hintergrund ins Auge. In Verbindung mit dem müden und abgekämpften Gesichtsausdruck kann man sich des Eindrucks nicht erwehren, dass Herr Lorenz den Zenit seiner Leistungsfähigkeit bereits überschritten hat. Der Blick zur Seite ist doppelt schädlich: Zum einen weicht der Bewerber dem Blick des Lesers aus, zum anderen schaut er von sich aus gesehen nach links und damit weg von den Angaben, die er im Lebenslauf gemacht hat. Es wirkt, als könne er sich nicht mit seiner bisherigen Entwicklung identifizieren, als starre er über den Seitenrand hinaus ins Leere.

Tatkräftig und sympathisch

Ganz anders das gelungene Bewerbungsfoto. Nicht nur der Hintergrund ist aufgehellt, sondern auch die Stimmung, die der Bewerber transportiert: Mit wachem Blick und einem angedeuteten, aber nicht übertriebenen Lächeln signalisiert Herr Lorenz Tatkraft. Der Betrachter wird direkt angesehen. Keine Spur mehr vom Burn-out-Syndrom des misslungenen Bewerbungsfotos. Besonders angenehm fällt hier die Strukturierung des Hintergrundes durch einen Lichtstrahl auf.

Auch der Bildausschnitt ist anders gewählt, sodass der Oberkörper nicht mehr so massig wirkt wie auf dem schlechten Bild. An der Kleidung gab es wenig Verbesserungsbedarf: Hemd, Jackett und Krawatte sind für die Position angemessen. Auch kleine Schnitzer wie ein abstehender Hemdkragen oder eine schlecht gebundene Krawatte sind sorgfältig vermieden worden. Insgesamt vermittelt Herr Lorenz auf diesem Bild die für ältere Bewerber ganz wichtige sympathische und zupackende Ausstrahlung. Mit diesem Foto unterstützt er wirkungsvoll den gut gemachten Lebenslauf.

Von der verschlossenen Grüblerin zur kompetenten Führungskraft

Unterwürfige Denkerpose

Yvonne Böckler möchte gerne Leiterin im Marketing werden und hat sich sicherlich etwas bei der Anfertigung des Bewerbungsfotos gedacht. Positiv zu vermerken ist, dass es sich bei dem Foto um ein professionelles Studiofoto und nicht etwa um ein billiges Automatenfoto handelt. Leider sind Frau Böckler und der Fotograf der Versuchung erlegen, das Foto übertrieben künstlerisch gestalten zu wollen – die eingenommene Denkerpose vermittelt einen sehr zurückgenommenen Eindruck. Die Bewerberin wirkt in sich gekehrt, was für eine Führungsposition im Marketing kein günstiges Persönlichkeitsmerkmal ist. Hinzu kommt, dass sie den Betrachter von unten anschaut und damit unterwürfiger als nötig wirkt. Die weißen Fingerknöchel der stützenden Hand lassen vermuten, dass die Bewerberin unter Druck steht, was durch die zusammengekauerte Haltung noch unterstützt wird. Und auch wenn im Marketing sicherlich mehr Freiheit bei der Kleidungswahl möglich ist, und es nicht immer das strenge Businesskostüm sein muss: Auf diesem Foto hat Frau Böckler die Grenzen überschritten, mit der »Schlabberbluse« ist sie zu leger gekleidet. Alles in allem eher ein Foto für private Kontakte.

Souverän und präsent

Das gelungene Bewerbungsfoto von Frau Böckler wird dem Erscheinungsbild einer souveränen Marketingleiterin gerecht. Die Bewerberin macht auf diesem Foto ihren Führungsanspruch geltend: Der offene und direkte Blick zum Betrachter vermittelt Durchsetzungsfähigkeit. Frau Böckler wirkt durchaus etwas streng, dies ist für eine Leitungsfunktion aber adäquat. Da Frauen in Führungspositionen immer noch größere Schwierigkeiten mit der Anerkennung haben als Männer, hat sich die Bewerberin entschlossen, Störsignale wie ein unsicheres Lächeln oder einen anbiedernden Ausdruck zu vermeiden. Das quadratische Format ist günstiger als das hochkantige des schlechten Fotos: Frau Böckler wirkt auf dem Bild viel präsenter und nicht mehr so eingeengt wie vorher. Dazu trägt auch die bessere Ausleuchtung bei, die Frau Böckler plastischer abbildet. Die Kleidung ist besser auf die Position zugeschnitten, ohne ins zu strenge Business-Outfit abzurutschen. Ein Foto, auf dem die Bewerberin ihren individuellen Stil und ihre durchsetzungsfähige Persönlichkeit gelungen zum Ausdruck bringt!

Vom grimmigen Miesepeter zum kontaktstarken Teamplayer

Düster und nachlässig

Im Berufsalltag scheint für Tom Vandenhoeck nicht immer nur die Sonne zu scheinen. Er liefert ein sehr düsteres Bewerbungsfoto ab, auf dem nicht nur der Hintergrund viel zu dunkel ist, um das Gesicht richtig zur Geltung kommen zu lassen. Auch die Ausleuchtung ist so ungünstig, dass die linke Hälfte des Gesichtes im Schatten liegt. Ein Bewerber mit einer dunklen Seite? Die Intention für Herrn Vandenhoeck war es sicherlich, entschlossen zu wirken, um sich für die Wunschposition Projektmanager als dynamischer

Macher zu empfehlen. Von der Wirkung her ist aber das Gegenteil eingetreten: Diesem Bewerber wird man nicht die nötige Integrationsfähigkeit zugestehen. Der auf der einen Seite über dem Jackett liegende Hemdkragen lässt Nachlässigkeit nicht nur in Kleidungsfragen vermuten. Dieses Foto ist sicherlich geeignet, um sich als Schauspieler für die Rolle des Bösewichts ins Gespräch zu bringen - für eine Bewerbung liefert das Foto aber zu viele Störimpulse, die den Personalverantwortlichen ins Grübeln bringen werden.

Freundlich und dynamisch

Dass Herr Vandenhoeck gar nicht so verbiestert ist, wie er auf dem schlechten Foto wirkt, beweist das gelungene Bewerbungsbild. Mit freundlichem Lächeln und in korrektem Business-Outfit kann der Bewerber überzeugen. Der Hintergrund ist diesmal hell genug gehalten, um den Bewerber in den Vordergrund treten zu lassen. Statt aggressiver Grundstimmung vermittelt Herr Vandenhoeck nun die für einen Projektmanager notwendige Dynamik. Diesem Bewerber traut man zu, die richtigen Impulse für die Geschäftsentwicklung zu setzen.

AUF EINEN BLICK

Das gelungene Bewerbungsfoto

→ Legen Sie Ihren Bewerbungsunterlagen ein aktuelles Foto bei.

→ Sorgen Sie für einen freundlichen, aber nicht anbiedernden Gesichtsausdruck. Mimik und Gestik sollten glaubwürdig und nicht aufgesetzt wirken.

→ Fragen Sie Freunde, Bekannte oder Lebenspartner, ob Sie auf dem Foto gut getroffen sind.

→ FORTSETZUNG AUF DER NÄCHSTEN SEITE

→ Vermeiden Sie, dass sich womöglich aktuelle Krisen – Konflikte am Arbeitsplatz, Kündigung oder Arbeitslosigkeit – in Ihrem Gesicht widerspiegeln.

→ Passen Sie Ihr Aussehen und Ihren Ausdruck der angestrebten Position an (dynamisch, souverän, verlässlich oder zielstrebig).

→ Tragen Sie auf dem Foto Kleidung, die zur neuen Position passt.

→ Gehen Sie zu einem professionellen Fotografen. Er sorgt dafür, dass der Hintergrund hell genug und Ihr Gesicht gut ausgeleuchtet ist.

→ Bei Frauen: Tragen Sie nur dezentes Make-up und keinen zu auffälligen Schmuck.

→ Bei Männern: Auf dem Foto sollte kein Bartschatten zu erkennen sein, dafür aber ein gepflegter Haarschnitt.

→ Lassen Sie kein Passfoto anfertigen, sondern ein Porträtfoto (größer als ein Passfoto, ein Teil der Schultern ist zu sehen).

14. Leistungsbilanz statt Dritter Seite

Bezüglich der Erstellung von Bewerbungsunterlagen ist manchmal die Rede von der Dritten Seite, allerdings nur aufseiten der Bewerber. Personalverantwortlichen ist die Dritte Seite als Bewerbungsinstrument eher suspekt. Warum sollte ein Bewerber erst auf dem dritten Blatt (nach dem Anschreiben und dem Lebenslauf) die Gründe liefern, die für seine Einstellung sprechen?

Functional Resume

Die Idee der Dritten Seite hat ihren Ursprung im angloamerikanischen Raum. Dort sind argumentative Anschreiben, wie sie von der überwiegenden Mehrheit der deutschen Personalverantwortlichen verlangt werden, unbekannt. Stattdessen wird manchmal zusätzlich zum Lebenslauf mit Zeitangaben und Stationen (Chronological Resume) eine stichwortartige Selbstbeschreibung erstellt, welche die unmittelbar im Berufsalltag einsetzbaren Kenntnisse und Fähigkeiten auflistet (Functional Resume). Oder das Functional Resume wird an den Anfang des chronologischen Lebenslaufes gestellt.

Damit wird Personalverantwortlichen die Arbeit erleichtert. Auf einen Blick können Sie erkennen, über welche speziellen Branchenerfahrungen und Kenntnisse ein Bewerber verfügt. Wie im deutschen Anschreiben werden die Angaben im Functional Resume auf die ausgeschriebene Stelle zugeschnitten und liefern dadurch ein aussagekräftiges Qualifikationsprofil.

Das stört an der Dritten Seite

Beliebigkeit

Ganz anders sieht es bei der hierzulande propagierten Form der Dritten Seite aus. In der Regel steht nicht das konkrete Profil des Bewerbers im Vordergrund, sondern eine zumeist beliebige Auflistung von Persönlichkeitsmerkmalen und/oder Zitaten, die eine bevorzugte Lebensphilosophie ausdrücken sollen. Eine in dieser Form aufgemachte Dritte Seite steigert nicht den Bewerbungserfolg. Im Gegenteil: Da Bewerber, die eine solche Dritte Seite beilegen, zumeist der Meinung sind, sie bräuchten wenig Mühe auf ihr Anschreiben zu verwenden, erweisen sie sich einen Bärendienst.

So nicht

Das folgende Beispiel einer typischen Dritten Seite zeigt Ihnen, wie Sie nicht vorgehen sollten. Anhand der anschließend aufgeführten Leistungsbilanz können Sie dann nachvollziehen, wie es besser geht.

Hans-Peter Makowski – Westhang 245 – 70708 Karlsruhe

Mein Motto: »Weitsicht ist besser als Kurzsichtigkeit«

Als zukünftiger Manager bekenne ich mich zu der Herausforderung, in einer immer komplexer werdenden Welt zu den Strategien zu finden, die das ökonomisch Machbare mit Kreativität verbinden. Nur die Offenheit für Neues und das sichere Gespür für die Welt, in der man lebt, ermöglichen kontinuierliche Verbesserungen.

Mein Lebensweg führte mich von einfachen Anfängen hin zu immer größeren Aufgaben, die ich mit der mir eigenen Leistungsfähigkeit sicher bewältigen konnte. Rückschläge sind für mich immer der Anlass, über Neues nachzudenken und Wege zu beschreiten, die noch niemand vor mir ging. Ökonomische Zusammenhänge schnell zu erfassen und analytisch auszuwerten, war stets die Richtschnur meines Führungshandelns. Meine persönliche Entwicklung sehe ich niemals als abgeschlossen an.

Eindringlich möchte ich Ihnen an dieser Stelle meine Mitarbeit ans Herz legen, die sich stets durch außergewöhnliche Teamfähigkeit, Kreativität, Kompromissbereitschaft, Einfühlungsvermögen und unternehmerisches Denken ausgezeichnet hat und auch weiterhin auszeichnen wird.

Karlsruhe, den 14. Mai 2020

Besinnungsaufsatz

Wenn Sie die Formulierungen aus dem Negativbeispiel einmal in Ruhe auf sich wirken lassen, werden Sie schnell feststellen, dass der Text eher an einen Besinnungsaufsatz in der Schule erinnert. Das Profil des Bewerbers wird durch diese Form der Dritten Seite nicht deutlicher. Im Gegenteil, der Leser findet nur Worthülsen, Absichtserklärungen und Allgemeinplätze.

Kontraproduktiver Humor

Das ins Zentrum der Dritten Seite gerückte Motto »Weitsicht ist besser als Kurzsichtigkeit« soll als Blickfang fungieren. Dies wird auch erreicht, aber leider mit negativen Folgen. Denn mit dem Motto wird keine Individualität ausgedrückt. Es zeigt vielmehr, dass der Bewerber sich lieber hinter Auszügen aus Zitatesammlungen versteckt, als sein individuelles Profil zu präsentieren. Auskünfte mit einem lustigen Spruch zu schmücken, kann vielleicht bei Reden zu gesellschaftlichen Anlässen passend sein. Im Bewerbungsverfahren wirkt diese Humorigkeit kontraproduktiv. Es drängt sich der Eindruck auf, dass der Kandidat Schwierigkeiten damit hat, den für Entscheidungsvorlagen richtigen Sprachstil zu treffen.

Bumerang-Effekt

Schlimm genug, dass die Dritte Seite keinen Informationsgehalt hat, der für eine Einstellungsentscheidung nützlich wäre. Einzelne Ausführungen des Bewerbers wenden sich sogar gegen ihn. Seine Formulierung »Rückschläge sind für mich immer Anlass über Neues nachzudenken« lässt vermuten, dass er eine Arbeitsweise pflegt, die ihm immer wieder Rückschläge einbringt. Dies könnte daran liegen, dass er es liebt, »Wege zu beschreiten, die noch niemand vor mir ging«. Mit dieser Aussage weckt der Bewerber Zweifel an seiner Anpassungsfähigkeit an betriebliche Abläufe. Er scheint sich lieber als kreativer Paradiesvogel produzieren zu wollen.

Fazit

Die Dritte Seite hat für Personalverantwortliche keinen Informationswert. Im Gegenteil, der Bewerber weckt sogar deutliche Zweifel an seiner Eignung. Daher wäre es besser gewesen, auf den »Besinnungsaufsatz« zu verzichten.

Wann ist eine Leistungsbilanz sinnvoll?

So geht's

Sinnvoll kann eine zusätzliche Seite, die an den Lebenslauf anschließt, dann sein, wenn sie einen zusätzlichen Informationswert hat. Beispielsweise, wenn ein Bewerber so viele Projekte und Sonderaufgaben bewältigt hat, dass ihre Auflistung den Lebenslauf sprengen würde. Diese Extraseite nennen wir Leistungsbilanz. Sie unterscheidet sich von der Dritten Seite dadurch, dass sie das Profil eines Bewerbers unterstützt und vorrangig die Berufspraxis thematisiert. Immer dann, wenn Sie sehr viele Aufgaben außerhalb Ihrer eigentlichen Tätigkeiten wahrgenommen haben oder Ihre Arbeit einen ausgeprägten Projektcharakter hatte, können Sie zum Instrument der Leistungsbilanz greifen.

Hans-Peter Makowski – Westhang 245 – 70708 Karlsruhe – mobil 0172/666 55 44

LEISTUNGSBILANZ

Branchenerfahrung
10 Jahre verantwortliche Tätigkeit bei international ausgerichteten Konsumgüterherstellern, Umsatzverantwortung 30 Millionen Euro, Führung von 18 Mitarbeitern.

Arbeitsschwerpunkte
- → Vertriebsleitung
- → Key Account Management
- → Business Development
- → Trade Marketing
- → Category Management

Besondere Erfolge
- → Aufbau des Trade Marketing
- → Etablierung des Category Management
- → Aufbau von Online-Shop-Lösungen und Unternehmensmarktplätzen
- → Unternehmensübergreifende Projektleitung ECR (Efficient Customer Response)
- → Messeplanung und -durchführung für die Konsuma 2017 und 2019
- → Außendienstvernetzung
- → Relaunch der Marke PRO-FIX
- → Internationale Produkteinführung von QuickSteP
- → Aufbau einer CRM-Projektgruppe

→ Kostensenkungsprogramm Verpackungsstandardisierung

Ich konnte bei allen von mir durchgeführten Projekten erhebliche Synergieeffekte zur Verbesserung der Kostenstruktur realisieren. Die von mir betreuten Projekte »Online-Shop-Lösungen« und »Relaunch PRO-FIX« führten zu Umsatzsteigerungen im zweistelligen Prozentbereich.

Komprimiertes Profil

Personalverantwortliche sind durchaus bereit, zusätzlich zu Anschreiben und Lebenslauf eine weitere Seite in Augenschein zu nehmen. Allerdings muss diese Seite dann einen echten Informationsgewinn versprechen. Hier hat sich der Bewerber für die zusätzliche Seite »Leistungsbilanz« entschieden. Er hätte auch die Überschrift »Projekte und Erfolge«, »Mein Profil« oder »Berufliche Stärken« wählen können. Entscheidend ist, dass er sein Kernprofil komprimiert skizziert und dadurch klar herausstellt, welchen besonderen Erfahrungsschatz er für das neue Unternehmen nutzbar machen könnte.

Der Bewerber ist an der Schnittstelle von Vertrieb und Marketing tätig. Gerade für diese Bewerbergruppe, deren Tätigkeit zumeist starken Projektcharakter hat, bietet sich eine Leistungsbilanz an. Nicht zuletzt aus deswegen, da dort auch immer wieder Aufbauarbeit geleistet wird. Wer sich das Etikett des Machers geben möchte, sollte auch auf die besonderen Erfolge seiner Arbeit hinweisen. Hier fällt im Block »Besondere Erfolge« ins Auge, dass der Bewerber stets neue Lösungen in seinem Arbeitsbereich entwickelt und umgesetzt hat, um die Geschäftsentwicklung voranzutreiben. Er hat sowohl das Trade Marketing als auch das Category Management in seinem Unternehmen eingeführt. Daneben hat er Online-Shops als zusätzliche Vertriebskanäle eingerichtet. Erfolgreiche Produkteinführungen und Relaunches kann er ebenso auf seiner Habenseite verbuchen wie verbesserte Kundenbindungsprogramme. Diese Leistungsbilanz überzeugt.

Schlagworte und Schlüsselbegriffe

Um eine möglichst hohe Informationsdichte zu erreichen, verwendet der Bewerber Schlagworte und Schlüsselbegriffe aus dem Tagesgeschäft. Er vermeidet einen Besinnungsaufsatz und liefert stattdessen ein prägnantes Qualifikationsprofil. Beschäftigungszeiten und Arbeitgeber lässt er weg, um Wiederholungen aus dem Lebenslauf zu vermeiden und das Wesentliche klar herauszustellen. Mit den drei Blöcken »Branchenerfahrung«, »Arbeitsschwerpunkte« und »Besondere Erfolge« strukturiert er seine Informationen leserfreundlich. Gleich im ersten Block, der Branchenerfahrung, betont er auch seine bisherigen Führungsaufgaben. Beendet wird die Leistungsbilanz mit einer Quantifizierung seiner Geschäftserfolge.

Fazit

Mit der Darstellung seiner Branchenerfahrung, seiner Arbeitsschwerpunkte und besonderen Erfolge verschafft sich der Bewerber Pluspunkte. Mit dieser Leistungsbilanz empfiehlt er sich als gefragter Macher, der die Dinge zum Laufen bringt.

AUF EINEN BLICK

Ihre Leistungsbilanz

→ Schildern Sie, welche besonderen Erfolge Sie in Ihrer täglichen Arbeit erzielt haben.

→ Wenn Sie so viel Projektarbeit durchgeführt und Sonderaufgaben bewältigt haben, dass die detaillierte Auflistung den Lebenslauf sprengen würde, ist eine Leistungsbilanz die richtige Wahl für Sie.

→ Versehen Sie die Projekte und Sonderaufgaben in der Leistungsbilanz mit einem schlagkräftigen Etikett.

→ Heben Sie hervor, welche Rolle Sie gespielt haben.

→ Verdeutlichen Sie, welche Ergebnisse die Projekte und Sonderaufgaben hatten (Kostensenkung, Qualitätsverbesserung, Restrukturierung, Umsatzsteigerung et cetera).

→ Beschreiben Sie Ihre Führungsverantwortung detailliert (Anzahl der Mitarbeiter, Leitung internationaler Teams, Weisungsbefugnisse).

→ Geben Sie an, wem gegenüber Sie Bericht erstattet haben (Vorstand, Geschäftsleitung, Bereichsleitung).

- → Führen Sie Projekte auf, die Sie in Zusammenarbeit mit Unternehmensberatungen bewältigt haben (Umstrukturierungen, Rationalisierungsmaßnahmen, Ausweitung der Geschäftstätigkeit).

- → Zählen Sie die Gelegenheiten auf, bei denen Sie das Unternehmen in der Öffentlichkeit vertreten haben.

- → Falls Sie die Aufgaben von Vorgesetzten mit erledigt haben, ohne offiziell zum Stellvertreter ernannt worden zu sein, können Sie dies in Ihrer Leistungsbilanz darstellen.

- → Wenn Sie offiziell mit Aufgaben außerhalb Ihres Arbeitsbereiches betraut worden sind (Weisung, Besetzungssperre, Krankheit oder Urlaub von Kollegen), sollten Sie das erwähnen.

- → Beschreiben Sie gegebenenfalls, wenn Sie besondere Maßnahmen in der Mitarbeiterbetreuung initiiert (Coaching, Vertriebsschulung, Teambuilding) haben.

- → Kontrollieren Sie, ob alle aufgeführten Projekte und Sonderaufgaben hinsichtlich der ausgeschriebenen Stelle von Bedeutung sind.

- → Überprüfen Sie, ob die Angaben in der Leistungsbilanz dem Leser in der Personalabteilung wirklich einen Mehrwert gegenüber dem Lebenslauf bringen. Nur dann ist eine zusätzliche Leistungsbilanz sinnvoll.

15. Vollständigkeit: So stellen Sie Ihre digitale Bewerbungsmappe zusammen

Grundsätzlich gehören zu einer vollständigen digitalen Bewerbungsmappe das Anschreiben, der Lebenslauf, das Bewerbungsfoto – kein Muss (AGG), aber üblich – sowie Scans von Arbeitszeugnissen und des berufsqualifizierenden Abschlusses. Hinzu kommen eventuell Scans von Fortbildungsabschlüssen, Weiterbildungsbestätigungen und sonstigen Zertifikaten. Bei der Zusammenstellung haben Sie verschiedene Möglichkeiten, die wir Ihnen jetzt vorstellen.

Richtig sortiert

Es empfiehlt sich, die von Ihnen ausgewählten Bewerbungselemente - häufig also Anschreiben, Lebenslauf, Arbeitszeugnisse, Weiterbildungszertifikate, Nachweis über Studium oder Ausbildung - in einer einzigen Datei zusammenzufassen. Hierbei hat sich das PDF-Format durchgesetzt.

Oft wird die Ursprungsdatei in Word, LibreOffice oder OpenOffice erstellt. Anschreiben und Lebenslauf lassen sich hier je nach Wunsch grafisch gestalten. Zwischenüberschriften können mit den Formatierungen fett, kursiv oder unterstrichen hervorgehoben werden. Und auch farbliche Elemente können für Aufzählungszeichen oder Überschriften verwendet werden.

Arbeitszeugnisse, Zertifikate und Ausbildungsnachweise werden erst gescannt und dann in die Ursprungsdatei eingefügt. Digital erstellte Bewerbungsfotos werden meist direkt in den Lebenslauf eingepasst.

Berufserfahrene Bewerberinnen und Bewerber werden im Ergebnis eine Word-Datei von etwa zehn bis 15 Seiten Umfang erarbeiten, die dann ins PDF-Format übertragen wird, um sie per E-Mail-Anhang zu versenden. Mehr als rund 5 MB sollte die PDF-Datei nicht umfassen.

Wenn Ihre PDF-Datei die von uns empfohlene Datenmenge signifikant überschreitet, liegt dies sehr oft an den Scans von Arbeitszeugnissen und sonstigen Nachweisen. Komprimieren

Sie die Scan-Dateien, dabei helfen Ihnen Bildbearbeitungsprogramme oder Onlinetools.

Aktuelles zuerst

Ihre Unterlagen sollten Sie so einsortieren: Fangen Sie hinter dem Lebenslauf mit den aktuellen Belegen an und gehen Sie dann zeitlich zurück. Es gilt das jeweilige Ausstellungsdatum des Schriftstückes. Eine Wahlmöglichkeit haben Sie bei Weiterbildungen: Sie können die Nachweise zeitlich einordnen oder zusammengefasst ganz nach unten in die Mappe legen.

Die klassische Zusammenstellung

Hier sehen Sie, in welcher Reihenfolge Sie Ihre Unterlagen einsortieren können. Auf das einseitige Anschreiben folgt der zweiseitige (eventuell auch dreiseitige) tätigkeitsbezogene Lebenslauf. Die weiteren Unterlagen beginnen üblicherweise mit dem Arbeitszeugnis Ihres vorherigen Arbeitgebers oder wenn vorhanden mit einem Zwischenzeugnis des momentanen Arbeitgebers. Danach folgen Kopien früherer Arbeitszeugnisse, des berufsqualifizierenden Abschlusses sowie abschließend von Weiterbildungszertifikaten.

Anschreiben	Lebenslauf mit Foto Seite 1	Lebenslauf Seite 2	eventuell Zwischenzeugnis
Arbeitszeugnis des vorherigen Arbeitgebers	Arbeitszeugnis des vorvorherigen Arbeitgebers	Ausbildungs-abschluss oder Studienabschluss	Weiterbildungs-zertifikat 1
Weiterbildungs-zertifikat 2	Weiterbildungs-zertifikat 3	Weiterbildungs-zertifikat 4	

> **Coaching-Tipp**
>
> Aus unserer Beratungspraxis heraus empfehlen wir ausdrücklich, nicht extra ein Zwischenzeugnis anzufordern. Schließlich wollen Sie doch nicht ungewollt für Unruhe und Gerüchte am bestehenden Arbeitsplatz sorgen.

Die klassische Zusammenstellung mit Leistungsbilanz

Wenn Sie Ihrer Bewerbungsmappe als zusätzliches drittes Element eine Leistungsbilanz beifügen möchten, können Sie sich an dieser Abbildung orientieren. Dann folgt im Anschluss an den Lebenslauf eine Leistungsbilanz, die Ihre beruflichen Stärken zusammenfasst.

Die klassische Zusammenstellung mit Fortbildung/ Umschulung

Neuorientierung sollte auffallen

Häufig kommt es vor, dass sich Bewerber beruflich neu orientiert haben, beispielsweise durch eine Umschulung oder Fortbildung zur Personalfachkauffrau, zum Techniker, zum Meister oder zur technischen Betriebswirtin. Diese Neuorientierung muss natürlich auffallen. Sie sollten die entsprechenden Nachweise also nicht bei den Seminarbestätigungen am Ende der digitalen Mappe einfügen, damit diese wichtigen Dokumente nicht übersehen werden. Ordnen Sie Fortbildungsabschlüsse oder Umschulungszertifikate zeitlich ein. Orientieren Sie sich dabei an der folgenden Abbildung

Anschreiben	Lebenslauf mit Foto Seite 1	Lebenslauf Seite 2	**Fortbildungs- oder Umschulungsnachweis**
Arbeitszeugnis des vorherigen Arbeitgebers	Arbeitszeugnis des vorvorherigen Arbeitgebers	Ausbildungsabschluss oder Studienabschluss	Weiterbildungszertifikat 1
Weiterbildungszertifikat 2	Weiterbildungszertifikat 3	Weiterbildungszertifikat 4	

Variation mit Deckblatt vor dem Anschreiben

Individuelles Titelblatt

Weitere Variationsmöglichkeiten für die Zusammenstellung Ihrer Bewerbungsunterlagen erhalten Sie, wenn Sie ein zusätzliches Deckblatt verwenden wie in der folgenden Abbildung. Dieses Deckblatt können Sie ganz nach vorne stellen, womit Sie eine Art individuelles Titelblatt für Ihre digitale Bewerbungsmappe erreichen. Sie können im Deckblatt auch Ihr Bewerbungsfoto einfügen. Dies eröffnet Ihnen zum Beispiel die Möglichkeit, ein etwas größeres Foto zu verwenden. Formulieren Sie auf dem Deckblatt nicht bloß »Bewerbungsunterlagen von …«, sonst wirkt Ihre Bewerbung wenig passgenau. Geben Sie auf dem Deckblatt die genaue Position an, auf die Sie sich bewerben, siehe die »Muster Deckblatt 1« und »Deckblatt 2«. Es bietet sich an, auch Ihre Kontaktdaten aufzuführen. Verzichten Sie aber nicht darauf, diese Daten auf dem Anschreiben und dem Lebenslauf erneut zu vermerken.

Deckblatt mit Foto	Anschreiben	Lebenslauf ohne Foto Seite 1	Lebenslauf Seite 2
Arbeitszeugnis des vorherigen Arbeitgebers	Arbeitszeugnis des vorvorherigen Arbeitgebers		

Muster Deckblatt 1

Frauke Schön
Goetheplatz 6
71034 Böblingen
Tel. 07031 – 1211221
E-Mail: F.Schön@aol.de

Bewerbung als **Gruppenleiterin Controlling**
bei der **Auto AG**

Muster Deckblatt 2

Bewerbungsunterlagen für die PD-Marketing GmbH

Stefan Rickmehrs
Wilstorfer Straße 71
22045 Hamburg

Position: Marketingleiter

Tel.: 040 1233234
Mobil: 0178 1253234
E-Mail: stefan.rickmehrs@online.de

Variation mit Deckblatt nach dem Anschreiben

Statt als Titelblatt für Ihre gesamte Mappe können Sie das Deckblatt auch nach dem Anschreiben einsortieren. Das Deckblatt ist dann die Einleitungsseite zum Lebenslauf.

Anschreiben	Deckblatt mit Foto und persönlichen Daten	Lebenslauf ohne Foto Seite 1	Lebenslauf Seite 2
Arbeitszeugnis des vorherigen Arbeitgebers	Arbeitszeugnis des vorvorherigen Arbeitgebers		

Variation mit Anlagenverzeichnis

Orientierung

Bei sehr umfangreichen Anlagen bietet es sich an, ein Anlagenverzeichnis zu erstellen, damit der Überblick gewahrt bleibt. Auf dem Anschreiben ist in der Regel zu wenig Platz dafür, weshalb dort der bloße Vermerk »Anlagen« ausreicht. Ein ausführliches Anlagenverzeichnis kann jedoch als separates Blatt an den Lebenslauf anschließen, um dem Leser die Orientierung in umfangreichen Unterlagen zu erleichtern. Unser »Muster Anlagenverzeichnis« zeigt Ihnen einen möglichen Aufbau dieser Extraseite.

Anschreiben	Deckblatt mit Foto	Lebenslauf ohne Foto Seite 1	Lebenslauf Seite 2

Anlagen-verzeichnis	Arbeitszeugnis des vorherigen Arbeitgebers

Muster Anlagenverzeichnis

ANLAGENVERZEICHNIS

Arbeitszeugnisse

- Baustoffzentrum GmbH & Co. KG
- Küchencenter GmbH
- Call-Center GmbH
- Versandhandelsgesellschaft mbH

Zeugnis über Ausbildung

- Ausbildungszeugnis Bürokaufmann

Weiterbildungszertifikate

- Gefahrgüter transportieren
- Reklamationen am Telefon
- Verkaufs- und Beratungsgespräche
- Lagerwirtschaft in der Praxis

Bedenken Sie bei der Erstellung Ihrer Bewerbungsmappe aber immer, dass Sie wirklich nur Unterlagen einsortieren, die für eine Einstellungsentscheidung relevant sind, und ihre Mappe nicht unnötig aufblähen.

AUF EINEN BLICK

Ihre vollständigen Bewerbungsunterlagen

→ Ihre digitale Bewerbungsmappe sollte zumindest das Anschreiben, den Lebenslauf, das Bewerbungsfoto – kein Muss (AGG), aber üblich – und ein Zeugnis über den berufsqualifizierenden Abschluss enthalten.

→ Legen Sie ein Zwischenzeugnis (kein Muss) und die Arbeitszeugnisse früherer Arbeitgeber bei.

→ Arbeiten Sie eine Leistungsbilanz aus (kein Muss).

→ Falls Sie sich für ein Deckblatt entschieden haben, sollten Sie es auf die angeschriebene Firma und die ausgeschriebene Position zuschneiden.

→ Wählen Sie die Weiterbildungszertifikate aus, die für die ausgeschriebene Position wichtig sind.

→ Legen Sie Nachweise über Umschulungen oder Fortbildungen bei.

→ Sortieren Sie Ihre Anlagen in einer für die Zielposition sinnvollen Reihenfolge ein und achten Sie darauf, dass sie insgesamt stimmig und aussagekräftig sind.

→ Erstellen Sie bei sehr umfangreichen Anlagen ein Anlagenverzeichnis.

→ Achten Sie auf eine gute Qualität der eingefügten Scans.

→ Scannen Sie Ihre Unterschrift und fügen Sie sie in Ihr Anschreiben und Ihren Lebenslauf ein, bevor Sie diese in ein PDF umwandeln. Dadurch wird Ihre digitale Bewerbung persönlicher.

→ Verwenden Sie für Ihre Anhänge aussagekräftig Dateinamen, damit sie Ihrer Bewerbung eindeutig zugeordnet werden können.

16. Gelungene Beispielbewerbungen

Unsere Beispielbewerbungen zeigen Ihnen, wie Sie unsere Tipps und Techniken in die Praxis umsetzen können. Wir geben Ihnen Anregungen für den sinnvollen Aufbau von Anschreiben und Lebensläufen und machen Sie mit möglichen Formulierungen vertraut.

Individualität und Aussagekraft

Der Königsweg der Bewerbung ist Individualität und Aussagekraft. Ihr Anschreiben und Ihr Lebenslauf sind der schriftliche Ausdruck Ihres individuellen beruflichen Profils und Ihrer Persönlichkeit. Aus unserer Beratungstätigkeit wissen wir: Es gibt niemals zwei Bewerber mit dem gleichen Profil. Liefern Sie im Anschreiben erste Argumente für Ihre Einstellung, und stellen Sie im Lebenslauf den Wert Ihrer Qualifikationen für den angestrebten Arbeitsplatz heraus.

Nach einer gründlichen Bestandsaufnahme in Form einer Erfolgsbilanz und einer umfassenden Selbstanalyse in den Bereichen fachliche, soziale und methodische Kompetenz ist es für Sie wichtig, Ihr berufliches Profil so darzustellen, dass für ein Unternehmen klar wird, welchen Nutzen Sie zu bieten haben. Argumentieren Sie im Anschreiben und im Lebenslauf aus der Perspektive des beworbenen Unternehmens heraus.

Stellen Sie Ihren Nutzen für die Firma heraus

Stellen Sie die Aufgaben in den Vordergrund, die für das neue Unternehmen interessant sind. So machen Sie im Bewerbungsverfahren von Anfang an deutlich, was Sie zu bieten haben und warum dies für das neue Unternehmen von Nutzen sein könnte. Konkrete Tätigkeitsbeschreibungen erleichtern es den Lesern Ihrer Unterlagen zu erkennen, welche Qualifikationen Sie mitbringen.

Die im Folgenden dargestellten Beispielanschreiben und -lebensläufe dienen dazu, Ihnen geeignete Formulierungen vorzustellen und Ihnen den sinnvollen Aufbau von Anschreiben und Lebensläufen zu zeigen.

BEISPIEL

Bewerbung als Verkaufsleiter

Wir sind ein Pionier der Systemintegration und weltweiter Anbieter von Netzwerkmanagement-Lösungen. Zum schnellstmöglichen Zeitpunkt suchen wir eine/n

Verkaufsleiter/in

Als Verkaufsleiter/in sind Sie innerhalb des Top-Level-Managements für die Kundenschnittstelle verantwortlich. Von der Akquisition über die strategische Ausrichtung bis zum Key-Account-Management koordinieren Sie alle Vertriebsaktivitäten, wobei Sie eng mit unseren zertifizierten Vertriebspartnern zusammenarbeiten. Sie haben Umsatz- und Ergebnisverantwortung und bestimmen den Ausbau der Marktposition erheblich mit.
Wir setzen ein Studium oder eine technische Ausbildung und einige Jahre Erfahrung im Vertrieb technisch anspruchsvoller Produkte voraus. Sie sollten Erfahrungen in der Entwicklung strategischer Marketing- und Vertriebskonzepte mitbringen und auf fundierte Führungserfahrung zurückblicken können. Kommunikationsfähigkeit, Durchsetzungsvermögen und sicheres Auftreten zählen zu Ihren Stärken. Exzellentes Präsentationsvermögen, Verhandlungssicherheit und ein hohes Verantwortungsbewusstsein runden Ihr Profil ab.
Wenn Sie Interesse haben, senden Sie bitte Ihre vollständigen Bewerbungsunterlagen an:

Data Solutions AG, Personalabteilung, Frau Elke Wirtz,
Robert-Bosch-Straße 212, 55545 Köln,
wirtz@dsag.com

Heiko Mehrendt, Schopenstehl 35, 56565 Köln
Tel.: 0222 124567, E-Mail: Mehrendt@gmx.de

Data Solutions AG
Personalabteilung
Frau Elke Wirtz
Robert-Bosch-Straße 212
55545 Köln

Köln, 10.04.2020

Bewerbung als Verkaufsleiter
Ihre Anzeige auf www.stepstone.de vom 01.04.2020 und unser Telefongespräch vom 07.04.2020

Sehr geehrte Frau Wirtz,

vielen Dank für das informative Telefonat zur ausgeschriebenen Stelle, hier weitere Informationen zu meinem beruflichen Hintergrund.

Vor fünf Jahren habe ich bei einem Anbieter von Netzwerktechnologien Umsatzverantwortung übernommen. Ich führe als Account Manager ein Team von acht Mitarbeitern und bin als Koordinator für die Marketing- und Sales-Aufgaben für alle Vertriebsaktivitäten zuständig.

In meiner momentanen Position habe ich das Geschäftsfeld des Unternehmens durch die Umsetzung von Full-Service-Konzepten erweitert. Dabei halfen mir meine Erfahrungen im Projektmanagement und in der Entwicklung und Umsetzung strategischer Marketing- und Vertriebskonzepte.

Vor meiner jetzigen Tätigkeit war ich vier Jahre lang als IT Consultant und fünf Jahre im Vertriebsinnen- und -außendienst im IT-Umfeld tätig.

→ FORTSETZUNG AUF DER NÄCHSTEN SEITE

Meine erfolgreiche Arbeit würde ich gerne in Ihrem Unternehmen als Verkaufsleiter fortführen, um Sie auf dem angestrebten Wachstumskurs tatkräftig zu unterstützen. Ich freue mich auf die Einladung zu einem persönlichen Gespräch.

Mit freundlichen Grüßen

Heiko Mehrendt

Heiko Mehrendt,
Schopenstehl 35,
56565 Köln
Tel.: 0222 124567,
E-Mail: Mehrendt@gmx.de

Lebenslauf

Persönliche Daten

geb. am 06.06.1979 in Köln
verheiratet, 3 Kinder

Berufstätigkeit

10/2015 – heute **Account Manager** bei der Network GmbH (Anbieter von Netzwerktechnologien), Vertrieb/Verkaufsförderung, Aufgaben: Koordinator für Marketing- und Sales-

	Aufgaben, Verantwortung für acht Mitarbeiter, Kundenbetreuung und Ausbau des bestehenden Geschäftsfeldes, Planung und Koordination von Messen und Kongressen, Projektmanagement der strategischen Entwicklung von Verkaufsaktivitäten **Besondere Erfolge:** Deutliche Ausweitung des B2B-Kundenstamms, Implementierung strategischer Schnittstellen zwischen IT und Business
05/2011 – 09/2015	**IT Consultant** bei der Full Logic Systems GmbH (Systemintegration), Aufgaben: Entwicklung der Kundenbeziehungen, Weiterentwicklung der IT-Strategie von Kunden, Wettbewerberbeobachtung und Durchführung von Marktpotenzialanalysen, Koordinierung externer Programmierer, Präsentationen beim Kunden vor Ort
05/2010 – 03/2011	**Mitarbeiter Sales** bei der IT-Systeme GmbH (Softwareintegration), Aufgaben: Vertriebsaußendienst, Akquisition, Kundenbetreuung, Angebotserstellung
10/2006 – 04/2010	**Sales Associate** im Vertriebsinnendienst bei der Miracle GmbH, Aufgaben: Erstellung von Serviceangeboten aus dem Dienstleistungsportfolio, Telefonvertrieb, Auftragsbearbeitung

Studium

15.09.2006	Diplom-Informatiker
03/2000 – 09/2006	Studium der Informatik an der Ruhr-Universität Bochum

Wehrdienst, Schule

06/1998 – 08/1999	Wehrdienst, Schnellbootgeschwader III, Wilhelmshaven
30.05.1998	Abitur am Goethe-Gymnasium Köln

→ FORTSETZUNG AUF DER NÄCHSTEN SEITE

Weiterbildung

10/2018	Verkaufsakademie, Aktives Beziehungsmanagement – (Kundenbetreuung)
06/2014	Weiterbildungs GmbH, Projektmanagement in Theorie und Praxis
04/2012	Akademie für Fortbildung, Netzwerktechnologien

Zusatzqualifikationen

Sprachen:	Englisch (sehr gut)
IT-Kenntnisse:	Bürosoftware MS Office (gut) Netzwerke (sehr gut)

Köln, 10.04.2020 *Heiko Mehrendt*

BEISPIEL

Bewerbung als Leiterin Produktmanagement

Wir suchen zum frühestmöglichen Termin eine/n erfahrene/n

Leiter/in Produktmanagement Sportartikel

Sie agieren im Produktmanagement als Schnittstelle zum Markt und zu unserem Vertrieb. Ihre Aufgabe beinhaltet schwerpunktmäßig

- Erstellung und Umsetzung der Marketingkonzeption für definierte Produkte
- Erarbeitung von Warenpräsentationskonzepten zum Ausbau/Aufbau von POS-Aktivitäten
- Steuerung von Event-Marketing-Maßnahmen

- Marktbeobachtung der Produktlinien
- Organisation/Auswertung von Kundenbefragungen
- Enge Zusammenarbeit mit dem Vertrieb

Ihre Stärke liegt in einem ausgeprägten Verständnis für Kundenbedürfnisse und Vertriebsbelange. Wenn Sie selbstständiges Arbeiten gewohnt und mobil sind, ein hohes Maß an Eigenmotivation mitbringen und sich gut innerhalb eines engagierten Teams einbringen können, dann passen Sie zu uns.

Haben Sie Interesse? Dann freuen wir uns auf Ihre aussagekräftige Bewerbung. Weitere Informationen gibt Ihnen gerne Herr Peter Weinmann unter der Telefonnummer 089 8877665.

Sportartikel AG, Hauptabteilung Personal- und Sozialwesen, Herr Peter Weinmann, Kreuzstraße 7, 80538 München, pw@sportartikel-ag.de

Dagmar Kuhlert, Dorotheenstraße 52, 80008 München
Tel.: 0177 434365, E-Mail: D.Kuhlert@online.de

Sportartikel AG
Hauptabteilung Personal- und Sozialwesen
Herr Peter Weinmann
Kreuzstraße 7
80538 München

München, 11.02.2020

Bewerbung als Leiterin Produktmanagement
www.fazjob.net und unser Telefonat am 10.02.2020

→ FORTSETZUNG AUF DER NÄCHSTEN SEITE

Sehr geehrter Herr Weinmann,

seit vier Jahren leite ich die Handelsvertretung Deutschland für die Tiger Sportartikel GmbH, München. Als Verantwortliche für den gesamten Vertrieb in Deutschland bin ich bei den Produktlinien für die Abstimmung von funktionsorientiertem Design, Produktion und Vertrieb zuständig.

Die strategische Konzeption von Marketingaktivitäten gehört ebenfalls zu meinem Aufgabenbereich. In Zusammenarbeit mit dem Handel habe ich Point-of-Sale-Systeme erstellen lassen, die nachweisbare Absatzsteigerungen zur Folge hatten. Weiter gehört die Steuerung des Sponsoring-Budgets zu meinen Aufgaben. Ich habe Event-Marketing-Aktivitäten in den Fun-Sportarten Wave-Boarding und Beach-Volleyball konzipiert und umgesetzt.

Vor meiner jetzigen Tätigkeit habe ich als Produktmanagerin für den Hersteller von Outdoor-Bekleidung, die Monsun GmbH in Köln, gearbeitet. Die Koordination zwischen der Produktion in Portugal und der Designabteilung in Schweden war dort mein Arbeitsschwerpunkt. Sowohl bei der Tiger Sportartikel GmbH als auch bei der Monsun GmbH ist (war) eine Reisetätigkeit von etwa einem Drittel meiner Arbeitszeit zur Aufgabenerfüllung üblich.

Die von Ihnen ausgeschriebene Position Leiterin Produktmanagement ist für mich sehr interessant, da sie mir die Integration meiner bisherigen Tätigkeiten an der Schnittstelle von Produktion, Vertrieb und Marketing ermöglicht, die ich für den Erfolg am Markt für wesentlich halte. Über die Einladung zu einem weiterführenden Gespräch freue ich mich.

Mit freundlichen Grüßen

Dagmar Kuhlert

Dagmar Kuhlert
Dorotheenstraße 52
80008 München
Tel.: 0177 434365
E-Mail: D.Kuhlert@online.de

Lebenslauf

Persönliche Daten

geb. am 07.11.1986 in Stuttgart
ledig

Berufstätigkeit

08/2015 – heute	Leiterin der Handelsvertretung Deutschland: Tiger Sportartikel GmbH, München, Aufgaben: – Auf- uns Ausbau des Vertriebsnetzes – Neudefinition des Vertriebsnetzes (Nordwest-/Süddeutschland) – Konzeption von Event-Marketing-Aktivitäten – Steuerung des Sponsoring-Budgets – Mitarbeit bei Produktentwicklung, Produkttests – Abstimmung von Einkauf, Design und Vertrieb für zielgruppenspezifische Kollektionen – Erarbeitung von Point-of-Sale-Systemen in Zusammenarbeit mit dem Handel (Erfolg: deutliche Absatzsteigerungen)
01/2012 – 05/2015	Produktmanagerin: Monsun GmbH, Köln, Aufgaben: – Koordinierung der Produktion in Portugal und der Designabteilung in Schweden

→ FORTSETZUNG AUF DER NÄCHSTEN SEITE

	– Markt- und Wettbewerberanalysen, Zielgruppendefinition – saisonale Katalogerstellung
04/2010 – 12/2011	Angestellte Outdoor-Fachhandelsgeschäft Reiseland, Kassel Aufgaben: – Einkauf – Import- und Zollabwicklung – Anzeigenschaltung

Studium und Schule

04.06.2010	1. Staatsexamen für Lehramt an Grund- und Hauptschulen
10/2006 – 06/2010	Pädagogische Hochschule Göttingen, Lehramtsstudium für Grund- und Hauptschulen, Fächer: Sport, Englisch, Chemie
10/2005 – 09/2006	Germanistikstudium, Universität Stuttgart
20.06.2005	Allgemeine Hochschulreife, Heinrich-Heine-Gymnasium, Stuttgart

Zusatzqualifikationen

Sprachkenntnisse:	Englisch (sehr gut), Portugiesisch (gut), Schwedisch (gut)
IT-Kenntnisse:	MS Office (sehr gut)

München, 11.02.2020 *Dagmar Kuhlert*

Bewerbung als Leiter Qualitätssicherung

BEISPIEL

Im Zuge der Nachfolgeregelung suchen wir eine/n engagierte/n

Leiter/in Qualitätssicherung

Die Aufgabe
- Gesamtverantwortung für alle Maßnahmen zur Qualitätssteuerung und Qualitätskontrolle
- enge Zusammenarbeit mit Entwicklung, Produktion und Vertrieb
- aktive Beteiligung an Optimierungsgesprächen mit Kunden und Lieferanten
- Planung und Durchführung von Mitarbeiter- und Lieferantenschulungen
- Erstellung von Dokumentationen

Die Anforderungen
- Ingenieur/in mit Erfahrung aus der Kunststoffverarbeitung und dem Qualitätswesen
- ISO-Kenntnisse sind von Vorteil
- verhandlungssicheres Englisch
- zielorientierte Arbeitsweise, gute analytische und konzeptionelle Fähigkeiten

Das Angebot
- vielfältige und abwechslungsreiche Aufgabe
- international führendes Unternehmen als Teil einer leistungsstarken Konzerngruppe
- Mitbeteiligung an der Produktentwicklung

Richten Sie Ihre Bewerbung unter Angaben der Kennziffer 15/AX/2011 an:
Apparatebau GmbH & Co. KG, Personalleitung, Beckerkamp 17, 40444 Düsseldorf, personal@apparatebau.de

→ FORTSETZUNG AUF DER NÄCHSTEN SEITE

Rainer Blohm, Am Wasserturm 4, 30303 Kassel
Tel./Fax: 0543 998899, E-Mail: rainer.blohm@web.net

Apparatebau GmbH & Co. KG
Personalleitung: Herr Dietmar Geertzen
Beckerkamp 17
40444 Düsseldorf

Kassel, 12.03.2020

Bewerbung als Diplom-Wirtschaftsingenieur (FH) für die Position Leiter Qualitätssicherung, Kennziffer 15/AX/2011
VDI-Nachrichten vom 06.03.2020 und unser Telefongespräch vom 07.03.2020

Sehr geehrter Herr Geertzen,

vielen Dank für die telefonisch gegebenen Informationen. Hier mein umfassendes Profil in Stichworten:

- Seit fünf Jahren leitend im Qualitätsmanagement der Kunststoff AG, Kassel
- Verantwortung für Qualitätswesen und Prozessoptimierung
- Begleitung der ISO-Zertifizierung im Bereich Fertigung
- vorher dort: Prozessingenieur im Qualitäts- und Kostenmanagement
- davor: Kunststoffwerke Essen als Projekt-, Test- und Produktions-Ingenieur
- Aufbaustudium Wirtschaftsingenieurwesen mit dem Schwerpunkt Qualitätswesen

Meine Aufgaben beinhalten europaweit durchgeführte Kooperationen und Abstimmungen mit Zulieferern, meine Englischkenntnisse sind daher verhandlungssicher. Aufgrund meiner fundierten Berufserfahrung strebe ich ein Jahresgehalt von 89 000,– Euro an.

Gerne überzeuge ich Sie in einem persönlichen Gespräch davon, was ich im Bereich Qualitätssteuerung und -kontrolle alles für Sie leisten kann.

Mit freundlichen Grüßen

Rainer Blohm

Rainer Blohm
Am Wasserturm 4
30303 Kassel
Tel./Fax: 0543 998899
E-Mail: rainer.blohm@web.net

Lebenslauf

Persönliche Daten
geb. am 05.04.1979 in Frankfurt/Main
VDI-Mitglied seit 2003

Berufstätigkeit

11/2014 – heute	Kunststoff AG, Kassel
01/2017 – heute	Beauftragter für Prozessoptimierungen und Qualitätsmanagement, Planung, Koordination und Kontrolle aller Aktivitäten zur Qualitätssicherung
06/2016 – 11/2017	Projektgruppe Kundenbefragungen und Qualität

→ FORTSETZUNG AUF DER NÄCHSTEN SEITE

01/2016 – 01/2017	Vorbereitung der Zertifizierung nach DIN EN ISO 9 000 ff. im Fertigungsbereich
05/2015 – heute	Konzeption und Leitung von Seminaren in den Bereichen Qualitätsmanagement und Make-or-buy-Entscheidungen
11/2014 – 01/2017	Prozessingenieur, Qualitäts- und Kostenmanagement in der Produktion, Ausbau der Just-in-Time-Abläufe, Einbindung der Zulieferer in die Qualitätsstandards des Unternehmens
09/2004 – 04/2012	Kunststoffwerke Essen GmbH
04/2012	Beendigung des Arbeitsverhältnisses wegen Fortbildung zum Wirtschafts-ingenieur
03/2010 – 04/2012	Projektingenieur Einkauf und Produktion: Ablaufoptimierung zwischen Werksleitung, technischer Projektleitung und Zulieferern
04/2007 – 03/2010	Test-Ingenieur, Prüfung von Vorserienmodellen und Erstellung der Testberichte
09/2004 – 03/2007	Produktionsingenieur, Betreuung der Produktionssysteme

Ausbildung und Studium

20.09.2014	M.Eng Wirtschaftsingenieur (FH), Fachhochschule Gießen, Note: sehr gut
05/2012 – 09/2014	Aufbaustudiengang Wirtschaftsingenieur, Schwerpunkt Qualitätswesen, Fachhochschule Gießen Thesis in Zusammenarbeit mit der Produktions GmbH, Kassel »Qualitätssicherung in mittelständischen Unternehmen«
12.07.2004	Diplom-Ingenieur (FH), Fachhochschule Darmstadt, Fachbereich Technik, Note: gut
09/2000 – 07/2004	Maschinenbaustudium, Schwerpunkt Produktionstechnik (Konstruktion),

	Fachhochschule Darmstadt, Fachbereich Technik
10/1999 – 07/2000	Fachoberschule für Technik, Berufliche Schulen in Frankfurt/Main, Abschluss Fachhochschulreife
08/1998 – 07/1999	Wehrdienst, Instandsetzung Lüneburg
26.07.1998	Kraftfahrzeugmechaniker
09/1995 – 07/1998	Rapid GmbH, Frankfurt/Main, Ausbildung zum Kraftfahrzeugmechaniker

Weiterbildung

08/2017	Karriereakademie: kritische Mitarbeitergespräche führen
02/2016	Qualitätsakademie: Zulieferer-Audits
12/2014	VDI-Akademie, Qualitätsmanagement, DGQ-Schein I und II

Sprachkenntnisse

Englisch:	verhandlungssicher

IT-Kenntnisse

Anwendungs-software:	Microsoft-Office (ständig in Anwendung)
Dokumentation:	Doku-Maker (gute Kenntnisse)
	SAP R/3 (ständig in Anwendung)

Kassel, 12.03.2020 *Rainer Blohm*

BEISPIEL

Bewerbung als Leiterin Personalentwicklung

Wir suchen eine/n Leiter/in Personalentwicklung

Ihre Aufgaben:
Sie übernehmen die Verantwortung für die Gestaltung und Umsetzung von modernen Personalentwicklungskonzepten. Hierzu zählen unter anderem die Erarbeitung und Durchführung bedarfsorientierter Qualifizierungsmaßnahmen, die systematische Förderung unserer Mitarbeiter im Rahmen eines Laufbahnmodells sowie die Neueinführung von Personalbindungsmaßnahmen. Sie implementieren die für eine systematische Personalentwicklung notwendigen Prozesse und stellen gemeinsam mit den Linienvorgesetzten ihre Einhaltung sicher. Sie berichten direkt an den Vorstand Personal.

Ihr Profil:
Sie sind eine engagierte Persönlichkeit mit akademischem Abschluss und verfügen über nachweisbare praktische Berufserfahrung in der Personalentwicklung eines Großunternehmens. Sie kennen die modernen PE-Instrumente. Ausgeprägte Kommunikationsfähigkeiten sowie das für diese Aufgabe notwendige Einfühlungsvermögen setzen wir voraus.

International Unternehmensgruppe, Bereich Personal,
Kaskadenweg 222, 12123 Berlin , hr@international.com

Carola Singer, Parkallee 17, 11122 Berlin
Tel.: 0151 6655444, E-Mail: Singer@hotmail.de

International Unternehmensgruppe
Bereich Personal: Herr Schletzen
Kaskadenweg 222
12123 Berlin

Berlin, 21.04.2020

Bewerbung als Leiterin Personalentwicklung
Berliner Morgenpost vom 12.04.2020

Sehr geehrter Herr Schletzen,

gerne unterstütze ich Sie bei der strategischen Ausrichtung der Personalentwicklung für die gesamte Gruppe mit vollem Einsatz.

Aktuell betreue ich konzernweit die Mitarbeiterförderung, dazu gehört die Initiierung von passgenauen Qualifizierungsmaßnahmen. Weiter führe ich die Potenzialanalyse von Führungsnachwuchskräften durch und habe auch intensiv an einem innovativen Projekt zur gezielten Personalbindung mitgearbeitet.

Als Schulungsreferentin in der Abteilung Personal und Training habe ich in meiner vorhergehenden Tätigkeit den Entwicklungsbedarf in den Fachabteilungen ermittelt und mit den Linienvorgesetzten abgestimmt. Die von mir mitkonzipierten Trainingsmaßnahmen habe ich mit internen und externen Referenten umgesetzt.

Ich spreche verhandlungssicher Englisch und habe meine berufliche Laufbahn mit einem sehr guten Universitätsabschluss

→ FORTSETZUNG AUF DER NÄCHSTEN SEITE

als Diplom-Psychologin mit dem Schwerpunkt ABO-Psychologie begonnen.

Für ein Vorstellungsgespräch stehe ich Ihnen gerne zur Verfügung, um Sie von meinem persönlichen Engagement für zukunftssichernde HR-Strategien zu überzeugen.

Mit freundlichen Grüßen

Carola Singer

Carola Singer
Parkallee 17
11122 Berlin

Tel.: 0151 6655444
E-Mail: Singer@hotmail.de

Lebenslauf

Persönliche Daten
geb. am 30.10.1986 in Essen

Berufspraxis

07/2015 – heute	Referentin HR, Abteilung Human Resources Management, Infinity AG, Berlin, Schwerpunkte: Initiierung und Einführung von konzernweiten Personalentwicklungsprojekten,

	Durchführung von Potenzialanalysen, Konzeption von Förderprogrammen, Organisation von Trainings und Seminaren, Teilaufgaben im internationalen Personalmarketing Erfolge: Senkung der Fluktuationsrate durch Projekt »Personalbindung«, Projekt »Field-Recruitment-Teams«, gezielte Ansprache von Führungsnachwuchskräften durch neues Vorschlagswesen
06/2014 – 07/2015	Schulungsreferentin, Abteilung Personal & Training, CKK GmbH, Dortmund: Umsetzung der Corporate Identity auf allen Mitarbeiterebenen, Ermittlung des Entwicklungsbedarfes, Konzeption und Durchführung von Schulungsmaßnahmen (Produktschulungen, Verkaufsgespräche), Bildungscontrolling
08/2011 – 06/2013	Freiberufliche Trainerin in den Bereichen Rhetorik, Kommunikation, Telefontraining

Studium

12.06.2011	Psychologin, Gesamtnote »1,4«
10/2000 – 06/2005	Freie Universität Berlin, Studium der Psychologie, Schwerpunkt Arbeits-, Betriebs- und Organisationspsychologie

Schule und Au-Pair

08/2005 – 08/2006	Au-Pair in Boston/USA
15.07.2005	Abitur am Alten Gymnasium Essen, Note »2,1«

Weiterbildung

06/2016	Schulungsakademie Dessau, Evaluation von Trainingsmaßnahmen

→ FORTSETZUNG AUF DER NÄCHSTEN SEITE

03/2013	business GmbH, Arbeits- und Tarifvertragsrecht in der Praxis

Zusatzqualifikationen

Sprachen:	Englisch (verhandlungssicher)
IT-Kenntnisse:	Word, Excel, PowerPoint (sehr gut) Datenbank Access (gut)

Berlin, 21.04.2020 *Carola Singer*

BEISPIEL

Bewerbung als Leiter Marketing/Kommunikation

Zur weltweiten Vermarktung unserer wegweisenden Technologien suchen wir für unsere Zentrale in Stuttgart die/den

Leiter/in Marketing/Kommunikation

Sie übernehmen – zusammen mit Ihren Mitarbeitern – sämtliche Aufgaben und Entscheidungen im Bereich Marketing, Kommunikation, Direktmarketing und interne Kommunikation und sind verantwortlich für die konzeptionelle Entwicklung und Umsetzung der Marketing- und Kommunikationsstrategie. Weitere Aufgaben sind die Entwicklung von Corporate Designs und die Planung und Durchführung von Messen und Unternehmenspräsentationen. Sie verfügen über mehrjährige Berufserfahrung im Marketingbereich. Sie haben Erfahrung im Umgang mit Agenturen und beherrschen den gesamten Marketing-Mix. Ein sicheres Auftreten, Organisationsgeschick, Initiative, Kreativität, Innovativität und natürlich sehr gute englische Kenntnisse sind notwendig für den Erfolg in dieser Position.

Über Ihre aussagefähige Bewerbung freuen wir uns. Schicken Sie Ihre Unterlagen an: IT-Solutions GmbH, Human Resource Management, Petra Wollert, Klosterwinkel 1, 77747 Stuttgart, wollert@it-solutions.com.

Jürgen Kist, Kronenstr. 14, 79101 Freiburg
mobil 0177 234523, E-Mail: JürgenKist@t-online.de

IT-Solutions GmbH
Human Resource Management: Petra Wollert
Klosterwinkel 1
77747 Stuttgart

Freiburg, 14.03.2020

Bewerbung als Leiter Marketing/Kommunikation
www.jobware.de und unser Telefongespräch vom 10.03.2020

Sehr geehrte Frau Wollert,

vielen Dank für das informative und angenehme Telefonat, das meinen Bewerbungswunsch verstärkt hat. Zu meinem beruflichen Hintergrund:

→ FORTSETZUNG AUF DER NÄCHSTEN SEITE

Ich verfüge über mehrjährige fundierte Berufserfahrung im gesamten Marketingspektrum. Sowohl im klassischen Marketing-Mix, als auch in den Bereichen Direktmarketing, Multi-Channel-Marketing, Unternehmenskommunikation und -präsentation habe ich bereits erfolgreich gearbeitet.

Als Leiter und Teilleiter von Projektgruppen habe ich für neue Impulse durch Social-Media- und Event-Marketing gesorgt. Im Tagesgeschäft erstelle ich Marketingpläne und führe die dazugehörigen Erfolgskontrollen durch.

Den Bereich Verkaufsförderung, Veranstaltungsorganisation und Promotion habe ich schwerpunktmäßig in meiner vorhergehenden Position als Marketing-Assistent verantwortet. Grundlage dafür war mein BWL-Studium an der FH Passau.

Meine vielfältigen und praxisbewährten Erfahrungen möchte ich nun bei Ihnen als Leiter Marketing/Kommunikation einbringen und stehe Ihnen gerne für ein Vorstellungsgespräch zur Verfügung.

Mit freundlichen Grüßen

Jürgen Kist

Jürgen Kist
Kronenstr. 14
79101 Freiburg

mobil 0177 234523
E-Mail: JürgenKist@t-online.de

Lebenslauf

Persönliche Daten

geb. am 10.09.1981 in München

Berufstätigkeit

07/2014 – heute Mitarbeiter im Marketing, Delta Scientific GmbH, Freiburg

- Erstellung und Umsetzung von Marketingplänen
- Kostenkontrolle und Bewertung der durchgeführten Marketingmaßnahmen
- Steuerung externer Dienstleister und Agenturen
- Einrichtung, Platzierung und Kontrolle von Internet- und Intranetauftritten
- Entwicklung von Corporate Designs für neue Marken
- Leitung und Teilleitung von Projektgruppen (Schnittstelle Marketing, Vertrieb, Produktion) mit bis zu sechs Mitgliedern u.a. zu den Themen »Multi-Channel-Marketing«, »Social-Media-Marketing« und »Cross-Selling-Marketing«

→ FORTSETZUNG AUF DER NÄCHSTEN SEITE

08/2011 – 06/2014	Marketing-Assistent, Lyrix GmbH, München – Organisation und Leitung von Promotionveranstaltungen (Roadshows, Messen, Presseveranstaltungen) – verantwortlich für Produktpräsentationen und Anzeigenschaltung – Betreuung der Fachpresse – Aufbereitung statistischer Daten
09/2006 – 06/2011	Vertriebsassistent, Abteilung Verkaufsförderung, ComTac GmbH, München – Entwicklung und Umsetzung von Direktmarketing-Aktionen – Betreuung von Promotion-Aktionen – Aktualisierung der Kataloge und Werbeträger

Studium

10.06.2006	Diplom-Betriebswirt (FH)
09/2001 – 06/2006	Fachhochschule Passau, Studium der Betriebswirtschaft, Schwerpunkte: Marketing und Personal
10/2004 – 02/2005	Auslandssemester an der Sunderland University, Großbritannien

Zivildienst und Schule

07/2000 – 09/2001	Zivildienst beim Deutschen Roten Kreuz, Rettungssanitäter
12.07.2000	Fachhochschulreife an der Fachoberschule München IV

Weiterbildung

01/2019	MarketingKomm Akademie, Erfolgreiche PR-Konzepte
07/2012	Open-House Trainings GmbH, Event-Management
05/2011	Marketing-Training GmbH, München, Direktmarketing als Methode der Neukundengewinnung

Zusatzqualifikationen

Sprachen:	Englisch (verhandlungssicher) Spanisch (gut)
IT-Kenntnisse:	MS Excel und MS Word (sehr gut) MS PowerPoint (ständig in Anwendung)

Freiburg, 14.03.2020 *Jürgen Kist*

Teil IV

Überzeugen im Vorstellungsgespräch

17. Präsentieren Sie Ihre Einstellungsargumente

Ihre grundsätzliche Eignung ist mit der Einladung zum Vorstellungsgespräch bestätigt. Im Vorstellungsgespräch soll nun ein gründlicher Abgleich von Bewerber- und Unternehmenswünschen geleistet werden. Ihr zukünftiger Arbeitgeber möchte einen umfassenden Eindruck von Ihnen gewinnen. Liefern Sie Argumentationsmaterial für Ihre Einstellung mithilfe Ihrer gut ausgearbeiteten Selbstpräsentation.

Mit der Einladung zum Vorstellungsgespräch haben Sie die erste Hürde im Bewerbungsverfahren übersprungen. Das neue Unternehmen möchte Sie kennenlernen. Im Vorstellungsgespräch treten Sie zum ersten Mal persönlich in Erscheinung. Dem Unternehmen liegt eine schriftliche Selbstdarstellung über Sie vor, die nun im direkten Kontakt überprüft werden soll. Bereiten Sie sich vor, indem Sie sich den Sinn von Vorstellungsgesprächen vor Augen führen, sich mit den Erwartungen Ihrer Gesprächspartner auseinandersetzen und sich verdeutlichen, dass Sie Argumente für Ihre Einstellung liefern müssen.

Wer hat welche Ziele?

Abgleich von Bewerber- und Unternehmenswünschen

Der Sinn und Zweck von Vorstellungsgesprächen ist, einen möglichst umfassenden Abgleich der Bewerber- und der Unternehmenswünsche zu leisten. Dieser Abgleich der Vorstellungen des Bewerbers mit den Vorstellungen des Unternehmens sollte für Sie als Führungskraft keine Einbahnstraße sein. Bevor Sie sich endgültig entscheiden, Ihren momentanen Arbeitsplatz zu verlassen, müssen Sie sich sicher sein, dass die neue Position Ihnen auch genügend Entwicklungsmöglichkeiten bietet und Sie die neuen Aufgaben wirklich bearbeiten wollen.

Für Sie selbst ist im Vorstellungsgespräch weiter wichtig, die Atmosphäre beim potenziellen neuen Arbeitgeber zu erfassen. Überlegen Sie sich, ob Sie in dem Arbeitsumfeld, das Ihnen dort begegnet, tätig werden möchten. Wie werden Sie begrüßt? Wie viel Zeit nimmt man sich für Sie? Welchen ersten Eindruck haben Sie von dem Umgang der Mitarbeiter untereinander? Bilden Sie sich eine Meinung über das von Ihnen besuchte Unternehmen. Dazu gehört auch, dass Sie nach Möglichkeit Ihren zukünftigen Arbeitsplatz, den Unternehmensbereich, in dem Sie arbeiten werden, neue Kollegen und vor allem neue Chefs in Augenschein nehmen sollten.

Liefern Sie Einstellungsargumente

Genauso wie Sie sich im Vorstellungsgespräch ein Bild von Ihrem zukünftigen Arbeitgeber machen wollen, möchte auch die Unternehmensseite einen möglichst umfassenden Eindruck von Ihnen als Bewerber gewinnen. Für Personalverantwortliche ist der erste Eindruck wichtig, reicht aber für eine Einstellungsentscheidung nicht aus.

Personalverantwortliche müssen die Ergebnisse eines Bewerbungsgespräches weitervermitteln können. Sie müssen gegenüber den Leitern der Fachbereiche und der Geschäftsleitung begründen können, warum sie einen bestimmten Kandidaten empfehlen. Aus Ihren Antworten und eigenen Fragen werden Personalverantwortliche Ihre berufliche Qualifikation herauslesen.

Am besten können Personalverantwortliche Sie im sich anschließenden Entscheidungsprozess vertreten, wenn Sie genügend eigenes Argumentationsmaterial liefern. Leider zeigen zu viele Bewerber kein aussagekräftiges Profil, benutzen nichtssagende Floskeln und stimmen ihr eigenes Profil nicht auf die Anforderungen der neuen Stelle ab. Diese Fehler werden Sie vermeiden, wenn Sie unsere Ratschläge berücksichtigen.

Ihre Antwort auf die Schlüsselfrage: Warum Sie?

Ihre Selbstpräsentation als zentrales Element

Aus diesem Grund ist Ihre Selbstpräsentation das zentrale Element, mit dem Sie im Vorstellungsgespräch punkten können. Ihre Selbstpräsentation haben Sie sich bereits im Kapitel »Die Selbstpräsentation: das Herzstück Ihrer Bewerbung« erarbeitet. Teile der Selbstpräsentation werden Ihnen in unseren Hinweisen zur Beantwortung typischer Fragen in Vorstellungsgesprächen wieder begegnen.

Mit dieser Argumentationsstrategie werden Sie überzeugen, weil Sie sich positiv abheben werden von Mitbewerbern, die entweder ausweichend auf Fragen antworten oder aber inhaltsleere Antworten geben.

Trainieren Sie deshalb, Ihr besonderes Profil - in Form einer Selbstpräsentation - in Gesprächen einzusetzen. In unserer Übung »Selbstpräsentation im Vorstellungsgespräch« nennen wir Ihnen die Fragen, bei denen Sie auf Ihre Selbstpräsentation zurückgreifen sollten.

Setzen Sie Ihre Selbstpräsentation im Gespräch ein

ÜBUNG

Selbstpräsentation im Vorstellungsgespräch

In dieser Übung werden Sie lernen, die von Ihnen ausgearbeitete Selbstpräsentation im Gespräch einzusetzen. Dabei sollten Sie darauf achten, zunächst die Fragestellung als Aussage zu wiederholen und dann ausgewählte Teile aus der Selbstpräsentation anzuschließen. Beispiel:

Frage: »Was reizt Sie an der ausgeschriebenen Position?«

Antwort: »Ich verfüge über mehrjährige fundierte Berufserfahrung im gesamten Marketingspektrum. Sowohl im klassischen Marketing-Mix als auch in den Bereichen Direktmarketing, Multi-Channel-Marketing, Unternehmenskommunikation und -präsentation habe ich bereits erfolgreich gearbeitet. Als Leiter und Teilleiter von Projektgruppen habe ich für neue Impulse durch Social-Media- und Event-Marketing gesorgt. Im Tagesgeschäft erstelle ich Marketingpläne und führe die dazugehörigen Erfolgskontrollen durch. Hier sehe ich eine deutliche Nähe zu den Aufgaben bei Ihnen, und es reizt es mich sehr, meine Kenntnisse und Erfahrungen in die Position bei Ihnen einzubringen.«

»Warum wollen Sie Ihren derzeitigen Arbeitsplatz verlassen?«

Ihre Antwort: ____________________

»Warum interessieren Sie sich für unser Unternehmen?«

Ihre Antwort: ____________________

→ FORTSETZUNG AUF DER NÄCHSTEN SEITE

»Was macht Sie für die Position geeignet?«

Ihre Antwort: ______________________________

....

»Erzählen Sie uns doch bitte ein wenig über sich!«

Ihre Antwort: ______________________________

....

»Wie schätzen Sie selbst Ihre Qualifikation ein?«

Ihre Antwort: ______________________________

....

»Sind Sie darauf vorbereitet, mehr Verantwortung zu übernehmen?«

Ihre Antwort: ______________________________

....

»Warum sollten wir gerade Ihnen diese Stelle geben?«

Ihre Antwort: ______________________________

....

»Was unterscheidet Sie von den anderen Bewerbern, die sich für diese Position interessieren?«

Ihre Antwort: ______________________________

Ihr sicherer Hafen

Ihre Selbstpräsentation ist der sichere Hafen, in dem Sie bei stürmischer See Sicherheit finden. Ihre Selbstpräsentation als zentraler Bestandteil Ihrer Vorbereitung auf das Bewerbungsverfahren bietet Ihnen auch im Vorstellungsgespräch Anknüpfungspunkte, um spezielle Fragen in den einzelnen Themenblöcken zu beantworten. Die Gründe für einen Wechsel des Arbeitsplatzes sind für zukünftige Arbeitgeber genauso wichtig wie Fragen nach den Stärken und Schwächen, der Leistungsmotivation, der Führungserfahrung, der beruflichen Entwicklung, dem Selbstbild oder dem Privatleben.

Wir machen Sie im Folgenden mit den Hintergründen der Fragen von Unternehmensseite vertraut, zeigen Ihnen, welche Gesprächstechniken eingesetzt werden und mit welchen Entscheidungsträgern aus den Unternehmen Sie konfrontiert werden können.

Präsentieren Sie Ihre Einstellungsargumente

AUF EINEN BLICK

- → In Vorstellungsgesprächen geht es um einen Abgleich der Bewerber- und Unternehmenswünsche.
- → Ihr zukünftiger Arbeitgeber möchte einen möglichst umfassenden Eindruck von Ihnen gewinnen.
- → Gegenseitige Sympathie hilft Ihnen weiter, ist aber kein alleiniges Auswahlkriterium.
- → Personalverantwortliche müssen Gesprächsergebnisse erzielen, um ihren Kandidatenvorschlag gegenüber der beteiligten Fachabteilung und der Geschäftsleitung begründen zu können.
- → Vermeiden Sie inhaltsleere Antworten und Profillosigkeit.
- → Mit dem Einsatz Ihrer vor dem Gespräch erarbeiteten Selbstpräsentation liefern Sie ein aussagekräftiges Profil. So können Sie Personalverantwortliche mit passgenauen Einstellungsargumenten überzeugen.

18. Ihre Gesprächspartner: Personalexperten, Fachvorgesetzte, Geschäftsführer und Headhunter

In diesem Kapitel zeigen wir Ihnen, welche unterschiedlichen Ziele Personalverantwortliche in Firmen, externe Personalberater, Fachvorgesetzte, Geschäftsführer und Headhunter im Gespräch mit Bewerbern verfolgen und wie Sie flexibel auf Ihre Gesprächspartner reagieren können.

Verschiedene Fragesteller

Wem Sie im Bewerbungsverfahren und speziell im Vorstellungsgespräch begegnen, hängt immer von dem suchenden Unternehmen ab. Die unterschiedlichen Entscheider haben oft auch verschiedene Vorgehensweisen bei der Personalauswahl. Im Folgenden erfahren Sie, wo die Unterschiede liegen und wie Sie sich optimal auf die diversen Fragesteller vorbereiten können. Sie treffen in Vorstellungsgesprächen auf:

- → **Personalverantwortliche und externe Personalberater**
- → **Fachvorgesetzte**
- → **Vorstände, Geschäftsführer und Firmeninhaber**
- → **Headhunter (Executive Search)**

Personalverantwortliche und externe Personalberater

Geschulte (hauptamtliche) Personalverantwortliche begegnen Ihnen in mittelständischen und großen Unternehmen. In kleineren Unternehmen gibt es zumeist keinen Personalverantwortlichen, dort wird über Bewerbungen vom Geschäftsführer und/oder dem zuständigen Vorgesetzten entschieden.

Externe Personalberater werden häufig von mittelständischen Unternehmen oder Konzernen beauftragt. Wenn bei der Suche nach einer neuen Führungskraft Stellenausschreibungen in Jobbörsen im Internet, auf den Homepages der Personalberatungen, im digitalen Stellenmarkt der überregionalen Zeitungen oder in Fachmagazinen geschaltet werden, ist die Arbeit der externen Personalberater mit der von internen Personalverantwortlichen vergleichbar. Mithilfe der Stellenausschreibungen am offenen Stellenmarkt sollen geeignete Bewerberinnen und Bewerber angesprochen werden.

Individuelle Ansprüche

Personalverantwortliche und Personalberater legen andere Maßstäbe an Führungskräfte an als Fachvorgesetzte. Die Überprüfung von Fachkenntnissen, die zur erfolgreichen Berufsausübung nötig sind, steht zunächst im Hintergrund. Im Vordergrund stehen die außerfachlichen Kompetenzen der Bewerber. In unserer Beratungspraxis erleben wir immer wieder Verständnislosigkeit, wenn wir mit Führungskräften Fragen zur sozialen und methodischen Kompetenz durchgehen. Die Darstellung ihrer sozialen und methodischen Kompetenz bereitet Führungskräften oft Schwierigkeiten. Aber erst wenn sich Bewerber mit der Bedeutung der sozialen und methodischen Kompetenz im Arbeitsalltag auseinandergesetzt haben, wird ihnen der Hintergrund der von Personalverantwortlichen und Personalberatern gestellten Fragen klar.

Bei Führungskräften stellen wir häufig eine Fixierung auf die fachliche Kompetenz fest. Fragen zur Persönlichkeit, zur Arbeitsweise, zur Mitarbeiterführung oder zur Eigenmotivation werden oft als lästig empfunden. Geeignete Antworten sind daher spontan selten zu erzielen. Erst wenn wir die soziale und methodische Kompetenz aus den bisherigen beruflichen Erfahrungen und Erfolgen herausarbeiten, stellt sich bei den beratenen Führungskräften der Aha-Effekt ein.

Erfolgsbilanz und Selbstpräsentation im Blick

Um Personalverantwortliche und Personalberater zu überzeugen, müssen Sie sich von der Vorstellung lösen, dass die Forderung nach sozialer und methodischer Kompetenz eine leere Phrase ist. Greifen Sie bei Fragen von Personalverantwortlichen und Personalberatern auf Ihre Erfolgsbilanz und Ihre ausgearbeitete Selbstpräsentation zurück. Machen Sie ihnen deutlich, dass Ihre persönlichen Fähigkeiten ein entscheidender Erfolgsfaktor bei Ihrem bisherigen Aufstieg gewesen sind. Wenn Sie an dieser Stelle im Auswahlverfahren nicht überzeugen können, dann wird Ihnen auch ein guter Draht zu den Leitern der Fachabteilungen nicht helfen.

Vorbereiteter Fragenkatalog

Vorstellungsgespräche mit Personalverantwortlichen und Personalberatern finden wegen der Fülle der Themen sehr oft strukturiert statt, das heißt, ein vorbereiteter Fragenkatalog wird abgearbeitet. Damit die Bewerber später verglichen werden können, bekommen alle die gleichen Fragen gestellt. Dabei werden die Inhalte der Antworten und das allgemeine Auftreten bewertet, beispielsweise auf einer Skala von eins bis fünf, und auf einem Auswertungsbogen eingetragen. Nach dem Gespräch können dann für jeden Bewerber Teilnoten in vorab definierten Kompetenzbereichen festgelegt werden. Auf dieser Basis können Personalverantwortliche und externe Personalberater zu einem späteren Zeitpunkt der beteiligten Fachabteilung oder der Geschäftsleitung gegenüber begründen, welchen Bewerber sie aus ihrer Sicht für geeignet halten.

Fachvorgesetzte

Unstrukturierte Gespräche

Im Gespräch mit Fachvorgesetzten müssen Sie klarmachen, dass Sie den fachlichen Anforderungen des Arbeitsplatzes gerecht werden. Fachvorgesetzte sind keine Profis in Sachen Vorstellungsgespräch, deshalb finden diese Gespräche meist unstrukturiert statt. Meistens stellen sie Ihnen die Abteilung, den Arbeitsplatz und aktuelle Aufgaben und Projekte vor. Sie gewinnen ihre Sympathie, wenn Sie gezielte Fragen zu den Arbeitsabläufen stellen und auf ähnliche Projekte hinweisen, an denen Sie an Ihrem alten Arbeitsplatz bereits mitgearbeitet haben.

Wichtig ist, dass Sie immer wieder typische Schlüsselworte aus dem Tagesgeschäft in das Gespräch einfließen lassen. Sie umgeben sich damit mit dem »Stallgeruch«, der zeigt, dass Sie dazugehören. Mit etwas Übung gelingt es Ihnen, Schlüsselbegriffe konsequent einzusetzen. Sie werden feststellen, dass diese Kommunikationstechnik Sie in Vorstellungsgesprächen weiterbringt. Das Interesse an Ihnen nimmt zu, wenn Ihr Gesprächspartner den Eindruck hat, dass Sie beide auf einer Wellenlänge liegen.

BEISPIEL

Schlüsselbegriffe für einen Gruppenleiter Fertigungsplanung

Schlüsselbegriffe, die Sie in einem Vorstellungsgespräch als Bewerber um eine Position als Gruppenleiter Fertigungsplanung einsetzen können, sind:

- **»Beschaffung von Maschinen und Einrichtungen«,**
- **»Budgetkoordinierung«, »Projektabwicklung«,**
- **»Teilablaufstudien«,**
- **»Kostenvergleiche alternativer Automatisierungssysteme«,**
- **»Fertigteileabtransport« und**
- **»Richtlinienerstellung«.**

Entsprechende Formulierungen im Gespräch mit Fachvorgesetzten könnten dann lauten: »Bei der Beschaffung von Maschinen und Einrichtungen habe ich die Budgetkoordinierung übernommen, Kostenvergleiche alternativer Automatisierungssysteme durchgeführt und Teilablaufstudien ausgewertet. Ich habe die gesamte Projektabwicklung verantwortet und den Fertigteileabtransport organisiert.«

Nutzen Sie die offene Situation, die Sie im Vorstellungsgespräch mit direkten Vorgesetzten erwartet. Setzen Sie sich mit dem gezielten Einsatz von Schlüsselbegriffen aus dem Tagesgeschäft positiv in Szene und steigern Sie auf diese Weise das Interesse an Ihrer Person und Ihren Fähigkeiten und Kenntnissen.

Vorstände, Geschäftsführer und Firmeninhaber

Meist erst in der zweiten Runde

Häufig ist es so, dass Vorstände, Geschäftsführer oder Inhaber erst in der zweiten Runde des Vorstellungsgespräches auftauchen. Dies ist verständlich, schließlich hat das Top-Management auch genügend andere Aufgaben zu erledigen und überlässt die persönliche Vorauswahl daher gerne der Personalabteilung, externen Personalberatern und/oder solchen Fachvorgesetzten, die in der Firmenhierarchie ein oder zwei Stufen über der Einstiegsposition des neuen Mitarbeiters angesiedelt sind.

Ergebnisorientierung

Begegnen Ihnen Vorstände, Geschäftsführer beziehungsweise Firmeninhaber im Vorstellungsgespräch, können Sie mit Ihren Antworten punkten, wenn Sie sich den besonderen beruflichen Hintergrund der »Entscheider« vergegenwärtigen. Geschäftsführer und Firmeninhaber sind »Macher«, das heißt, sie sind es gewohnt, ihre Interessen gegen den Widerstand von Personen oder Institutionen durchzusetzen. Sie sind überzeugt davon, dass persönlicher und beruflicher Erfolg mit einer überdurchschnittlichen Leistungsbereitschaft einhergeht, und sie sind wenig detail-, dafür aber umso mehr ergebnisorientiert.

Als Führungskraft überzeugen Sie Geschäftsführer und Firmeninhaber im Vorstellungsgespräch, wenn Sie Beispiele dafür geben, wie Sie sich durchgebissen haben, um beruflich etwas zu erreichen. Zeigen Sie im Gespräch, was Sie in Ihren bisherigen beruflichen Positionen geleistet haben, und stellen Sie heraus, dass auch in Zukunft noch eine Menge von Ihnen zu erwarten ist.

Überdurchschnittliches Engagement

Ganz besonders positiv reagieren die »Macher« an der Firmenspitze auch auf Leistungen, die über das alltägliche Maß hinausgehen. Sprechen Sie über von Ihnen angeschobene Sonderprojekte oder über auf Ihre Anregung hin durchgeführte Verbesserungsmaßnahmen. Die Bereitschaft zur Übernahme von betrieblichen Sonderaufgaben und die entsprechenden Belege aus Ihrem bisherigen Werdegang überzeugen Führungsspitzen von Ihrer überdurchschnittlichen Leistungsmotivation und -bereitschaft. Auch Weiterbildungsmaßnahmen, an denen Sie neben Ihren eigentlichen beruflichen Aufgaben teilgenommen haben, sind ein Beweis für Ihren Aufstiegswillen und werden wohlwollend zur Kenntnis genommen.

BEISPIEL

Leistungsmotivation einer Projektleiterin

Eine Bewerberin für die Position einer Projektleiterin kann sich der Anerkennung durch den Geschäftsführer sicher sein, wenn sie sich folgendermaßen darstellt: »Als Gruppenleiterin in der Produktentwicklung sind mir immer wieder Optimierungsmöglichkeiten hinsichtlich der Qualität aufgefallen. In meiner Position war es schwer, meine Vorschläge zur besseren Vernetzung von Entwicklung, Vertrieb und Service durchzusetzen. Da mir die Sache aber wichtig war, habe ich mich entschieden, berufsbegleitende Seminare zum Qualitätsmanagement zu belegen, um mehr Argumente zu haben und mit Best-Practice-Ansätzen überzeugen zu können. Diese Seminare habe ich selbst bezahlt. Meine beruflichen Erfahrungen als Gruppenleiterin und meine hinzugewonnenen Qualifikationen als Qualitätsmanagerin möchte ich nun bei Ihnen als Projektleiterin einsetzen.«

Bewerber, in deren Lebensläufen berufliche Höhen und Tiefen zu erkennen sind, haben das besondere Interesse von Geschäftsführern und Firmeninhabern. Nach deren Auffassung zeigt sich gerade in der Fähigkeit, mit Rückschlägen fertig zu werden und daraus entsprechende Konsequenzen für sich zu ziehen, das wahre Gesicht von Bewerbern.

Wann wird nachgefragt?

Zur Vorbereitung auf solche Fragen sollten Sie Ihren an dieses Unternehmen geschickten Lebenslauf vor dem Vorstellungsgespräch zur Hand nehmen und sich überlegen, an welchen Punkten Sie mit Nachfragen rechnen müssen. Finden Sie überzeugende Argumentationen dafür, was Sie bei Brüchen in Ihrer Entwicklung aktiv getan haben, um die Situation zum Besseren zu wenden.

BEISPIEL

Der weggefallene Arbeitsplatz

Ein Bewerber hatte eine Position als Assistent der Geschäftsleitung bei einem krisengeschüttelten Unternehmen angetreten, das nach dem Verkauf in einem anderen Unternehmen aufging. Sein Arbeitsplatz fiel bei der Zusammenlegung weg. Einen Geschäftsführer kann der Bewerber trotz dieses Bruches in seiner Entwicklung dann überzeugen, wenn er seine eigenen Leistungen als Aktivposten in dieser Krisensituation herausstellt:

»Als ich die Stelle in dem Unternehmen antrat, war nach

→ FORTSETZUNG AUF DER NÄCHSTEN SEITE

kurzer Zeit klar, dass die Kapitaldecke zu dünn für einen dauerhaften Fortbestand der Firma war. Ich habe es als Herausforderung angesehen, einzelne Bereiche des Unternehmens wieder in die schwarzen Zahlen zu führen. So gelang es mir in Zusammenarbeit mit der Geschäftsführung, den Abteilungsleitern und den Mitarbeitern, den Verkauf des Unternehmens vorzubereiten. Dass mein Arbeitsplatz im Zuge der Übernahme wegfallen würde, wurde mir schnell klar. Der Turnaround und die Abwendung des Konkurses gelangen aber, und auf diese Leistung bin ich stolz.«

Headhunter (Executive Search)

Breites Spektrum

Headhunter bewegen sich im verdeckten Stellenmarkt und suchen geeignete Führungskräfte für ihre Auftraggeber durch eine direkte Ansprache (Executive Search). Das Spektrum der Headhunter ist sehr weit gespannt. Es gibt die bekannten großen Personalberatungen, die zusätzlich über spezielle Executive Search Abteilungen verfügen, aber auch sehr viele spezialisierte kleinere Personalberatungen, die je nach Auftrag im offenen Stellenmarkt und/oder im verdeckten Stellenmarkt tätig werden.

Guten Headhuntern geht es wie uns. Sie und wir möchten, dass Sie einen neuen Führungsjob finden, in dem Sie Ihr volles Potenzial entfalten können und sich wohl fühlen. Dennoch sollten Sie sich bei der Zusammenarbeit mit einem oder mehreren Headhuntern immer wieder vor Augen führen, dass es gelegentlich zu einem Zielkonflikt kommen kann. Denn es gibt auch Headhunter, die sehr unter Druck stehen und vor allem eins möchten: eine Erfolgsprämie für eine erfolgreiche Vermittlung. Haken Sie deshalb ruhig einmal mehr nach, wenn Ihnen bezogen auf die neue Position, die dazugehörigen Aufgaben oder das Unternehmen und seine Stellung im Markt etwas unklar ist.

Stellenbesetzung ist keine Bewerbungsberatung

Verfallen Sie nicht in den Irrglauben mancher Führungskräfte, die davon ausgehen, dass der Headhunter schließlich der Profi sei und von sich aus wissen müsse, was er zu tun habe. Stellenbesetzung ist nicht Bewerbungsberatung, daher verlieren viele Headhunter schnell das Interesse an Kandidaten, wenn diese ihre beruflichen Ziele und ihre bisherigen Erfolge nicht überzeugend präsentieren können.

Beeindrucken Sie die Headhunter, die sich mit Ihnen für persönliche Treffen verabreden, mit einer überzeugenden Selbstpräsentation Ihrer beruflichen Erfolge und Stärken. Die Erfahrung zeigt: Erst dann, wenn Headhunter wissen, was Sie wollen, können sie Ihre beruflichen Wünsche und Vorstellungen mit den Vorstellungen der jeweiligen Auftraggeber, also der suchenden Firmen, abgleichen und im Fall einer Passung eine klare Empfehlung für Sie aussprechen, damit das nächste Gespräch dann mit den Entscheidern der Firmenseite stattfinden kann.

Ihre Gesprächspartner: Personalexperten, Fachvorgesetzte, Geschäftsführer und Headhunter

AUF EINEN BLICK

→ Stellen Sie sich auf die unterschiedlichen Vorstellungen vom idealen Mitarbeiter Ihrer Gesprächspartner ein, und erarbeiten Sie sich einen flexiblen Gesprächsstil.

→ Personalverantwortliche und externe Personalberater sind in Vorstellungsgesprächen vorwiegend an Ihrer sozialen und methodischen Kompetenz interessiert.

→ Fachvorgesetzte überzeugen Sie durch den »Stallgeruch«, indem Sie mit branchenüblichen Schlüsselbegriffen erfolgreich bearbeitete Aufgaben und Projekte thematisieren.

→ Vorstände, Geschäftsführer und Firmeninhaber lassen sich besonders von Ihrer Leistungsbereitschaft beeindrucken. Machen Sie an konkreten Beispielen Ihren überdurchschnittlichen Einsatz für Ihre bisherigen Arbeitgeber deutlich.

→ Headhunter sind keine Bewerbungsberater. Sie verlieren schnell das Interesse, wenn Kandidaten ihre beruflichen Ziele und bisherige Erfolge nicht benennen können. Beeindrucken Sie Headhunter mit einer überzeugenden Selbstpräsentation Ihrer beruflichen Erfolge und Stärken.

19. Gesprächstechniken, die Sie kennen sollten

Personalverantwortliche sind darin geschult, Vorstellungsgespräche zu führen. Damit Sie als Bewerber die Absichten erkennen können, die hinter der jeweils eingesetzten Fragetechnik stehen, stellen wir Ihnen in diesem Kapitel die Techniken der Gesprächsführung vor.

Im Vorstellungsgespräch treffen Sie auf Personalverantwortliche, die darin geschult sind, Sie mit bestimmten Fragetechniken zu konfrontieren, auf die Sie reagieren müssen. Ihr Antwortverhalten wird dabei genauso registriert und bewertet wie der Inhalt Ihrer Antworten.

Frage- und Antworttechniken

Wir stellen Ihnen jetzt Fragetechniken vor und zeigen Ihnen, wie Sie mit geeigneten Antworttechniken reagieren – und überzeugen – können. Die vorgestellten Fragetechniken können Sie natürlich ebenfalls für Ihre Fragen an die Firma nutzen. Ein Bewerbungsgespräch ist schließlich kein Verhör, sondern ein gegenseitiges Kennenlernen durch Fragen und Antworten.

Offene Fragen

Offene Fragen nennt man solche, die Sie nicht mit Ja oder Nein beantworten können. Man nennt diesen Typ auch W-Fragen: was, welche, wie, wozu, warum, also zum Beispiel: »Was macht Sie für die ausgeschriebene Position geeignet?« oder »Welche Unterstützung brauchen Sie von der Unternehmensseite, um erfolgreich arbeiten zu können?«

W-Fragen

W-Fragen haben den Vorteil, dass sie ein Gespräch oder eine Diskussion in Schwung bringen. Offene Fragen geben dem Befragten mehr Raum zur Selbstdarstellung. Diese Fragen werden eingesetzt, um längere Antworten und damit auch mehr Informationen zu bekommen. Dadurch kann man an Teilaspekten der Antwort ansetzen und diese durch weitere Fragen vertiefen.

Für den Befragten ist hier manchmal problematisch, dass er womöglich unwesentliche Informationen nennt, weil er an der Frage vorbeiredet und sich in Details verliert. Oder er hat sich vorher nicht überlegt, wo seine Informationsgrenzen liegen. Dann gibt er ungewollt Informationen zu Dingen, die er im Vorstellungsgespräch besser nicht erwähnen sollte. Beispielsweise, weil er die Frage »Was hat Sie an Ihrem Vorgesetzten manchmal gestört?« ganz ehrlich so beantwortet: »Das war so ein Aktionist, der hatte immer tolle Ideen, allerdings immer fünf gleichzeitig. Wenn es dann an die Umsetzung ging, hat er überhaupt nicht mehr mitgemacht. Oft musste ich dann die Fehler ausbaden, die er verursacht hat, weil er mich im Vorfeld einfach nicht genügend informiert hat. Das habe ich mir natürlich auf Dauer nicht gefallen lassen und ihn darauf hingewiesen, dass das so nicht geht. Darüber haben wir dann öfter gestritten, deshalb möchte ich ja die Stelle wechseln.«

Bezug zur neuen Stelle

Sie bewältigen offene Fragen dann am besten, wenn Sie in Ihren Antworten immer einen Bezug zu Ihrer angestrebten Position herstellen und positive Beispiele liefern. Eine bessere Antwort auf die Frage »Was hat Sie an Ihrem Vorgesetzten manchmal gestört?« wäre dann beispielsweise: »Mit meinem Vorgesetzten kam ich eigentlich gut klar. Natürlich gibt es manchmal Dinge, die nicht so gut laufen. Zum Beispiel hatte mein Chef einmal mit einem Stammkunden Lieferverträge für Ware vereinbart, die wir gar nicht auf Lager hatten. Ich musste dann als Leiter Einkauf mein Team dazu bringen, einen Tag lang wie wild zu telefonieren, um die Ware von unseren Lieferanten schnell zu bekommen. Verdient haben wir an dem Auftrag nichts, eher noch draufgezahlt, weil wir wegen des kurzfristigen Auftrags einen teuren Lieferanten auswählen mussten und die Spedition auch noch einen Zuschlag für die schnelle Lieferung verlangt hat. Dies habe ich meinem Chef auch später, in einem passenden Moment, gesagt. Damit war die Sache erledigt.«

Geschlossene Fragen

Geschlossene Fragen können Sie mit Ja oder Nein beantworten (»Haben Sie Computerkenntnisse?«, »Sind Sie ein Mensch, der andere überzeugen kann?«). Häufig wird einer geschlossenen Frage eine offene hinterhergeschickt, um sich die Antwort begründen zu lassen (»Welche Computerkenntnisse?«, »Wie überzeugen Sie andere Menschen?«). Sie sollten jedoch auch bei geschlossenen Fragen Ihren Antworten immer eine kurze Begründung anschließen. Ersparen Sie Personalverantwortlichen die Mühe, immer wieder nachbohren zu müssen. Nutzen Sie hier auch die Chance, Ihre Eignung für die neue Stelle immer wieder durch Beispiele zu untermauern.

BEISPIEL

Geschlossene Frage zum Führungsstil

Frage: »Kennen Sie unterschiedliche Führungsstile?«

Antwort: »Ja, ich weiß, dass es verschiedene Führungsstile gibt. In meiner bisherigen Berufspraxis hat sich gezeigt, dass es wichtig ist, Führungsstile flexibel einzusetzen. Generell bevorzuge ich einen kooperativen Führungsstil, der die Vorstellungen der Mitarbeiter mit einbezieht.«

Fragen Sie nach

Geschlossene Fragen sind auch für Bewerber geeignet, um schnell Informationen zu erhalten (»Gibt es in der Einarbeitungszeit einen festen Ansprechpartner für mich?« oder »Wurde die ausgeschriebene Position neu geschaffen?«). Achten Sie jedoch darauf, dass Sie genügend Hintergrundinformationen bekommen. Lassen Sie sich nicht mit einem Ja oder Nein abspeisen. Fragen Sie nach, wenn Sie zu knappe Antworten bekommen, die Sie nicht zufriedenstellen.

BEISPIEL

Neu geschaffene Position

Bewerberfrage: »Wurde die ausgeschriebene Position neu geschaffen?«

Antwort der Firmenseite: »Ja, um diese Stelle wurde in der Firma lange gerungen.«

Nachfragen des Bewerbers: »Wer hat sich für beziehungsweise gegen die Schaffung der Stelle ausgesprochen?« Oder: »Wie ist die Stelle in die firmeninternen Abläufe eingegliedert?« Oder: »Wurden die Aufgaben bisher von einer anderen Person mitbearbeitet?«

Alternativfragen

Kleiner Test

Alternativfragen sind bestens dazu geeignet, Bewerber dazu zu bringen, sich vorschnell festzulegen. Machen Sie unseren kleinen Test und beantworten Sie die folgenden drei Fragen:

→ **Arbeiten Sie lieber im Team oder lieber allein?**
→ **Hören Sie lieber zu oder reden Sie lieber?**
→ **Ist für Sie das höhere Gehalt wichtiger oder die neue Tätigkeit?**

Die meisten Menschen beantworten diese Fragen spontan entweder mit der einen oder der anderen vorgegebenen Antwortmöglichkeit. Wenn Sie jedoch in Ruhe nachdenken und gedanklich verschiedene Situationen durchspielen, werden Sie feststellen, dass Teamarbeit und selbstständiges Arbeiten (zum Beispiel als Vorbereitung auf Teamsitzungen) zusammengehören, dass Sie sowohl zuhören als auch reden und dass für Sie das Gehalt genauso wichtig ist wie eine anspruchsvolle berufliche Tätigkeit.

Keine vorschnellen Festlegungen

Nutzen Sie diese Einsichten, wenn Ihnen Alternativfragen gestellt werden (dies gilt auch für den privaten Bereich). Entscheiden Sie sich nicht vorschnell für eine vorgegebene Antwort, sondern geben Sie für beide Möglichkeiten Beispiele an. Dabei können Sie in Ihren Antworten auch Schwerpunkte für eine der beiden genannten Alternativen nennen, beispielsweise: »Ich arbeite gerne im Team, beispielsweise wenn wir in größerer Runde überlegen, welche Vertriebsaktionen in der nächsten Saison im Vordergrund stehen sollen. Dann arbeite ich aber auch gerne allein, um mich um die Dinge zu kümmern, die in meinem Arbeitsfeld wichtig sind, beispielsweise die Ausarbeitung und Verfolgung von konkreten Angeboten an Schlüsselkunden. Ich würde sagen, dass die Arbeit, die ich alleine bewältige, einen Anteil von 75 Prozent an meiner Arbeitszeit hat, das gefällt mir auch so.«

BERATUNG

Aus unserer Beratungspraxis
In der Falle

Ein Bewerber, der sich von uns beraten ließ, hatte bei Alternativfragen Schwierigkeiten. Seine sehr dynamische und zupackende Art verleitete ihn in Vorstellungsgesprächen leider immer wieder zu vorschnellen Festlegungen. Da er die Nachfragen der Personalverantwortlichen für belanglose Spielchen hielt, neigte er dazu, seinen Gesprächspartner abzukanzeln. Damit trübte er die Gesprächsatmosphäre und verbaute sich den Weg zu einer neuen Stelle.

Die Frage »Ist für Sie in der täglichen Arbeit die Theorie wichtiger oder die Praxis?« hatte ihm in seinem letzten Vorstellungsgespräch Schwierigkeiten bereitet. Er hatte geantwortet: »Ich bin ein Mann der Praxis.« Daraufhin erfolgte die Nachfrage »Denken Sie auch einmal, bevor Sie handeln?«, um ihn unter Druck zu setzen. Ab diesem Zeitpunkt kippte das Gespräch. Er antwortete mit einem Gegenangriff »Denken Sie denn nach, bevor Sie Fragen stellen?« und warf sich damit aus dem Bewerbungsverfahren.

Wir verdeutlichten ihm, dass es keine Praxis ohne Theorie gibt und dass solche Nachfragen eingesetzt werden, um seine Stressresistenz und Souveränität bei Kritik zu überprüfen. In seinem nächsten Gespräch gelang es ihm, auf die Frage nach seiner Theorie- oder Praxisorientierung besser zu antworten. Er stellte seine besonderen Kenntnisse heraus und machte deutlich, dass er in seiner täglichen Arbeit als strategisch denkende und operativ handelnde Führungskraft immer wieder für einen Theorie-Praxis-Transfer sorgt. Damit ersparte er sich weitere Nachfragen. Eine Kampfstimmung zwischen dem Personalverantwortlichen und ihm ließ er gar nicht erst aufkommen.

Fazit: Manche unangenehme Frage im Bewerbungsgespräch resultiert weniger aus Bösartigkeit der Personalverantwortlichen, sondern vielmehr daraus, dass Bewerber durch einseitige oder einsilbige Antworten geradezu zum Nachhaken zwingen.

Stress- und Suggestivfragen

Sie kennen die Situation bestimmt noch aus der Schule: Sie gaben eine richtige Antwort, aber der Lehrer guckte Sie erstaunt an und fragte: »Bist du sicher?« Schon korrigierten Sie unter dem Gelächter der Klasse Ihre Antwort, worauf der Lehrer sagte: »Leider falsch, die erste Antwort war schon richtig. Du hast es also doch nicht gewusst und nur geraten.«

Lassen Sie sich nicht verunsichern

Personalverantwortliche nutzen eine ähnliche Technik, um Sie zu verunsichern und Stressreaktionen zu provozieren. Allerdings wird diese Technik im Vorstellungsgespräch etwas subtiler eingesetzt, beispielsweise so: Nachdem Sie eine Frage beantwortet haben, schweigt Ihr Gesprächspartner einfach und stellt nicht sofort die nächste Frage. Um Sie weiter unter Druck zu setzen, werden Sie mit einem bohrenden Blick angesehen. Die meisten Bewerber setzen nun ein zweites Mal an und reden so lange, bis der gute erste Teil der Antwort verblasst ist und nur noch unzusammenhängende Informationen im Raum stehen. Zu diesem Zeitpunkt merkt auch der Bewerber, dass er Unsinn redet, allerdings traut er sich jetzt nicht mehr aufzuhören. Er redet dann so lange weiter, bis sein Monolog vom Gegenüber unterbrochen wird.

Diesen Fehler nennen wir »nachdieseln«. Genauso wie ein Pkw, der noch weiterläuft, wenn der Schlüssel im Zündschloss schon abgezogen ist, setzt der Bewerber ein zweites Mal an, weil er den langen Pausen und bohrenden Blicken nicht standhält. Trainieren Sie aus diesem Grund unbedingt, auf Fragen kurze und präzise Antworten zu geben und kritischen Blicken standzuhalten, sonst beginnt man, an Ihrer emotionalen Stabilität zu zweifeln.

Wie reagieren Sie unter Druck?

Stress- und Suggestivfragen werden wohl dosiert in jedes Vorstellungsgespräch eingestreut. Anmerkungen wie »Ich glaube, Sie sind nicht der Richtige für uns!«, »Sind Sie mit Ihren beruflichen Erfahrungen nicht überqualifiziert/unterqualifiziert für diesen Arbeitsplatz?« oder »Die Beurteilungen in Ihren Arbeitszeugnissen sind ziemlich schlecht!« dienen dazu, im Schnellverfahren zu überprüfen, wie Sie unter Druck reagieren.

Gehen Sie nicht auf Unterstellungen oder Behauptungen ein, sondern beziehen Sie sich auf die fachlichen Kenntnisse und persönlichen Fähigkeiten, die Sie für den zukünftigen Arbeitsplatz mitbringen. Sie haben Ihre Selbstpräsentation gut ausgearbeitet und intensiv geübt. Nutzen Sie sie, um darzustellen, warum gerade Sie mit Ihren Kenntnissen und Fähigkeiten für den zu vergebenden Arbeitsplatz geeignet sind.

BEISPIEL

Unterstellungen

Wenn Sie auf die Unterstellung »Sie scheinen nicht besonders gerne zu arbeiten?« mit rotem Kopf reagieren und viel zu laut behaupten »Natürlich arbeite ich gerne, meinen Sie, ich wäre beruflich so weit gekommen, wenn ich nur Dienst nach Vorschrift machen würde?«, wirkt dies nicht sehr überzeugend. Sie sind auf einen Stresstest hereingefallen.

Antworten Sie lieber sachlich und beherrscht und schildern Sie eine Situation aus Ihrer Selbstpräsentation, die Ihre Leistungs- und Belastungsfähigkeit dokumentiert, beispielsweise so: »Während der Neueinführung einer Software in meiner derzeitigen Firma hatten wir erhebliche Doppelbelastungen zu tragen. Über einen Zeitraum von sechs Monaten habe ich zusätzlich zu meinen eigentlichen Aufgaben die Mitarbeiter und Kollegen bei der Softwareumstellung mit Schulungen und Beratungen unterstützt.«

Stressfragen entschärfen

ÜBUNG

In dieser Übung trainieren Sie, auf Unterstellungen, persönliche Angriffe und Vorwürfe angemessen zu reagieren. Ihre Stressstabilität wird im Vorstellungsgespräch deutlich, wenn Sie es schaffen, Angriffe ins Leere laufen zu lassen, und immer wieder auf positive Selbstdarstellungen zurückgreifen.

1. Gehen Sie nicht auf die Unterstellung ein.
2. Stellen Sie das positive Gegenstück der Unterstellung anhand eines Beispiels aus dem Berufsalltag dar.

Die gedankliche Überleitung von der Unterstellung zu einem positiven Inhalt gelingt Ihnen am besten, wenn Sie Ihre Antwort in Gedanken mit den Worten »im Gegenteil« einleiten. Beispiel:

Unterstellung: »Haben Sie Schwierigkeiten damit, innovativ zu arbeiten?«

Antwort: (In Gedanken: »Im Gegenteil«) »Ich arbeite sehr oft innovativ. Für die Präsentation meiner Firma auf einer Fachmesse habe ich Anregungen aus dem Marketing und dem Vertrieb aufgegriffen und mit meinen Mitarbeitern ein Standkonzept entwickelt, das uns eine Prämierung einbrachte.«

Antworten Sie auf die folgenden Stressfragen und üben Sie, unser vorgeschlagenes Schema umzusetzen. Gewöhnen Sie sich an die gedankliche Einleitung Ihrer Antworten mit den unausgesprochenen Worten »im Gegenteil«.

»Ich höre da heraus, dass Routineaufgaben Sie eher langweilen, nicht wahr?«

Ihre Antwort: (In Gedanken: »Im Gegenteil«) ________________

____

____

→ FORTSETZUNG AUF DER NÄCHSTEN SEITE

»Ihre Zielstrebigkeit ist Ihnen wohl im Laufe der Zeit abhanden gekommen!«

Ihre Antwort: (In Gedanken: »Im Gegenteil«) ________________

____

____

»Das klingt für mich wie der Typ von Führungskraft, der sich bei Schwierigkeiten eher versteckt!«

Ihre Antwort: (In Gedanken: »Im Gegenteil«) ________________

____

____

»Das Wohl der Firma liegt Ihnen ja nicht besonders am Herzen!«

Ihre Antwort: (In Gedanken: »Im Gegenteil«) ________________

____

____

»Sie sind doch jetzt schon überbezahlt!«

Ihre Antwort: (In Gedanken: »Im Gegenteil«) ________________

____

____

Antworttechnik: Beispiele geben

Werden Sie konkret

Die Antwort, die Sie schon in unserem Beispiel Unterstellungen auf die Frage »Sie scheinen nicht besonders gerne zu arbeiten?« gelesen haben, zeigt bereits die beste Möglichkeit, auf eine Stressfrage zu reagieren: mit der Antworttechnik »Beispiele geben«. Die meisten untrainierten Bewerber antworten auf Fragen in Vorstellungsgesprächen zu allgemein und oberflächlich und verzichten darauf, konkrete Beispiele zu geben.

Sie sollten es darum vermeiden, leere Floskeln zu verwenden. Belegen Sie Ihre Aussagen mit überzeugenden Beispielen. So wirken Sie kompetent und souverän.

Zwei Stärken

BEISPIEL

Wenn Sie aufgefordert werden: »Nennen Sie uns zwei Stärken von Ihnen!«, sollten Sie niemals nur allgemein antworten: »Meine Stärken sind Ausdauer und Verlässlichkeit.« Überzeugender ist eine Antwort mit Beispielen wie: »Meine Stärken sind Ausdauer und Verlässlichkeit, ich habe beispielsweise internationale Ausschreibungen mit einer Projektgruppe vorbereitet. Es kam darauf an, sehr enge Terminvorgaben einzuhalten. Deshalb hat sich unsere Projektgruppe unter meiner Leitung auch an Samstagen zum Arbeiten getroffen.«

Führungsstärke

BEISPIEL

Die Frage »Sind Sie führungsstark?« sollten Sie nicht einfach nur bejahen. Besser ist es, ein konkretes Beispiel zu geben: »Ja, ich führe gerne, dabei kommt es mir auf eine inhaltliche Ausrichtung an. Wenn beispielsweise Produktlinien neu am Markt eingeführt werden sollen und ich die Projektgruppen zu den Themenbereichen Marktanalyse, Wettbewerberbeobachtung, Vertrieb und Marketing koordiniere, gefällt es mir sehr, die Teilergebnisse und erreichten Zwischenziele zu bewerten, um auf dieser Basis die nächsten Zielvorgaben für die beteiligten Projektleiter zu definieren. Derart komplexe Aufgaben lassen sich nun einmal nur mit der dazugehörigen Führungsstärke realisieren.«

ÜBUNG

Souveränes Antwortverhalten

Mit dieser Übung trainieren Sie, oberflächliche Antworten durch aussagekräftige zu ersetzen. Damit das Vorstellungsgespräch zu einem Gespräch wird und eine Verhöratmosphäre gar nicht erst entsteht, sollten Ihre Antworten nicht nur konkret sein, sondern auch mindestens zwei bis drei Sätze umfassen. Untrainierte Bewerber neigen dazu, Stichworte in den Raum zu werfen, ohne sie durch Beispiele für den Personalverantwortlichen in einen Zusammenhang zu stellen.

Trainieren Sie jetzt, häufig abgefragte Inhalte im Bewerbungsgespräch mit dem folgenden Argumentationsschema zu beantworten:

1. *Schritt:* Beantworten Sie die Frage.
2. *Schritt:* Untermauern Sie Ihre Antwort durch eine passende Situation aus Ihrem bisherigen Berufsalltag.
3. *Schritt:* Erwähnen Sie erreichte Ziele oder von Ihnen gewonnene Erkenntnisse aus dieser Situation.

Beispiel: Auf die Frage »Sind Sie belastbar?« antworten Sie so:

1. *Schritt:* »Ich kann auch mit hohen Arbeitsanforderungen gut umgehen.«
2. *Schritt:* »Als Projektleiterin für das Intranet meiner Firma musste ich die Vorstellungen der einzelnen Abteilungen in das Projekt integrieren und hinsichtlich der technischen Machbarkeit überprüfen. Das zog einen großen Argumentationsbedarf nach sich, und es musste viel Arbeit auch nach Feierabend geleistet werden, um das Tagesgeschäft nicht zu stören.«
3. *Schritt:* »Ich habe die größere Arbeitsbelastung gern übernommen, um durch die Intranet-Einführung zu reibungsloseren Abläufen in der Firma zu kommen.«

Jetzt sind Sie dran. Üben Sie, die folgenden Fragen mit unserem Argumentationsschema zu beantworten.

»Würden Sie sich selbst als führungsstark beschreiben?«

1. Schritt: ______________________________

____

2. Schritt: ______________________________

____

3. Schritt: ______________________________

____

»Können Sie andere motivieren?«

1. Schritt: ______________________________

____

2. Schritt: ______________________________

____

3. Schritt: ______________________________

____

»Ist Ihnen beruflicher Aufstieg wichtig?«

1. Schritt: ______________________________

____

2. Schritt: ______________________________

____

3. Schritt: ______________________________

____

»Trauen Sie sich zu, ein abteilungsübergreifendes Projekt zu leiten?«

1. Schritt: ______________________________

____

2. Schritt: ______________________________

____

3. Schritt: ______________________________

____

→ FORTSETZUNG AUF DER NÄCHSTEN SEITE

»Wissen Sie, wie man erfolgreiche Verkaufsverhandlungen mit Schlüsselkunden führt?«

1. Schritt: ____

____

2. Schritt: ____

____

3. Schritt: ____

____

»Können Sie innovativ arbeiten?«

1. Schritt: ____

____

2. Schritt: ____

____

3. Schritt: ____

____

AUF EINEN BLICK

Gesprächstechniken, die Sie kennen sollten

→ Die Beschäftigung mit Frage- und Antworttechniken gibt Ihnen im Vorstellungsgespräch Sicherheit.

→ Setzen Sie sich mit den Besonderheiten von offenen Fragen, geschlossenen Fragen, Alternativfragen, Stress- und Suggestivfragen auseinander.

→ Wenn Ihnen offene Fragen gestellt werden, sollten Sie darauf achten, mit Ihren Antworten einen Bezug zur ausgeschriebenen Stelle herzustellen und positive Beispiele aus Ihrem bisherigen Arbeitsalltag erwähnen.

- → Sie beantworten geschlossene Fragen souverän, wenn Sie Ihre Antwort kurz begründen.

- → Legen Sie sich bei Alternativfragen mit Ihren Antworten nicht zu früh fest. Reflektieren Sie die Alternativen, und liefern Sie erst dann eine Begründung für Ihre Entscheidung.

- → Lassen Sie sich durch Stress- und Suggestivfragen nicht aus dem Konzept bringen.

- → Trainieren Sie, auf Unterstellungen gelassen zu reagieren und sie mit passenden Beispielen zu entkräften.

- → Üben Sie verstärkt den Einsatz der Antworttechnik »Beispiele geben«. Mit aussagekräftigen Antworten setzen Sie sich in Vorstellungsgesprächen deutlich von Durchschnittskandidaten ab und verdeutlichen Ihr berufliches Profil.

20. Im Trend: Skalenfragen, Unterschiedsfragen und situative Fragen

Um Bewerbungsgespräche in Gang zu bringen und Antworten zu bekommen, die in die Tiefe gehen, setzten Personalmitarbeiter und Personalberater verschiedene Fragetechniken ein. Die von uns gecoachten Führungskräfte fragen uns häufiger, wie sie auf Skalenfragen, Unterschiedsfragen und situative Fragen überzeugend reagieren sollen.

Auf einer Skala von 1 bis 10

Typische Skalenfragen, bei denen 1 für den schwächsten und 10 für den stärksten Wert stehen, lauten:

→ »Wie definieren Sie auf einer Skala von 1 bis 10 Ihre Innovationskraft?«
→ »Wie schätzen Sie Ihre Vertriebsstärke auf einer Skala von 1 bis 10 ein?«
→ »Wie bewerten Sie Ihre Führungsstärke auf einer Skala von 1 bis 10?«

Sicherlich würden auch Sie künftige Mitarbeiterinnen oder Mitarbeiter als unglaubwürdig empfinden, die sich grundsätzlich die Höchstnote, bezogen auf unsere Beispiele also die 10, geben würden. Andererseits würden Sie auch kaum Bewerber einstellen wollen, die sich mit dem Wert 6 oder schlechter bewerten. Zumindest dann, wenn die nachgefragte Eigenschaft unverzichtbar für das künftige Berufsfeld ist. Daher empfiehlt es sich für die eigenen Antworten auf einer Skala zwischen 1 und 10 vorwiegend Werte zwischen 7 bis 9 auszuwählen.

Bewerberinnen oder Bewerber, die sich selbst durchgehend absolute Höchstnoten geben, geraten im Vorstellungsgespräch schnell unter Rechtfertigungsdruck. Dann bietet es sich nämlich an nachzufragen, warum noch niemand am alten Arbeitsplatz die gottähnlichen Qualitäten des Mitarbeiters entdeckt und gewürdigt hat.

Häufig wird bei Antworten auf Skalenfragen an die Antworten des Bewerbers angeknüpft. Allerdings etwas subtiler, da er oder sie sich ja auf einen Wert festgelegt hat. Liegt die Antwort also bei 8, könnte nachgefragt werden, was der Bewerber oder eine andere Person im betrieblichen Alltag ändern müssten, um den besseren Wert 9 zu erreichen.

BEISPIEL

Skalenfrage 1: Bewerten Sie Vorgesetzte

Frage: »Auf einer Skala von 1 bis 10, wobei 10 für den besten Wert steht: Welchen Zahlenwert geben Sie Ihrem Chef beziehungsweise Ihrer Chefin?«

Ungünstige Antwort: »Eine 4 bis 5, der Laden geht dermaßen den Bach runter, deshalb bewerbe ich mich ja auch weg. Aber der Vorstand ist ja vertraglich gut abgesichert, der wird weich fallen, wenn alles zusammenbricht.«

Gelungene Antwort: »Eine 10 wäre sicherlich der Idealzustand für meinen momentanen Vorgesetzten, also in der Realität kaum zu erreichen. Daher entscheide ich mich für eine 8.«

Skalenfrage 2: Nachgehakt

Anschlussfrage: »Warum gerade dieser Wert? Und was müsste Ihr Vorgesetzter ändern, um bei Ihnen von einer 8 auf eine 9 zu kommen?«

Ungünstige Antwort: »Ich glaube nicht, dass mein Vorgesetzter noch über die Fähigkeit verfügt, sich zu verändern. Und mit einer 8 ist er schon reichlich gut bedient. Sicherlich können Sie sich denken, dass ich die Firma nicht verlassen möchte, weil es mir dort so gut gefällt.«

Gelungene Antwort: »Im Produktmanagement lief es die ersten Jahre gut, dann wurden immer weniger Mittel für neue

→ FORTSETZUNG AUF DER NÄCHSTEN SEITE

Projekte zur Prozessoptimierung zur Verfügung gestellt. Aus meiner Sicht wirkte dies zwar kurzfristig auf der Kostenseite, langfristig war es allerdings bedenklich.

Denn wenn Kunden erst einmal weg sind, weil der Preis- und Produktmix nicht stimmt, spricht sich dies schnell herum. Und dann gehen weitere Kunden. Deshalb habe ich auch wiederholt das Gespräch mit meinem Vorgesetzten gesucht und Vorschläge unterbreitet, wie mit wenig Mitteln eine Optimierung zu erzielen wäre. Dies stieß aber auf taube Ohren, hätte mein Chef hier meine Vorschläge zumindest teilweise akzeptiert, würde meine Bewertung sicherlich eher der Note 9 entsprechen.«

Was ist für Sie der Unterschied zwischen …?

Zu den weiteren neueren Fragetechniken, die in Vorstellungsgesprächen mit Führungskräften eingesetzt werden, zählen Unterschiedsfragen, die auch Differenzfragen genannt werden.

Wenn es um das Verhältnis zu Vorgesetzten, den Umgang mit Kollegen oder Kunden, um Fachkenntnisse, Branchenkenntnisse, IT-Kenntnisse oder Sprachkenntnisse geht, kommen Unterschiedsfragen gelegentlich zum Einsatz.

BEISPIEL

Erläutern Sie feine Unterschiede

→ »Was macht für Sie den Unterschied zwischen einem guten und einem sehr guten Chef aus?«
→ »Was müssten Sie noch dazulernen, um Ihre guten Englischkenntnissen zu verhandlungssicheren auszubauen?«
→ »Würden Sie mir bitte beschreiben, was normale Kollegen sind und was Sie unter einem guten Team verstehen?«

Ihre Antworten überzeugen in den genannten Beispielen dann, wenn Sie näher beschreiben können, was genau ein »sehr guter Chef«, »verhandlungssichere Englischkenntnisse« oder ein »gutes Team« für Sie bedeuten. Nennen Sie Beispiele aus Ihrem beruflichen Alltag oder früheren beruflichen Positionen, um Ihre Ansichten, Erfahrungen, Meinungen und Wünsche genauer zu konkretisieren.

Wie würden Sie reagieren, wenn …?

Neben Skalenfragen und Unterschiedsfragen spielen situative Fragen eine wesentliche Rolle in Auswahlverfahren. Schließlich geht es im Prinzip immer darum, was gerade Sie tun würden, um eine unbefriedigende Situation zu verbessern, einen kritischen Mitarbeiter zu überzeugen oder ein anvisiertes Unternehmensziel zu erreichen.

BEISPIEL

Ihre Vorschläge bitte!

»Wie würden Sie ein Projekt ausgestalten, das die nachhaltige Gewinnung von Kunden zum Ziel hat?«
»Wie bringen Sie erfolgreiche Mitarbeiter dazu, noch mehr zu leisten?«
»Wenn Sie an Ihre internationalen Projekte denken: Was würden Sie heute anders machen?«

21. Ihre Stärken, Ihre Schwächen

Kaum ein Vorstellungsgespräch vergeht ohne die berüchtigten Fragen nach den Stärken und Schwächen der Bewerber. Dieses Kapitel hilft Ihnen zu erkennen, welche Stärken erwünscht sind und wie sich Schwächen so darstellen lassen, dass Sie sich nicht selbst ins Aus katapultieren.

Fragen nach Stärken und Schwächen gehören in vielen Firmen zum grundsätzlichen Programm des Vorstellungsgespräches. Für Personalverantwortliche sind sie wichtige Fragen zur Überprüfung des Bewerberprofils. Die Aufforderung »Nennen Sie mir bitte drei Stärken und drei Schwächen von Ihnen!« taucht deshalb in Vorstellungsgesprächen regelmäßig auf.

Indirekte Fragen nach Stärken und Schwächen

In letzter Zeit zeichnet sich dabei der Trend ab, dass indirekt gefragt wird. Die Firmenseite testet Bewerber zum Fragenkomplex »Schwächen« dann mit Fragen wie »Welche Eigenschaften würde Ihr Chef an Ihnen kritisieren?« oder »Was stört Ihre Kollegen an Ihnen?«. Berufliche Stärken werden ebenso indirekt erfragt mit »Was schätzen Ihre Kollegen an Ihnen?« oder »Mit welchen drei positiven Eigenschaften würde Ihr ehemaliger Vorgesetzter Ihren Arbeitsstil beschreiben?«.

Oder es wird auf die Bezeichnung »Schwäche« verzichtet, dann wird umschrieben gefragt »Wo sehen Sie bei sich noch Entwicklungsbedarf?« oder »Was würden Sie an Ihrer Arbeitsweise gerne noch optimieren?«.

Setzen Sie sich daher unbedingt zur Vorbereitung von Vorstellungsgesprächen mit Ihren Stärken und Schwächen auseinander, damit Sie Ihre persönlichen Fähigkeiten im Bewerbungsgespräch überzeugend präsentieren und konkret belegen können.

Aus unserer Beratungstätigkeit wissen wir, wie schwierig es für Bewerber ist, darauf zu antworten. Daher werden wir immer wieder gefragt: »Welche Stärken von mir soll ich nennen?« und

»Wie aufrichtig muss ich bei der Angabe meiner Schwächen sein?«

Passen Ihre Stärken zur Stelle?

Beispiele geben

Wenden wir uns zuerst den Stärken zu. Unsere im letzten Kapitel dargestellte Antworttechnik »Beispiele geben« lässt sich auch bei der Darstellung Ihrer Stärken im Vorstellungsgespräch optimal einsetzen. Zuerst überlegen Sie sich, welche Stärken für die von Ihnen angestrebte Stelle wichtig sind. Im nächsten Schritt müssen Sie darauf abgestimmte Beispiele finden, die zeigen, in welchen Situationen Sie diese Stärken benutzen. Wir werden Ihnen Beispiele und eine Übung vorstellen, damit Sie trainieren können, Ihre Stärken durch aussagekräftige Situationen aus Ihrem Berufsalltag zu untermauern.

Belastungsfähigkeit

BEISPIEL

»Ich verfüge über eine überdurchschnittliche Belastungsfähigkeit, was sich daran zeigt, dass ich bei kurzfristig auftretenden Problemen nicht die Ruhe verliere und zunächst analysiere, wo die Ursachen des Problems liegen, mir dann Lösungsmöglichkeiten überlege und schließlich entsprechend handle.«

Analytisches Denken

BEISPIEL

»Eine meiner Stärken ist meine analytische Vorgehensweise. Dies zeigt sich daran, dass ich komplexe Aufgabenstellungen – beispielsweise die Markteinführung einer neuen Software – in klare Teilziele untergliedern kann und so Schritt für Schritt mein anvisiertes Gesamtziel erreiche.«

ÜBUNG

Stärken erkennen und vermitteln

Im Vorstellungsgespräch will man Ihre Stärken herausfinden. Es ist nicht überzeugend, Begriffe für persönliche Stärken auswendig zu lernen und einfach dem Personalverantwortlichen an den Kopf zu werfen.

Um überzeugend zu wirken, müssen Sie drei glaubwürdige Stärken nennen können. Überlegen Sie sich Ihre positiven Eigenschaften, die kennzeichnend für Sie sind. Finden Sie für diese positiven Eigenschaften schlagkräftige Stichworte. Wenn Sie hier unsicher sind, können Sie sich an unserer im Anschluss aufgeführten Liste orientieren. Entscheiden Sie sich nur für Stärken, die Sie durch Beispiele aus dem Berufsalltag im Vorstellungsgespräch belegen können.

1. *Schritt:* Umschreiben Sie das Stichwort, das Ihre Stärke kennzeichnet, mit einem vollständigen Satz.
2. *Schritt:* In einem zweiten Satz nennen Sie eine konkrete Situation, anhand derer Ihre Stärke deutlich wird.

Beispiel: »Begeisterungsfähigkeit«

1. *Schritt:* »Ich kann mich und andere gut für berufliche Aufgaben begeistern und dadurch motivieren.«
2. *Schritt:* »Während der Umstrukturierung unserer Abteilung ging es darum, neue Zuständigkeiten und Verantwortlichkeiten zu definieren. Durch intensive Gespräche konnte ich meine Mitarbeiter für die Übernahme von neuen Aufgaben begeistern, auch wenn dies zunächst mit einem Mehr an Arbeit verbunden war. Letztendlich führten die neuen Verantwortlichkeiten zu reibungsloseren Arbeitsprozessen.«

Jetzt können Sie durchstarten. Definieren Sie drei eigene Stärken oder wählen Sie passende aus der folgenden Liste aus.

- → Leistungsbereitschaft
- → Kontaktstärke
- → analytisches Denken
- → Einfühlungsvermögen

- → Kreativität/eigene Ideen
- → Kompromissbereitschaft
- → Aufgeschlossenheit
- → Risikobereitschaft
- → Verlässlichkeit
- → Entschlussbereitschaft
- → Belastungsfähigkeit
- → Kundenorientierung
- → Abschlusssicherheit
- → Innovationsfähigkeit

Die drei von Ihnen ausgewählten Stärken setzen Sie nun nach dem von uns vorgestellten Schema um.

Stärke 1: ______________________________

1. Schritt: ______________________________

____

2. Schritt: ______________________________

____

Stärke 2: ______________________________

1. Schritt: ______________________________

____

2. Schritt: ______________________________

____

Stärke 3: ______________________________

1. Schritt: ______________________________

____

2. Schritt: ______________________________

____

Schwächen taktisch benennen

Selbstkritik ja, aber nicht übertrieben

Jetzt wenden wir uns dem schwierigeren Part zu: Ihren Schwächen. Es wird von Ihnen nicht erwartet, dass Sie zerknirscht in sich gehen und selbstkritisch alle Dinge offenbaren, die Sie jemals an Ihnen gestört haben. Wichtig ist lediglich, dass Ihr

Gegenüber im Vorstellungsgespräch den Eindruck gewinnt, dass Sie sich mit den Ecken und Kanten Ihrer Persönlichkeit auseinandergesetzt haben.

Wenn Sie sagen: »Ich habe keine Schwächen!«, wird diese Antwort als überheblich gedeutet, und Ihnen wird mangelnde Selbstkritik unterstellt werden. Man wird vielleicht mit provokativen Fragen nachhaken, beispielsweise: »Warum sind Sie dann noch nicht Vorstandsvorsitzender bei BMW?« oder: »Warum sind Ihre Arbeitszeugnisse dann nur durchschnittlich?« Irgendeinen wunden Punkt hat schließlich jeder.

Grundregeln des Bewerbungsverfahrens

Wenn Sie aufgefordert werden, Ihre Schwächen zu benennen, kommt Humor leider ebenfalls schlecht an. Antworten Sie bitte nicht: »Meine größte Schwäche ist, dass ich abends manchmal das Zähneputzen vergesse.« Denn bei »witzigen« Antworten reagieren viele Gesprächspartner im Vorstellungsgespräch eher säuerlich. Bedenken Sie an dieser Stelle die unausgesprochenen Grundregeln des Bewerbungsverfahrens:

- → **Seien Sie niemals besser als der Personalverantwortliche – darum müssen Sie Schwächen haben!**
- → **Seien Sie niemals fröhlicher als der Personalverantwortliche – sonst schließt man aus Ihrer fehlenden Anpassungsfähigkeit im Vorstellungsgespräch, dass Sie sich auch im Betriebsalltag nicht anpassen werden!**

Schema für die Schwächendarstellung

Um Ihre Fähigkeit zur Selbstreflexion unter Beweis zu stellen, sollten Sie in der Lage sein, eine Schwäche von sich »zuzugeben«. Damit diese Schwäche nicht als schwerwiegender Makel erscheint, empfiehlt es sich, die Darstellung der Schwäche sorgfältig aufzubauen. Dabei hilf Ihnen unser Aufbauschema für die Darstellung von Schwächen:

1. *Schritt:* Benennen Sie die Schwäche in einem Satz und benutzen Sie Relativierungen, (»manchmal«, »ab und zu«, »gelegentlich«, »es kommt vor«, »früher«).
2. *Schritt:* Geben Sie ein Beispiel dafür, wie sich die Schwäche in der Vergangenheit gezeigt hat.
3. *Schritt:* Legen Sie dar, was Sie getan haben, um Ihre Schwäche in den Griff zu bekommen.

BEISPIEL

Direktheit

»Ich bin manchmal zu direkt und offen im Gespräch. Mit meiner Vorliebe für klare Worte habe ich manchmal Kollegen und Mitarbeiter vor den Kopf gestoßen. Heute achte ich besser darauf, dass ich den richtigen Zeitpunkt und die richtige Situation wähle, um meine Meinung zu äußern.«

Drei Stärken, eine Schwäche

Achten Sie auch darauf, dass Sie bei der Frage »Nennen Sie mir drei Stärken und drei Schwächen von Ihnen!« nicht alle Ihre Schwächen aufzählen. Nennen Sie immer drei Ihrer Stärken, aber nur eine Schwäche. Weitere Schwächen sollten erst auf Nachfrage erfolgen. Hier dürfen Sie sich ausnahmsweise »etwas aus der Nase ziehen« lassen und sollten nicht unnötig loslegen. Im Folgenden finden Sie eine Übung, wie Sie überzeugend eine Schwäche von sich darstellen können.

ÜBUNG

Schwächen darstellen

Schreiben Sie zuerst mehrere Schwächen auf. Gehen Sie diese dann einzeln durch und überprüfen Sie, ob sich ausgewählte Schwächen mit unserem Schema in einer für das Vorstellungsgespräch geeigneten Weise darstellen lassen.

Eine gut aufgebaute Schwäche könnte so aussehen:

1. *Schritt:* »Ich kontrolliere Arbeitsaufgaben manchmal zu stark.«
2. *Schritt:* »Wenn ich Arbeitsaufgaben an mein Team delegiere, möchte ich gerne möglichst genau wissen, wie der Stand der Dinge ist. Allerdings brauchen manche Abläufe und Recherchen doch etwas Zeit, es kann dann störend wirken, wenn permanent Zwischenergebnisse eingefordert werden.«

→ FORTSETZUNG AUF DER NÄCHSTEN SEITE

3. *Schritt:* »Ich habe mir mittlerweile angewöhnt, meinen Mitarbeitern mehr Freiräume bei der Aufgabenerfüllung zu geben, und damit gute Erfahrungen gemacht.«

Jetzt zu Ihren Schwächen: Wenn Sie mehrere Schwächen gefunden haben, die in das Schema passen, sollten Sie sich zunächst für diejenige Schwäche entscheiden, die Sie bei der zukünftigen Arbeit am wenigsten behindert.

Meine Schwäche: ______________________________

1. Schritt: ______________________________

____

2. Schritt: ______________________________

____

3. Schritt: ______________________________

____

Zur Sicherheit (nur auf Nachfrage) zwei weitere Schwächen:

Meine 2. Schwäche: ______________________________

1. Schritt: ______________________________

____

2. Schritt: ______________________________

____

3. Schritt: ______________________________

____

Meine 3. Schwäche: ______________________________

1. Schritt: ______________________________

____

2. Schritt: ______________________________

____

3. Schritt: ______________________________

____

Ihre Stärken, Ihre Schwächen

AUF EINEN BLICK

→ Die Frage nach den Stärken und Schwächen ist ein zentraler Punkt in vielen Vorstellungsgesprächen.

→ Aktuell gibt es in den Firmen den Trend, Stärken und Schwächen indirekt zu erfragen (»Was würde Ihr Chef sagen, wenn ...?«).

→ Statt nach »Schwächen« fragen manche Personalverantwortliche auch verklausuliert nach »persönlichem Entwicklungsbedarf«.

→ Sie sollten im Vorstellungsgespräch drei Stärken präsentieren können.

→ Geben Sie Ihre Stärken nicht nur als abstraktes Schlagwort an. Stellen Sie Ihre Stärken anhand von beruflichen Beispielen dar.

→ Bereiten Sie für das Vorstellungsgespräch ebenfalls Schwächen vor, die Sie nennen können.

→ Orientieren Sie sich bei der Darstellung Ihrer Schwäche an dem folgenden Dreier-Schema:
   1. Schwäche nennen.
   2. Beispiel dafür geben, wie sich die Schwäche gezeigt hat.
   3. Darlegen, was Sie getan haben, um die Schwäche in den Griff zu bekommen.

→ Halten Sie sich bei der Darstellung vermeintlicher Schwächen eher bedeckt. Beginnen Sie mit der Darstellung einer Schwäche, weitere Schwächen nennen Sie erst auf erneute Nachfrage.

22. Training Job-Interview: Viele Fragen an Sie

Setzen Sie sich vor Vorstellungsgesprächen mit dem jeweiligen Hintergrund der gestellten Fragen auseinander. In diesem Kapitel erläutern wir Ihnen, aus welchen Themenbereichen Ihnen Fragen gestellt werden und welche Strategien Sie mit Ihren Antworten verfolgen sollten.

Mit Ihrer ausgearbeiteten Selbstpräsentation, mit unseren Frage- und Antworttechniken und mit den Beispielen zur Darstellung von Stärken und Schwächen haben wir Ihnen das notwendige Rüstzeug an die Hand gegeben, um in Vorstellungsgesprächen zu überzeugen. Jetzt kommt es darauf an, dieses Wissen umzusetzen.

Fragenkomplexe

In den nun folgenden Fragenkomplexen warten auf Sie typische Fragen

- → **zur Leistungsmotivation,**
- → **zur Führungserfahrung,**
- → **zum Unternehmen,**
- → **zur beruflichen Entwicklung,**
- → **zum Selbstbild und**
- → **zur privaten Lebensgestaltung.**

Idealerweise formulieren Sie Ihre Antworten nicht nur in Gedanken, sondern sprechen Sie laut aus und schreiben Sie auf. Unverzichtbar dabei sind Ihre Erfolgsbilanz, Ihre Selbstpräsentation, Ihre Bewerbungsunterlagen und die jeweilige Stellenausschreibung. Mit dieser gezielten Vorbereitung werden Sie die Schnittstellen zwischen Ihrer jetzigen Tätigkeit und den neuen Aufgaben fokussiert herausarbeiten können. Starten Sie nach einigen Tagen auch einen zweiten oder dritten Durchgang, damit Ihr Trainingserfolg so groß wie möglich ist.

Fragen zur Leistungsmotivation

Mit den Fragen zur Leistungsmotivation will man feststellen, wie stark Ihr Wunsch ist, gerade für dieses Unternehmen beziehungsweise gerade in diesem Tätigkeitsfeld zu arbeiten. Auf Fragen wie »Was erwarten Sie von einer Anstellung bei uns?« reichen Antworten wie »Die Aufgabe interessiert mich« oder »Ich freue mich auf die Herausforderung« nicht aus.

Leistungsmotivation herausstellen

Stellen Sie mit Ihren Antworten Ihre bisherige Leistungsmotivation bei der Erfüllung beruflicher Aufgaben heraus, sodass sich beim Zuhörer innerlich die Überzeugung einstellt, dass eine Anstellung die konsequente Fortsetzung Ihres eingeschlagenen Berufsweges bedeuten würde. Beziehen Sie sich auf Ihre Selbstpräsentation. Zeigen Sie, wie Sie sich durch das Stecken und Erreichen von beruflichen Zielen selbst motivieren und dass Sie beruflich noch lange nicht alles erreicht haben, was Sie mit Ihrem Potenzial erreichen können.

Liefern Sie Beispiele dafür, wann Sie sich bewusst für die Ausrichtung Ihrer beruflichen Laufbahn entschieden haben, welche Erfolge Sie in Ihrer beruflichen Entwicklung erzielt haben und welche Ihrer fachlichen Kenntnisse und persönlichen Fähigkeiten Sie nun in der neuen Position einsetzen werden - und warum.

BEISPIEL

Motivation verdeutlichen

Frage: »Was erwarten Sie von einer Anstellung bei uns?«

Antwort: »Ich möchte meine berufliche Entwicklung vorantreiben. Aufbauend auf meine bisherigen Erfahrungen als stellvertretender Produktionsleiter möchte ich jetzt die Verantwortung für Ihre Produktionsstätte in Schaffhausen übernehmen. Dafür bringe ich umfassende Berufserfahrung in der Endbauphase und der Gestaltung von Installationsabläufen mit. Ich habe auch bisher schon eng mit dem Verkauf, der Qualitätssicherung und dem Engineering zusammengearbeitet. Zusätzlich möchte ich jetzt die Verantwortung für Qualitätsstandards und die Einhaltung der Lieferzeiten übernehmen.«

ÜBUNG

Fragen zur Motivation

Lesen Sie sich zuerst die Fragen durch und versuchen Sie, möglichst spontan zu antworten. Auf diese Weise merken Sie, welche Fragen für Sie schwieriger zu beantworten sind. Wenn Sie sich beim Formulieren von Antworten unsicher sind, sollten Sie zuerst einmal stichwortartig aufschreiben, was in die Antwort gehört. Überlegen Sie sich zum Beispiel zu der Frage »Welche Pläne haben Sie für Ihre Weiterbildung?« die speziellen Weiterbildungsmaßnahmen, die für Ihr Berufsfeld wichtig sind.

»Was erwarten Sie von einer Anstellung bei uns?«

Ihre Antwort: ______________________________

»Was hat Sie an unserer Stellenausschreibung besonders angesprochen?«

Ihre Antwort: ______________________________

»Wie würden Sie den Einstieg in Ihre neue Position gestalten?«

Ihre Antwort: ______________________________

»Wie lange brauchen Sie für Ihre Einarbeitung?«

Ihre Antwort: ______________________________

»Was reizt Sie an der ausgeschriebenen Position am meisten?«

Ihre Antwort: ______________________________

»Was wollen Sie in drei/fünf/zehn Jahren erreicht haben?«

Ihre Antwort: ______________________________

»Welche Pläne haben Sie für Ihre Weiterbildung?«

Ihre Antwort: ______________________________

....

»Was brauchen Sie, um beruflich erfolgreich zu sein?«

Ihre Antwort: ______________________________

....

»Wenn Sie einen Stellvertreter für sich auszusuchen hätten, welche Kenntnisse und Fähigkeiten müsste er mitbringen?«

Ihre Antwort: ______________________________

....

»Warum haben Sie sich gerade bei uns beworben?«

Ihre Antwort: ______________________________

....

»Können wir Sie auch in anderen Unternehmensbereichen einsetzen, wenn ja, in welchen?«

Ihre Antwort: ______________________________

....

»Wo haben Sie sich sonst noch beworben?«

Ihre Antwort: ______________________________

....

»Interessiert Sie auch eine andere Tätigkeit als die ausgeschriebene?«

Ihre Antwort: ______________________________

....

»Würden Sie für unser Unternehmen nach Nord-, Süd-, West- oder Ostdeutschland (-europa) gehen?«

Ihre Antwort: ______________________________

....

→ FORTSETZUNG AUF DER NÄCHSTEN SEITE

»Was machen Sie, wenn Sie diese Stelle nicht bekommen?«

Ihre Antwort: ______________________________

»Haben Sie schon einmal mit dem Gedanken gespielt, sich selbstständig zu machen?«

Ihre Antwort: ______________________________

»Seit wann haben Sie den Wunsch, eine berufliche Tätigkeit als XYZ auszuüben?«

Ihre Antwort: ______________________________

»Wie lange werden Sie in unserem Unternehmen bleiben?«

Ihre Antwort: ______________________________

Sie werden feststellen, dass Sie die Antworten auf diese Fragen gründlich vorbereitet werden müssen. Im Gespräch haben Sie nicht genügend Zeit für vertiefende Reflektionen und persönliche Standortbestimmungen.

Fragen zur Führungserfahrung

Besonderer Stellenwert

Die Überprüfung der Führungserfahrung hat im Vorstellungsgespräch mit Führungskräften natürlich einen besonderen Stellenwert. Personalverantwortliche wollen wissen, wie Sie mit Mitarbeitern umgehen, Aufgaben delegieren und bei Konflikten Lösungen herbeiführen. Die von Ihnen zu beantwortenden Fragen beziehen sich auf die typischen Handlungskompetenzen, über die erfolgreiche Führungskräfte verfügen sollten. So werden Sie beispielsweise gefragt: »Wie äußern Sie Kritik gegenüber Mitarbeitern?«, »Wie führen Sie ein Team?« oder »Welche Entscheidungen fallen Ihnen am schwersten?«

Wie lösen Sie Probleme?

Oft wird der Blick auch auf eine fiktive Situation gerichtet. Ihnen werden Szenarien beschrieben, für die Sie gleich im

Vorstellungsgespräch eine Lösung entwickeln sollen. Entsprechende Fragen lauten: »Ihnen ist gerüchteweise zu Ohren gekommen, dass Ihr Stellvertreter mit dem Gedanken spielt zu kündigen. Wie reagieren Sie?« oder »Was tun Sie, wenn Mitarbeiter Zielvorgaben nicht einhalten?« Der Sinn solcher projektiver Fragen ist herauszubekommen, wie Sie problematische Situationen auflösen. Hierbei ist Ihre soziale und methodische Kompetenz gefragt. Sie überzeugen dann, wenn Sie prozesshaft, also in nachvollziehbaren Teilschritten, beschreiben, wie Sie bei der Bewältigung von typischen Führungsaufgaben vorgehen.

Gerüchte im Griff

BEISPIEL

Frage: »Ihnen ist gerüchteweise zu Ohren gekommen, dass Ihr Stellvertreter mit dem Gedanken spielt zu kündigen. Wie reagieren Sie?«

Antwort: »Ich werde nicht auf die Gerüchte einsteigen, sondern das Gespräch mit meinem Stellvertreter suchen. Sollte er tatsächlich mit dem Gedanken spielen, das Unternehmen zu verlassen, würde ich versuchen, die Gründe dafür zu erfahren. In einem Gespräch mit der Personalabteilung würde ich dann einen Spielraum für Bleibeverhandlungen festlegen.«

Führen durch Zielvereinbarung

Bei der Beantwortung von Fragen zum optimalen Führungsstil oder zu den Erfolgsfaktoren idealer Führungskräfte kommt es nicht darauf an, dass Sie wissenschaftliche Definitionen zur Mitarbeiterführung liefern oder das Thema psychologisch ausdeuten. Das Vorstellungsgespräch ist kein wissenschaftlicher Diskurs. Generell können Sie sich an dem Idealbild »Führen durch Zielvereinbarung« orientieren.

Verdeutlichen Sie im Vorstellungsgespräch, dass Sie über einen flexiblen und der Situation angemessenen Führungsstil verfügen. Es sollte klar werden, dass Sie sich mit dem Thema Führung auseinandergesetzt haben und dass Sie über Ihr eigenes Führungsverhalten reflektieren können.

Praxisbeispiele einfließen lassen

Zeigen Sie, dass Sie komplexe Aufgaben in Teilschritte zerlegen können, dass Sie Mitarbeitern konkrete Ziele für ihr Handeln aufzeigen können, dass Sie Aufgaben so verteilen, dass die Qualifikation des Mitarbeiters ausreicht, sie zu bearbeiten, und dass Sie Zielvorgaben stecken, die überprüfbar sind.

Fragen wie »Welcher Führungsstil ist der beste?« oder »Was sind Erfolgsfaktoren für Führungskräfte?« beantworten Sie gelungen, wenn Sie konkrete Beispiele aus Ihrer beruflichen Praxis einfließen lassen.

BEISPIEL

Erfolgsfaktoren für Führungskräfte

Frage: »Was sind die entscheidenden Erfolgsfaktoren im Führungsalltag?«

Antwort: »Führungskräfte haben dann Erfolg, wenn sie Aufgaben geeignet strukturieren, Ziele definieren und Mitarbeiter optimal einsetzen können. Bei meinem jetzigen Arbeitgeber habe ich eine Projektgruppe geleitet, die das Wissensmanagement im Service zum ersten Mal systematisch aufgebaut hat. Dabei habe ich die Teilaufgaben definiert, dafür Mitarbeiter aus Service und Entwicklung ausgewählt und die Ergebnisse regelmäßig überprüft. Die Wissensdatenbank ist mittlerweile nicht mehr aus dem Service wegzudenken.«

ÜBUNG

Fragen zur Führungserfahrung

»Was sind für Sie die größten Führungsschwächen?«
Ihre Antwort: ____________________

....

»Hat sich Ihr Führungsstil seit Ihrem Berufseinstieg geändert?«

Ihre Antwort: ____________________

....

»Mussten Sie schon einmal Mitarbeitern kündigen?«

Ihre Antwort: ____________________

....

»Welche Führungsaufgaben fallen Ihnen am schwersten?«

Ihre Antwort: ____________________

....

»Welches Umfeld brauchen Sie, um erfolgreich zu führen?«

Ihre Antwort: ____________________

....

»Wie begeistern Sie Mitarbeiter für Sonderaufgaben?«

Ihre Antwort: ____________________

....

»Was zeichnet eine Führungspersönlichkeit aus?«

Ihre Antwort: ____________________

....

»Ist Führungsstärke angeboren oder wird sie im Berufsalltag erworben?«

Ihre Antwort: ____________________

....

»Wie motivieren Sie Ihre Mitarbeiter?«

Ihre Antwort: ____________________

....

»Was machen Sie, wenn ein Mitarbeiter immer wieder Aufgaben unbearbeitet lässt?«

Ihre Antwort: ____________________

....

→ FORTSETZUNG AUF DER NÄCHSTEN SEITE

»Wie führen Sie ein Team?«

Ihre Antwort: ______________________________

....

»Wie gehen Sie mit Kollegen um?«

Ihre Antwort: ______________________________

....

»Wie wichtig ist Ihnen der Ruf Ihrer Abteilung?«

Ihre Antwort: ______________________________

....

»Wie gehen Sie mit unrealistischen Vorgaben der Geschäftsleitung um?«

Ihre Antwort: ______________________________

....

»Nennen Sie mir zwei problematische Situationen, in denen Ihre Führungsfähigkeiten gefragt waren!«

Ihre Antwort: ______________________________

....

»Sind Sie schon einmal wegen Ihres Führungsstils kritisiert worden?«

Ihre Antwort: ______________________________

....

»Wie äußern Sie Kritik gegenüber Mitarbeitern?«

Ihre Antwort: ______________________________

....

»Wie lösen Sie Spannungen zwischen Mitarbeitern auf?«

Ihre Antwort: ______________________________

....

»Wie reagieren Sie, wenn Ihr Stellvertreter Ihnen wiederholt Informationen vorenthält?«

Ihre Antwort: ______________________________________

Fragen zum Unternehmen

Informieren Sie sich gründlich

Echte Wunschkandidaten können im Vorstellungsgespräch vermitteln, dass sie in zweifacher Weise in das Unternehmen passen: Sie machen deutlich, dass sie sowohl auf die neue Stelle als auch in die neue Firma passen. Um das zu überprüfen, stellen die Entscheider auf der Firmenseite nicht nur Fragen zum neuen Arbeitsplatz, sondern auch zur Firma, beispielsweise zu den Produkten beziehungsweise Dienstleistungen der Firma oder zur geschäftlichen Entwicklung der vergangenen Jahre. Bewerber, die allgemein zugängliche Kennzahlen der neuen Firma nicht parat haben, sorgen für Missstimmung. Wer Fragen nach den bekanntesten Produkten, den typischen Dienstleistungen, nach der Anzahl der Beschäftigten, nach Umsätzen der vergangenen Jahre oder nach weiteren Firmenstandorten nicht beantworten kann, disqualifiziert sich selbst.

Im Zeitalter des Internets ist es viel leichter geworden, aktuelle Informationen über Unternehmen zu bekommen - nutzen Sie diese Möglichkeit! Auf den Homepages der Unternehmen, Verbände und Organisationen finden Sie vielfältige Informationen, beispielsweise zu künftigen Wachstumsfeldern, über die Marktposition, zu Auslandsmärkten und über die Kundenstruktur. Insbesondere in großen Konzernen liefern Ihnen Menüpunkte wie »Investor Relations«, »Corporate News« oder »Geschäftsberichte« wertvolle Informationen. Zusätzlich sollten Sie sich mit dem Unternehmensleitbild (der Corporate Identity) auseinandersetzen. Typische Fragen können Sie mit unserer nachfolgenden Übung trainieren.

Hören Sie aufmerksam zu

Zum Teil werden die Fragen zum Unternehmen auch eingesetzt, um Ihre Auffassungsgabe zu überprüfen. Dazu werden Ihnen am Anfang des Gespräches Informationen gegeben, die später abgefragt werden. Sie müssen auch hier mit Ihren Antworten vermitteln, dass Sie sich gerade bei Ihrem Wunscharbeitgeber befinden und nicht bei einem Unternehmen zweiter Wahl. Sonst verspielen Sie wichtige Sympathiepunkte.

ÜBUNG

Fragen zum Unternehmen

Um die Fragen zum Unternehmen beantworten zu können, benötigen Sie Informationen. Recherchieren Sie direkt auf der Firmenhomepage und geben Sie den Firmennamen in Suchmaschinen ein, um beispielsweise Presseberichte auszuwerten. Versuchen Sie, so viele Informationen über das Unternehmen wie möglich in Ihre Antworten einfließen zu lassen. Ihre Antworten sollten Sie bei Ihrer Vorbereitung schon ausformulieren, damit Sie im Bewerbungsgespräch nicht in ein bloßes Faktenaufzählen verfallen.

»Was wissen Sie über unser Unternehmen?«

Ihre Antwort: ______________________________

»Kennen Sie unsere Produkte/Dienstleistungen? Was interessiert Sie daran?«

Ihre Antwort: ______________________________

»Kennen Sie noch andere Unternehmen unserer Branche?«

Ihre Antwort: ______________________________

»Wissen Sie, wer unsere stärksten Mitbewerber sind?«

Ihre Antwort: ______________________________

»Können Sie uns drei Produkte unserer Mitbewerber nennen?«

Ihre Antwort: ______________________________

»Kennen Sie unsere weiteren Standorte (Deutschland, Europa, weltweit)?«

Ihre Antwort: ______________________________

»Wissen Sie, wie viele Mitarbeiter wir beschäftigen?«

Ihre Antwort: ______________________________

»Kennen Sie unseren Jahresumsatz?«

Ihre Antwort: ______________________________

»Was wissen Sie über unsere Branche?«

Ihre Antwort: ______________________________

»Welchen Eindruck haben Sie von unserem Unternehmen?«

Ihre Antwort: ______________________________

Fragen zur beruflichen Entwicklung

Mit der Frage »Würden Sie wieder den gleichen Berufsweg gehen?« möchte man feststellen, wie stark Sie sich mit Ihrem Beruf identifizieren. Verweisen Sie auf besondere Kenntnisse und Fähigkeiten, die Sie während Ihrer Berufslaufbahn erworben haben, und beschreiben Sie, wie Sie diese Qualifikationen im Berufsalltag praktisch eingesetzt haben. Dies dokumentiert Ihr Interesse und Ihre Begeisterung für Ihr Berufsfeld.

Sind Sie auf dem Laufenden?

Auch die Beschäftigung mit neuen Entwicklungen und aktuellen Tendenzen in Ihrem Berufsfeld ist gerne gesehen. Dies sollten Sie durch das Lesen von Fachzeitschriften oder Fachbüchern, die Teilnahme an passenden Seminaren, den Besuch von Kongressen belegen können. Der Blick über das Tagesgeschäft hinaus ist eine Motivation, die für Sie spricht. Es wird vermutet, dass der, der Eigeninitiative zeigt und sich für seine berufliche Entwicklung einsetzt, sich auch am neuen Arbeitsplatz überdurchschnittlich engagieren wird.

Wenn Ihre berufliche Entwicklung beispielsweise durch ungeplante Stellenwechsel oder eine Kündigung mit anschließender Arbeitslosigkeit unterbrochen wurde, wird man im Gespräch feststellen wollen, wie Sie diesen Bruch verkraftet haben und wie Sie reagieren, wenn im Berufsleben einmal nicht alles wie geplant verläuft.

Rechnen Sie mit Stressfragen

Rechnen Sie damit, dass Sie bei häufigem Wechsel des Arbeitgebers mit Stressfragen wie »Geben Sie bei Problemen immer so schnell auf?« konfrontiert werden. Versuchen Sie nicht, die Schuld an Problemen am alten Arbeitsplatz auf Vorgesetzte und Kollegen zu schieben, um selbst besser dazustehen. Auch zu viel Ehrlichkeit ist bei solchen Fragen kontraproduktiv. Im Kapitel »Wie begründen Sie den Stellenwechsel?« können Sie nachlesen, auf welche Weise Sie Probleme am alten Arbeitsplatz im Vorstellungsgespräch darstellen sollten, um nicht in ein schiefes Licht zu geraten.

Achten Sie bei der Darstellung Ihrer beruflichen Entwicklung darauf, dass Sie eine Entwicklungslinie in Richtung der neuen Position plausibel machen. Dabei haben Sie einen großen Gestaltungsspielraum, den Sie in Ihrem Interesse nutzen sollten. Beachten Sie hierbei, dass Sie eine Entwicklung niemals dadurch deutlich machen, indem Sie auf verpasste Chancen, Krisen und Brüche in Ihrer Berufslaufbahn eingehen. Sehr viele Bewerber suchen zuallererst Rechtfertigungen dafür, dass alles nicht so richtig gelaufen ist. Aus unserer Beratungstätigkeit wissen wir jedoch, dass alle Bewerber es mit etwas Übung schaffen, die vorhandenen beruflichen Stationen mit konkreten Beispielen auszufüllen und einen roten Faden der beruflichen Entwicklung zu knüpfen.

Dieser rote Faden darf auch einmal in ungeplanten Zick-Zack-Linien verlaufen. Wesentlich ist für die Entscheider auf der Firmenseite, ob Sie selbst im Großen und Ganzen zu Ihrer bisherigen beruflichen Entwicklung stehen. Weinen Sie noch heute verpassten Chancen nach? Oder haben Sie das Beste aus der jeweiligen Situation gemacht?

Problemkommunikation

Beachten Sie bei Antworten auf Fragen wie »Was hat Sie im Beruf besonders enttäuscht?« oder »Was war Ihr größter Misserfolg im Beruf?« die Grundregeln der »Problemkommunikation«:

1. Schildern Sie grundsätzlich kurz, was Sie als problematisch erlebt haben.
2. Verdeutlichen Sie, wie Sie diese Probleme aktiv bewältigt haben.

Enttäuschungen im Beruf

BEISPIEL

Für die Fragen, in denen es um Ihre Frustrationen und Enttäuschungen geht, sollten Sie sich Erlebnisse überlegen, die für Ihre berufliche Entwicklung keine große Bedeutung hatten. Zum Beispiel könnte Ihre Antwort auf die Frage »Was hat Sie im Beruf besonders enttäuscht?« lauten: »Ich bin mit meinem Beruf zufrieden. Vielleicht wäre es schön gewesen, einmal eine Zeit lang im Ausland zu arbeiten. Aber ich habe oft vor Ort internationale Treffen mit unseren Zulieferern aus Asien und dem europäischen Raum gehabt, bin also auch so ausreichend international aufgestellt.«

Allgemeine Statements zur Abschaffung des hierarchischen Betriebsablaufes in Großunternehmen helfen hier nicht weiter. Auch der Verweis auf die mangelhafte Personalentwicklung und Mitarbeiterförderung in Zeiten von Wirtschaftskrisen, feindlichen Firmenübernahmen oder Entlassungswellen ist problematisch.

Diese Strategie überzeugt

Zusammenfassend lässt sich festhalten, dass Sie den Fragenblock zur beruflichen Entwicklung dann überzeugend bestehen, wenn Sie Ihren Gesprächspartnern verdeutlichen, dass Sie Ihre Neigungen und Interessen - früher oder später - erkannt, dann konsequent verfolgt und im Beruf ausgebaut haben, wobei Sie in der Lage waren, Hindernisse aus dem Weg zu räumen und auch gelegentliche Rückschläge zu verkraften.

ÜBUNG

Fragen zur beruflichen Entwicklung

Bei Ihrer Auseinandersetzung mit den Fragen zur beruflichen Entwicklung sollten Sie trainieren, Ihren Werdegang schlüssig darzustellen. Verzichten Sie auf die detaillierte Schilderung von Krisen, Problemen und Brüchen. Personalverantwortliche wollen eine generelle Zufriedenheit mit Ihrem Berufsweg erkennen.

»Aus welchen Gründen haben Sie sich für Ihren Beruf entschieden?«

Ihre Antwort: ______________________________

»Gibt es eine innere Logik hinter Ihrem bisherigen beruflichen Werdegang?«

Ihre Antwort: ______________________________

»Warum haben Sie Ihren vorletzten Arbeitgeber so schnell verlassen?«

Ihre Antwort: ______________________________

»Wie haben Sie sich auf die beruflichen Anforderungen in Ihrer bisherigen Position vorbereitet?«

Ihre Antwort: ______________________________

»Würden Sie wieder den gleichen Beruf wählen?«

Ihre Antwort: ______________________________

»An welche zwei Erfolge in Ihrer Berufstätigkeit erinnern Sie sich besonders gern?«

Ihre Antwort: ______________________________

»Was hat Sie bei Ihrem bisherigen Arbeitgeber am meisten frustriert?«

Ihre Antwort: ______________________________

»Was hat Ihnen an Ihrer alten Stelle besonders gefallen, und was nicht?«

Ihre Antwort: ______________________________

»Welche beruflichen Tätigkeiten mochten Sie besonders, welche nicht und warum?«

Ihre Antwort: ______________________________

»Fühlten Sie sich an Ihrem alten Arbeitsplatz gerecht beurteilt?«

Ihre Antwort: ______________________________

»Was hat Sie im Beruf besonders enttäuscht?«

Ihre Antwort: ______________________________

»Was waren die Gründe für Ihre guten Beurteilungen?«

Ihre Antwort: ______________________________

»Warum haben Sie so durchschnittliche Arbeitszeugnisse?«

Ihre Antwort: ______________________________

→ FORTSETZUNG AUF DER NÄCHSTEN SEITE

»Welche Weiterbildungen haben Sie neben Ihrer Berufstätigkeit freiwillig absolviert?«

Ihre Antwort: ______________________________

»Welche Kenntnisse und Fähigkeiten haben Sie sich außerhalb Ihrer Berufstätigkeit angeeignet?«

Ihre Antwort: ______________________________

Fragen zum Selbstbild

Realistische Einschätzung

Die Erfahrung bestätigt immer wieder, dass Bewerberinnen und Bewerber, die über eine realistische Einschätzung ihrer eigenen Person verfügen, mit den Anforderungen des sozialen Umfelds am neuen Arbeitsplatz besser klarkommen. Daher werden Ihnen von Personalverantwortlichen Fragen zu Ihrem Selbstbild gestellt, und die Antworten werden anschließend häufig mit Kontrollfragen überprüft.

Bei den Fragen nach Ihrem Selbstbild geht es sowohl um das Bild, das Sie von sich im Umgang mit anderen Menschen haben, als auch darum zu erfahren, wie Sie Ihre individuellen Stärken und Schwächen einschätzen.

Wir haben es oft erlebt, dass Bewerber bei der Fragenkombination »Erinnern Sie sich an Ihren schlechtesten Vorgesetzten? Was hat Sie am meisten an ihm gestört?« plötzlich einen feuerroten Kopf bekamen und wahre Hasstiraden auf ehemalige Vorgesetzte losließen. Dies sollten Sie im Vorstellungsgespräch selbstverständlich nicht tun. Denn damit rücken Sie sich als Person und nicht etwa Ihren ehemaligen Vorgesetzten in ein schlechtes Licht.

Formulieren Sie allgemein

Grundsätzlich gilt hier, dass Bewerber bei Fragen nach Konflikten am alten Arbeitsplatz immer abstrahieren sollten. Im Gegensatz zu Ihren sonstigen Antworten auf Fragen im Vorstellungsgespräch, bei denen wir ja durchgehend konkrete Beispiele und Belege von Ihnen einfordern, dürfen Sie hier ausdrücklich einmal bewusst allgemein formulieren.

Zum Beispiel können Sie sagen: »Es ist immer schwierig, wenn wichtige Informationen zurückgehalten werden« oder »Unsachliche Kritik, die mit persönlichen Angriffen verbunden ist, stört mich«. Wenn hier nachgefragt wird, geben Sie jeweils kurze Beispiele für derartige Konfliktsituationen, und erläutern, wie Sie die Konflikte aufgelöst haben.

Auf Fragen nach Ihren Stärken oder Schwächen sind Sie ja bereits vorbereitet. Die Fragen »Wie würde Ihr bester Freund Sie beschreiben?« oder »Welche Eigenschaften müsste Ihr Stellvertreter mitbringen?« zielen in die gleiche Richtung: Es geht um eine Charakterisierung Ihrer eigenen Person und um Ihre Selbstreflexion. Nennen Sie die fachlichen Kenntnisse und persönlichen Fähigkeiten, die Sie für die ausgeschriebene Position mitbringen.

Die Zielrichtung der Frage »Könnten Sie sich, wenn Sie eine Weile bei einem anderen Arbeitgeber gearbeitet hätten, eine Rückkehr zu Ihrem jetzigen Arbeitsplatz vorstellen?« ist klar: Man will wissen, ob Sie an Ihrem Arbeitsplatz unter hohem Druck stehen und ihn auf jeden Fall verlassen wollen.

Rückkehr zum alten Arbeitgeber

BEISPIEL

Frage: »Könnten Sie sich, wenn Sie eine Weile bei einem anderen Arbeitgeber gearbeitet hätten, eine Rückkehr zu Ihrem jetzigen Arbeitsplatz vorstellen?«

Antwort: »Die neue Position in Ihrer Firma ermöglicht mir, meine Kenntnisse und Fähigkeiten in den Bereichen X und Y schwerpunktmäßig einzusetzen. Mein alter Arbeitgeber hat keine derartige Position für mich, eine Rückkehr wäre mit dem Verlust der Tätigkeiten X und Y verbunden und erscheint mir daher nicht sinnvoll für mich.«

Antworten auf Fragen nach der Bedeutung von Arbeit und Freizeit und zu Erfolg oder Misserfolg sollten Sie vor dem Vorstellungsgespräch für sich geklärt haben. Im Mittelpunkt Ihrer Antworten sollte dabei stets der Bezug zur Berufstätigkeit stehen.

BEISPIEL

Bedeutung von Arbeit

Frage: »Was bedeutet Arbeit für Sie?«

Antwort: »Arbeit bedeutet für mich, mir Ziele zu setzen und diese Ziele zu erreichen, so habe ich bisher … (formulieren Sie hier Teile aus Ihrer Selbstpräsentation)«

BEISPIEL

Erfolg

Frage: »Was bedeutet Erfolg für Sie?«

Antwort: »Aus meiner Sicht bin ich dann erfolgreich, wenn es mir gelingt, private und berufliche Ziele gleichermaßen zu erreichen. Arbeit ist für mich auch immer eine Möglichkeit der Selbstbestätigung, und beruflicher Erfolg strahlt positiv in mein Privatleben aus.«

BEISPIEL

Misserfolg

Frage: »Was bedeutet Misserfolg für Sie?«

Antwort: »Misserfolge gehören im Arbeitsleben leider manchmal dazu, dann fühle ich mich aber erst recht gefordert. Wenn ich ein angestrebtes Ziel nicht erreicht habe, überprüfe ich die Zielsetzung erneut und analysiere die Störfaktoren. So gelang es mir beispielweise erst nach einer Modifikation der Vertriebs- und Marketingstrategie, unsere Produktlinie erfolgreich auf dem polnischen Markt einzuführen.«

Fragen zum Selbstbild

ÜBUNG

In dieser Übung erwarten Sie einige Fragen, deren Sinn und Zweck nicht auf den ersten Blick deutlich wird. Manche dieser Fragen werden von Personalverantwortlichen eingesetzt, um Bewerber kurzfristig zu verunsichern. Bei den meisten Fragen geht es aber darum, welches Bild Sie von Ihrer Zusammenarbeit mit anderen Menschen und sich selbst haben.

Achten Sie bei Fragen nach inneren oder äußeren Konflikten darauf, dass Sie nicht zu tief in die Beschreibung von Krisen geraten. Hier sollten Sie in den Mittelpunkt Ihrer Antworten stellen, dass Ihr Umgang mit anderen und sich selbst im Allgemeinen reibungslos verläuft.

»Was war in Ihrem Leben die schwierigste Entscheidung?«

Ihre Antwort: ____

»Kennen Sie beruflich erfolgreiche Menschen?«

Ihre Antwort: ____

»Wie wirken Kritik und Anerkennung auf Sie?«

Ihre Antwort: ____

»Wie reagieren Sie bei ungerechtfertigter Kritik?«

Ihre Antwort: ____

»Wenn Sie noch einmal von vorn anfangen könnten, was würden Sie anders machen?«

Ihre Antwort: ____

→ FORTSETZUNG AUF DER NÄCHSTEN SEITE

»Was bedeutet Arbeit für Sie? Was Freizeit?«

Ihre Antwort: ____

....

»Was würden Sie tun, wenn Sie mehr Freizeit hätten?«

Ihre Antwort: ____

....

»Was bedeutet Erfolg für Sie? Was Misserfolg?«

Ihre Antwort: ____

....

»Wie verhalten Sie sich in unangenehmen Situationen?«

Ihre Antwort: ____

....

»Arbeiten Sie lieber allein oder lieber im Team?«

Ihre Antwort: ____

....

»Welche Eigenschaft stört Sie an Menschen am meisten?«

Ihre Antwort: ____

....

»Könnten Sie sich, wenn Sie eine Weile bei einem anderen Arbeitgeber gearbeitet hätten, eine Rückkehr auf Ihren jetzigen Arbeitsplatz vorstellen?«

Ihre Antwort: ____

....

»Wie, glauben Sie, schätzen andere Menschen Sie ein?«

Ihre Antwort: ____

....

»Wenn wir Ihren besten Freund fragen würden, wie würde er Sie beschreiben?«

Ihre Antwort: ____

....

»Wenn Sie einen Stellvertreter für sich auszusuchen hätten, welche Eigenschaften müsste er mitbringen?«

Ihre Antwort: ____

....

»Welche Eigenschaften müsste Ihr idealer Vorgesetzter mitbringen?«

Ihre Antwort: ____

....

»Erinnern Sie sich an Ihren schlechtesten Vorgesetzten. Was hat Sie am meisten an ihm gestört?«

Ihre Antwort: ____

....

»Nennen Sie mir bitte drei Stärken und drei Schwächen von Ihnen!«

Ihre Antwort: ____

....

»Was ist Ihre größte Stärke? Was Ihre größte Schwäche?«

Ihre Antwort: ____

....

»Welche Erwartungen haben Sie an zukünftige Kollegen?«

Ihre Antwort: ____

....

»Was hat Sie an bisherigen Kollegen am meisten gestört?«

Ihre Antwort: ____

Fragen zur privaten Lebensgestaltung

Stabiles soziales Umfeld

In den Unternehmen herrscht die Meinung vor, dass Kandidaten, die über ein stabiles soziales Umfeld verfügen, dauerhaft bessere Leistungen erbringen. Zu diesem sozialen Umfeld gehören beispielsweise Lebens- beziehungsweise Ehepartner, ein Freundes- oder Bekanntenkreis, aber auch Sportvereine oder ehrenamtliches Engagement.

Werden Bewerber in Vorstellungsgesprächen mit Fragen dieser Art konfrontiert, besteht die Gefahr, dass derart stark aus dem Freizeitbereich heraus argumentiert wird, dass Zweifel am beruflichen Engagement aufkommen. Viele Personalverantwortliche reagieren ablehnend auf Bewerber, die ihrer Meinung nach zu viel Energie in die Gestaltung der Freizeit stecken, weil dies zulasten der Energie für das Berufsleben gehen könnte.

Sie müssen dennoch nicht auf die Darstellung Ihrer Hobbys verzichten. Zeigen Sie, dass Sie auch außerhalb des Berufs wissbegierig, lernfähig und verantwortungsbewusst sind. Vermeiden Sie dabei jedoch den Eindruck, vorrangig bei Freizeitthemen zur Höchstform aufzulaufen. Zügeln Sie Ihre Begeisterung gegebenenfalls etwas, denn bei vielen Hobbys kommen die Emotionen automatisch mit ins Spiel. Dies verführt zum Viel- und Dauerreden. Begeisterte Monologe zum Thema »Meine Reisen durch Australien« ermüden manche Personalverantwortliche schnell und lassen sie vermuten, dass es nicht gerade die Arbeit ist, die Sie vorrangig begeistert.

Aktive Entspannung

Das Losungswort, das Sie bei diesem Fragenkomplex weiterbringt, heißt »aktive Entspannung«. Sie überzeugen hier, wenn Sie auf Freizeitaktivitäten verweisen, die Sie für die täglichen Anforderungen in Ihrem Beruf fit halten. Zweimal in der Woche Joggen oder Tennis spielen, Besuche im Fitnessstudio, lange Spaziergänge, um richtig abzuschalten, oder Radtouren mit Freunden oder der Familie sind gute Beispiele, um Ihre Fähigkeit zur aktiven Entspannung zu zeigen.

Bewerber, die sich ehrenamtlich engagieren, können Ihre Freizeitaktivitäten im Vorstellungsgespräch ebenfalls positiv darzustellen. Wer Turniere im Sportverein vorbereitet oder Ausflüge der Jugendmannschaften organisiert, zeigt, dass er auch privat bereit ist, Verantwortung zu übernehmen und zu gestalten. Diese Eigenschaften sind im Berufsleben genauso gefragt.

Engagement im Sportverein

BEISPIEL

Frage: »Engagieren Sie sich auch in der Freizeit für Dinge, die Ihnen am Herzen liegen?«

Antwort: »Ich finde es wichtig, sich privat zu engagieren. Im sportlichen Bereich habe ich als zweiter Vorsitzender des örtlichen Sportvereins dafür gesorgt, dass den Jugendlichen etwas angeboten wird. Ich habe den Bau eines Volleyballfeldes auf dem vereinseigenen Sportgelände initiiert und eine Jugendsparte Volleyball gegründet, die von den älteren Jugendlichen selbst geleitet wird.«

Überlegte Antworten

Die Angaben über Ihren Familienstand im Lebenslauf sagen wenig über Ihr Privatleben aus. Weisen Sie Fragen nach Ihrer weiteren Familien- und Lebensplanung nicht mit der Bemerkung »Das geht keinen etwas an!« oder »Sie kennen wohl das AGG nicht? Solche Fragen sind schließlich verboten!« zurück. Sie zeigen durch überlegte Antworten auf Fragen wie »Was denkt Ihr Lebenspartner über Ihren beruflichen Wechselwunsch?«, dass Sie sich mit den zu erwartenden Veränderungen Ihres Privatlebens schon im Vorfeld gründlich auseinandergesetzt haben und nicht erst damit beginnen, wenn die neue Firma Ihnen einen Arbeitsvertrag anbietet. Dies ist besonders wichtig, wenn die berufliche Veränderung mit einem Umzug verbunden ist.

Private Unterstützung

Unsichere Antworten lassen hier die Befürchtung aufkommen, dass ein Lebenspartner noch nichts über die neue Stelle weiß und die anstehende Entscheidung damit noch beeinflussen könnte. Damit verschlechtern Bewerber ihre Position gegenüber anderen Mitbewerbern aber deutlich. Je überzeugender Sie darlegen können, dass Ihr Lebenspartner Sie beim Erreichen beruflicher Ziele unterstützt und umgekehrt, desto besser sind Ihre Karten.

ÜBUNG

Fragen zum Privatleben

Die Fragen zum Privatleben dienen einerseits dazu, die Gesprächssituation zu entspannen. Sie werden aber auch eingesetzt, um Ihre bereits gemachten Angaben in den anderen Frageblöcken zu überprüfen.

Wenn Sie sich zum Beispiel als beruflichen Teamplayer darstellen, Ihre Freizeit jedoch ausschließlich allein beim Angeln verbringen, wird dies Personalverantwortliche stutzig machen. Achten Sie deshalb darauf, dass Ihre Angaben zu Ihrem Verhalten gegenüber Kollegen und Mitarbeitern den Antworten gleichen, die Sie zum Umgang mit Freunden und Bekannten in Ihrer Freizeit geben.

Generell sollten Sie darauf achten, dass deutlich wird, dass Sie in einem stabilen sozialen Umfeld leben und sich auch in Ihrer Freizeit engagieren.

»Sind Sie Mitglied in einem Verein?«

Ihre Antwort: ______________________________

»Welches Buch haben Sie zuletzt gelesen?«

Ihre Antwort: ______________________________

»Was denkt Ihr Lebenspartner über Ihren Beruf?«

Ihre Antwort: ______________________________

»Welchen Beruf übt Ihre Lebenspartnerin aus?«

Ihre Antwort: ______________________________

»Was machen Sie in Ihrer Freizeit?«

Ihre Antwort: ______________________________

»Was haben Sie in der letzten Woche in Ihrer freien Zeit gemacht?«

Ihre Antwort: ____

»Welche Hobbys haben Sie?«

Ihre Antwort: ____

»Sind Sie in Ihrer Freizeit lieber allein oder ziehen Sie die Geselligkeit in der Gruppe vor?«

Ihre Antwort: ____

»Welchen Film haben Sie zuletzt gesehen?«

Ihre Antwort: ____

»Gehen Sie gern ins Kino/Theater/Museum/Konzert?«

Ihre Antwort: ____

»Reisen Sie im Urlaub gerne oder verbringen Sie Ihre Zeit lieber zu Hause?«

Ihre Antwort: ____

»Wie entspannen Sie sich?«

Ihre Antwort: ____

»Treiben Sie Sport? Wenn ja, welchen, und wenn nein, warum nicht?«

Ihre Antwort: ____

→ FORTSETZUNG AUF DER NÄCHSTEN SEITE

»Haben Sie schon einmal über ehrenamtliches Engagement nachgedacht?«

Ihre Antwort: ____________________

»Liegt Ihnen außerhalb Ihres Berufes noch etwas am Herzen?«

Ihre Antwort: ____________________

Der Bewerber als Privatperson ist für Personalverantwortliche hauptsächlich deshalb interessant, weil durch sein Freizeitverhalten Rückschlüsse auf das Verhalten in der Firma gezogen werden können.

AUF EINEN BLICK

Auf diese Fragen müssen Sie sich einstellen

→ Im Vorstellungsgespräch müssen Sie mit Fragen aus diesen Bereichen rechnen:
  - Ihre Leistungsmotivation
  - Ihre Führungserfahrung
  - die neue Firma
  - Ihre berufliche Entwicklung
  - Ihr Selbstbild
  - Ihre private Lebensgestaltung

→ Mit Fragen zur Leistungsmotivation der Bewerbung soll überprüft werden, was Sie von Ihrem künftigen Tätigkeitsfeld erwarten und warum Sie gerade bei dieser Firma arbeiten möchten.

→ Fragen zur Führungserfahrung sollen erfassen, wie Sie mit Mitarbeitern umgehen, Aufgaben delegieren und bei Konflikten Lösungen herbeiführen.

- → Die Fragen zur neuen Firma dienen dazu, festzustellen, ob und wie umfassend Sie sich über Ihren möglichen neuen Arbeitgeber informiert haben.

- → Fragen zu Ihrer beruflichen Entwicklung werden Ihnen gestellt, um aus Ihrer beruflichen Vergangenheit eine Prognose für die Zukunft im neuen Unternehmen herleiten zu können.

- → Die Fragen zu Ihrem Selbstbild sollen Rückschlüsse auf Ihren Umgang mit Vorgesetzten und Kollegen erlauben.

- → Ihre private Lebensgestaltung interessiert – manche – Personalverantwortliche, weil ein stabiles Privatleben als Voraussetzung für berufliche Leistungsfähigkeit angesehen wird.

23. Welche Informationen erfragen Sie?

Ein gut verlaufenes Vorstellungsgespräch ist kein Verhör, sondern ein Dialog. Führungskräfte, die keine eigenen Fragen stellen, wirken passiv und desinteressiert. Dagegen zeigt es der Firma, dass Sie sich gut vorbereitet haben, wenn Sie geeignete Fragen stellen. Wenn deutlich wird, dass Sie sich ein detailliertes Bild über die künftigen Aufgaben in der Position, die neuen Vorgesetzten, Kollegen und Mitarbeiter und das Arbeitsumfeld machen möchten, betonen Sie damit ein weiteres Mal, dass Sie Ihre berufliche Entwicklung nicht dem Zufall überlassen möchten. Ihre eigenen Fragen sind daher unverzichtbar.

Notieren Sie Ihre Fragen vorab

Überlegen Sie sich einige eigene Fragen vor dem Gespräch, die Sie stichwortartig auf einem Blatt Papier fixieren sollten. Denn sonst kann es passieren, dass Ihre Fragen im Eifer des Gefechts untergehen. Der richtige Zeitpunkt für Ihre Fragen hängt davon ab, ob mit Ihnen ein strukturiertes oder eher ein unstrukturiertes Vorstellungsgespräch geführt wird.

In strukturierten Vorstellungsgesprächen werden aus Gründen der Vergleichbarkeit der Bewerberinnen und Bewerber komplexe Fragenkataloge systematisch abgearbeitet. Dann gibt es bestimmte Zeitfenster, in denen Sie aufgefordert werden, eigene Fragen zu stellen. In freier geführten Job-Interviews sollten Sie Ihre Fragen stellen, wenn das Gespräch bereits in Schwung gekommen ist. Wir finden es günstiger, wenn Sie zunächst Informationen über sich liefern, idealerweise als Selbstpräsentation. Dann bekommt ein unstrukturiertes Vorstellungsgespräch die richtige inhaltliche Basis. Die Entscheider auf der Firmenseite werden mit ihren Fragen an Ihren Gesprächsinput anknüpfen. Und dann fragen Sie nach.

Ihre Fragen sind wichtig

Jede Frage zu ihrer Zeit

Achten Sie darauf, zunächst Fragen zu den neuen Aufgaben, zu den neuen Vorgesetzten, Mitarbeitern oder Kollegen zu stellen. Fragen zu Urlaubstagen, zu Sozialleistungen oder zum Gehalt gehören an das Ende des Vorstellungsgespräches. Spezielle Hinweise zum Umgang mit dem Thema Gehalt bekommen Sie im Kapitel »Gehalt: Gekonnt verhandeln« (Seite 344).

Anregungen für Ihre Fragen finden Sie in den folgenden Beispielformulierungen.

BEISPIEL

Ihre Fragen, bitte!

- → **Wie groß ist der Bereich/die Abteilung/das Team, das ich leiten werde?**
- → **Wie lange hat mein Vorgänger den Bereich/die Abteilung/das Team geführt?**
- → **Welche Aufgaben hat mein Vorgänger jetzt?**
- → **Hat er das Unternehmen verlassen?**
- → **Wurde die Stelle neu geschaffen?**
- → **Wer ist in der Einarbeitungsphase mein Ansprechpartner?**
- → **Wer ist mein direkter Vorgesetzter?**
- → **Welchen fachlichen Hintergrund hat mein Vorgesetzter?**
- → **Seit wann ist mein Vorgesetzter im Unternehmen?**
- → **Welchen prozentualen Anteil haben Forschung und Entwicklung am Gesamtbudget?**
- → **Kann ich meinen neuen Arbeitsplatz sehen?**
- → **Gibt es für meine Mitarbeiter Fortbildungs- oder Entwicklungsprogramme?**
- → **Welche Alterstruktur gibt es in meinem Bereich/meiner Abteilung?**
- → **Wie lang ist die durchschnittliche Firmenzugehörigkeit?**
- → **Wie ist die Stelle in die Firmenorganisation eingebunden?**
- → **Mit welchen Abteilungen arbeite ich vorrangig zusammen?**
- → **Welchen Abteilungen/Vorgesetzten gegenüber bin ich berichtspflichtig?**
- → **In welchen zeitlichen Anteilen stehen meine hauptsächlichen Aufgaben zueinander?**

- → **Welchen Anteil nimmt die Reisetätigkeit in der Stelle ein?**
- → **Werde ich für das Unternehmen auch im Ausland auf Reisen sein?**
- → **Gibt es Weiterbildungsmöglichkeiten?**
- → **Gibt es Aufstiegsmöglichkeiten?**
- → **Gibt es einen Firmenwagen? Wenn ja: Wie ist die private Nutzung geregelt?**
- → **Gibt es besondere Sozialleistungen (Altersvorsorge)?**
- → **Wie sieht die Urlaubsregelung aus?**
- → **Wie viel Urlaub wird von den Führungskräften meiner Hierarchieebene tatsächlich genommen?**

Wann Sie härter nachfragen sollten

Häufig wird nach neuen Führungskräften gesucht, weil das neue Unternehmen, ein Bereich oder eine Abteilung kurz vor einer Restrukturierung stehen. Oder es wird ein neuer Impulsgeber für die Geschäfts-, Bereichs- oder Abteilungsleitung gesucht, weil die Firma oder Teile davon sich bereits seit Längerem in einem Veränderungsprozess befinden, der nicht richtig vorwärts geht. Wird von Ihnen also unmissverständlich erwartet, dass Sie die notwendigen und unausweichlichen Veränderungen einleiten und umsetzen sollen, sollten Sie im Vorstellungsgespräch gründlich nachhaken, wie Veränderungen in der Vergangenheit bewältigt wurden. Klären Sie, welche Bereiche und Abteilungen mitgezogen haben. Und erfragen Sie vor allem, wo und von wem neue Maßnahmen schon einmal blockiert und boykottiert wurden.

Restrukturierer, Sanierer und Veränderer

Erfahrene Führungskräfte wissen, dass die von der Firmenseite vordergründig thematisierten Probleme oft viel komplexer sind, als es zunächst den Anschein hat. Werden Sie also als Restrukturierer, Sanierer oder ganz allgemein als Veränderer ins Unternehmen geholt, ist es unverzichtbar, im Vorstellungsgespräch gründlicher und härter nachzufragen, um die zu lösenden Probleme in ihrer Vielschichtigkeit erst einmal zu erfassen. Weiter wichtig sind die Gestaltungs- und Handlungsspielräume. Es reicht nicht aus, dass man Ihnen signalisiert, im Konfliktfall hinter Ihnen zu stehen. Fragen Sie auch hier ganz konkret nach bewältigten Veränderungen in der Vergangenheit. Welche Abteilungen und welche Führungskräfte zählten dabei zum Kreis der Unterstützer? Und welche haben sich eher aufs Abblocken von Veränderungswünschen beschränkt?

Führungskräfte auf Zeit

Wir haben in unserer Beratungstätigkeit hin und wieder Führungskräfte kennen gelernt, die stolz auf ihren Ruf als »rollende Dampfwalze« waren. Allerdings wussten diese Führungskräfte auch, dass sie am Ende ihrer Sanierungsarbeit so viel Porzellan zerschlagen hatten, dass sie die Leitungstätigkeit in neue unbelastete Hände übergeben und sich auf die Suche nach einem neuen Problemunternehmen machen mussten. Da absehbar war, dass der Härteeinsatz überaus fordernd, aber zeitlich beschränkt sein würde, wurden die Arbeitsverträge in diesen Fällen finanziell entsprechend ausgestaltet. Die monetären Leistungen des Unternehmens hatten dann eher den Charakter eines Schmerzensgeldes.

Wenn Sie ausdrücklich als Veränderer in ein Unternehmen geholt werden, sollten Sie das Minenfeld, in dem Sie sich bewegen müssen, vorab so gründlich wie möglich erkunden. Die folgenden Beispielfragen helfen Ihnen dabei, im Vorstellungsgespräch gründlich nachzubohren.

BEISPIEL

Gründlich nachgefragt

→ **Welche Veränderungen wurden in den letzten 12/24 Monaten von der Geschäftsleitung initiiert?**
→ **Wurden Abteilungen zusammengelegt?**
→ **Wurden Abteilungen verkleinert?**
→ **Wurden Arbeitsbereiche zu externen Dienstleistern hin ausgegliedert?**
→ **Wurden feste Stellen durch Zeitarbeiter ersetzt?**
→ **Wurden Mitbewerber übernommen?**
→ **Welche Abteilungen waren von diesen Veränderungen betroffen?**
→ **Welche Abteilungen haben bei den Veränderungsprozessen mitgezogen?**
→ **Welche Abteilungen haben eher blockiert?**

→ FORTSETZUNG AUF DER NÄCHSTEN SEITE

- **Was sind die Gründe dafür, dass notwendige Veränderungen nicht mitgetragen wurden?**
- **Welche Rolle spielt der Betriebsrat bei Veränderungsnotwendigkeiten?**
- **Kam es im Top-Management in den letzten Jahren zu häufigen Wechseln?**
- **Wie wurden die Mitarbeiter in der Vergangenheit über Veränderungen informiert?**
- **Wie haben die Mitarbeiter auf die Vorschläge von externen Unternehmensberatern reagiert?**
- **Gab es häufig Beratungsmandate für unterschiedliche Unternehmensberatungen?**
- **Wurden die Mitarbeiter gebeten, eigene Vorschläge zu machen?**
- **Wurden schon einmal Veränderungsworkshops durchgeführt?**
- **Welche Erfahrungen hat das Management mit externen Moderatoren?**
- **Wie geschlossen steht die Eigentümerseite (Inhaberfamilie, Hedgefonds, Banken, private Gruppe von Eignern, Erbengemeinschaft) hinter der Geschäftsleitung?**
- **Wie oft und wie vielen Mitarbeitern wurde in der Vergangenheit gekündigt?**

AUF EINEN BLICK

Ihre Fragen ans Unternehmen

- Von Führungskräften wird erwartet, dass sie eigene Vorstellungen von der zukünftigen Tätigkeit haben und gezielt Fragen dazu stellen können.
- Mit den richtigen Fragen dokumentieren Sie Ihr Interesse am neuen Arbeitsplatz.

- → Überlegen Sie sich vor Ihrem Vorstellungsgespräch einige Fragen. Schreiben Sie diese Fragen auf, damit Sie sie im Gesprächsverlauf parat haben.
- → Stellen Sie Ihre Fragen an passender Stelle.
- → Orientieren Sie sich an unseren Beispielformulierungen und schneiden Sie diese auf Ihre Bedürfnisse zu.
- → Haken Sie gründlich nach, wenn Sie als Restrukturierer, Sanierer oder Veränderer ins Unternehmen geholt werden sollen, damit Sie wissen, was genau von Ihnen erwartet wird.

24. Stress- und Fangfragen, unzulässige und unsinnige Fragen

Stressfragen, Fangfragen, unzulässige Fragen und unsinnige Fragen werden in Vorstellungsgesprächen mit Führungskräften gerne als »kleiner Kommunikationstest« eingestreut. Die unmittelbaren Reaktionen der Bewerberinnen und Bewerber zeigen nämlich direkt, wie es um deren angeblich vorhandene Kommunikationsstärke steht, beispielsweise in den kommunikativen Teildimensionen Belastbarkeit, Konfliktfähigkeit oder Sachorientierung.

Stress- und Fangfragen dienen dazu, gezielt bei vermeintlichen Brüchen und Krisen im beruflichen Werdegang nachzuhaken. Unzulässige Fragen sind Fragen zur privaten Lebenssituation oder zu den beruflichen Ambitionen des Partners oder der Partnerin. Und unsinnige Fragen zielen darauf ab, die Schlagfertigkeit und das Selbstbewusstsein der Führungskraft zu überprüfen. Gemeinsam ist allen diesen Fragen, dass die Firmenseite sehen möchte, wie Bewerber auf ungewöhnliche Fragen reagieren oder mit zusätzlichem Druck umgehen.

Ihre souveräne Reaktion ist gefragt

Bewahren Sie Ruhe

Wer auf Stress- und Fangfragen seinerseits mit patzigen Gegenfragen reagiert, einsilbig antwortet oder womöglich nur noch trotzig schweigt, stellt sich selbst ins Abseits. Denn von Führungskräften wird erwartet, dass sie mit kommunikativ fordernden Situationen, beispielsweise in hitzigen Diskussionsrunden in Meetings oder in unfair geführten Einkaufsverhandlungen, zurechtkommen. Arbeitsrechtlich eigentlich unzulässige Fragen aus dem Themenkreis des Allgemeinen Gleichbehandlungsgesetzes (AGG), die die private Lebenssituation, die Familienplanung, das Lebensalter und ähnliche Dinge betreffen, sollten von Führungskräften dennoch diplomatisch und souverän beantwortet werden. Wer hier in seiner Antwort damit kontert, dass der Firma doch bekannt sein müsse, dass die Frage unzulässig sei, lässt eine unproduktive Kampfstimmung aufkommen. Und auch von unsinnigen Fragen sollten sich Führungskräfte nicht aus der Ruhe bringen lassen, wie das folgende Beispiel erläutert.

Patziger Gegenangriff

Wird eine Führungskraft gefragt »Was war in Ihrem Leben Ihr größter Fehler?«, wäre diese Antwort sicherlich kein Beleg für Belastbarkeit und Konfliktfähigkeit:

»Also meine größten Fehler werde ich mal lieber für mich behalten, ich bin ja hier nicht beim Seelendoktor auf der Couch. Wie kommen Sie bloß darauf, dass ich so eine Frage hier, in dieser Runde, offen beantworten würde?«

Der Bewerber aus dem Negativbeispiel hat inhaltlich zwar Recht, aber das nützt ihm in der Situation Vorstellungsgespräch wenig. Er hätte eine diplomatischere Antwort geben können. Mit seiner arroganten Antwort erweckt er den Eindruck, dass er auf kommunikative Angriffe nur eine Reaktion kennt, nämlich den Gegenangriff. Auch der vermeintliche Kunstgriff, seine Antwort mit der Gegenfrage »Wie kommen Sie bloß darauf …?« abzuschließen, wird sich letztendlich als Bumerang erweisen, der ihn selbst trifft.

Mit Charme zurück auf die Sachebene

Lassen Sie unfaire Angriffe seitens der Firmenseite ins Leere laufen. Reagieren Sie auf Provokationen, Unterstellungen oder Suggestivfragen nicht mit Kampfrhetorik, sondern lieber mit einem charmanten Lächeln. Antworten Sie dann geduldig und freundlich, um Ihren Gesprächspartnern zu zeigen, dass Sie sich nicht verunsichern lassen. Stressfragen, Fangfragen und unsinnige Fragen meistern Sie, indem Sie einen Bezug zu Ihrem beruflichen Profil herstellen, also selbst dafür sorgen, dass das Gespräch die Konfliktebene verlässt und wieder auf die Sachebene zurückfindet. Unzulässige Fragen zur privaten Lebenssituation, zur Familienplanung, zu einer Schwangerschaft, zu Vorstrafen, Lohnpfändungen, Ihrer Konfessions-, Partei- oder Gewerkschaftszugehörigkeit müssen Sie in der Regel nicht wahrheitsgemäß beantworten. Diese Fragen dürfen nur dann gestellt werden, wenn sie für die zukünftige Arbeit unabdingbar sind. Beispielsweise ist die Frage nach einer bestehenden Schwangerschaft ausnahmsweise erlaubt, wenn mit fruchtschädigenden Substanzen im Labor gearbeitet werden soll. Und nur wenn der Arbeitgeber ein sogenannter Tendenzbetrieb ist - also ein kirchlicher Träger, ein Arbeitgeberverband oder ein Gewerkschaftsbund -, sind Fragen nach einer entsprechenden Mitgliedschaft zulässig.

Souveräne Gesprächssteuerung

Eine Führungskraft, die die Frage »Was war in Ihrem Leben Ihr größter Fehler?« nach unseren Empfehlungen beantworten würde, könnte so formulieren:

»Da muss ich erst einmal nachdenken. Grundsätzlich sehe ich es so, dass Fehler und Rückschläge zum Leben ja dazugehören und man im Nachhinein oft feststellt, dass man für die Zukunft etwas dazugelernt hat. Ein Fehler war sicherlich in meinem Studium, dass ich keinen Auslandsaufenthalt eingeplant hatte. Meine Englischkenntnisse waren dann nach dem Studium nicht so flüssig, wie ich es mir gewünscht hätte. Da ich aber bei einem internationalen Konzern angefangen habe, konnte ich mir dort im Rahmen internationaler Projekte die entsprechenden Fachtermini on the Job aneignen. Das war zwar mühseliger, aber im Nachhinein habe ich festgestellt, dass mir das Erlernen einer Sprache in einer konkreten beruflichen Situation leichter fällt, da ich dann viel motivierter bin, weil ich das neu erlernte Wissen gleich anwenden kann.«

In jeder Krise eine Chance

Statt die Frage nach dem größten Fehler im Leben wie im Negativbeispiel schroff zurückzuweisen, macht der Bewerber deutlich, dass er die Gesprächssituation steuert. Er hütet sich davor, aktuelle Probleme oder Krisen an seinem Arbeitsplatz zu thematisieren, denn damit würde er immer riskieren, dass Zweifel an seiner Eignung für den neuen Führungsjob aufkommen würden. Stattdessen liefert er ein Beispiel aus der weit zurückliegenden Studienzeit und zeigt anhand des gewählten Beispiels, dass das geflügelte Wort, dass in jeder Krise auch eine Chance liegt, für ihn nicht bloß ein Lippenbekenntnis ist. Er hat offensichtlich eine grundsätzlich positive Einstellung zum Berufsleben einschließlich der dazugehörigen Rückschläge, eine wichtige Eigenschaft, die bei Führungskräften gerne gesehen wird.

Unter Stress zurück auf die Sachebene

Nun möchten wir Sie etwas härter anfassen, was allerdings in guter Absicht geschieht. Wir konfrontieren Sie sowohl mit typischen Stress- und Fangfragen als auch mit unzulässigen und unsinnigen Fragen.

Ihre Belastbarkeit auf dem Prüfstand

ÜBUNG

»Was denkt Ihr/-e Lebenspartner/-in über Ihre beruflichen Pläne?«

Ihre Antwort: ______________________________

....

»Abgesehen von den beruflichen Dingen, die Sie uns beschrieben haben, was macht den privaten Menschen dahinter aus?«

Ihre Antwort: ______________________________

....

»Sie haben in der letzten Stelle nur ein knappes Jahr gearbeitet, daher wäre Ihre Einstellung für mich ein Risiko. Können Sie dieses Risiko entkräften?«

Ihre Antwort: ______________________________

....

»Sind Sie nicht zu jung für eine derart verantwortungsvolle Position?«

Ihre Antwort: ______________________________

....

→ FORTSETZUNG AUF DER NÄCHSTEN SEITE

»Sie haben sehr lange, über zehn Jahre, bei ein und derselben Firma gearbeitet: Glauben Sie wirklich, dass Sie sich an den Stil, der hier gepflegt wird, anpassen können?«

Ihre Antwort: ______________________________

»Nun mal ganz unter uns: Warum suchen Sie wirklich eine neue Stelle?«

Ihre Antwort: ______________________________

»Sie waren drei Jahre im Ausland, in Asien. Hier gehen die Uhren doch völlig anders. Sind da nicht Probleme vorprogrammiert?«

Ihre Antwort: ______________________________

»Duschen Sie oder baden Sie lieber?«

Ihre Antwort: ______________________________

»Was müssten wir Ihnen erzählen, damit Sie die neue Tätigkeit auf keinen Fall annehmen?«

Ihre Antwort: ______________________________

BEISPIEL

Souveräne Reaktionen auf Stressfragen

Stress- und Fangfragen leben vom Überraschungsmoment. Sie werden keine unangenehmen Überraschungen erleben, weil Sie sich auch hier vorbereiten. Damit Sie eine Vorstellung davon bekommen, wie Sie auf Fragen dieser Art antworten können, stellen wir Ihnen nun ungeeignete und geeignete Beispielantworten vor, an denen Sie sich orientieren können.

»Was denkt Ihr/e Lebenspartner/in über Ihre beruflichen Pläne?«

Ungünstige Antwort Das ist alles abgesprochen, mein/e Lebenspartner/in zieht mit.

Gelungene Antwort Wichtige berufliche Entscheidungen treffe ich mit meinem Lebenspartner/meiner Lebenspartnerin gemeinsam. Das habe ich auch in der Vergangenheit so gemacht. Wenn berufsbedingt Umzüge anstanden, brauchte das doch einen gewissen Vorlauf. Außerdem finde ich es persönlich gut, wenn ich bei so einer wichtigen Entscheidung noch eine zusätzliche Meinung von außen bekomme.

»Abgesehen von den beruflichen Dingen, die Sie uns beschrieben haben, was macht den privaten Menschen dahinter aus?«

Ungünstige Antwort Wenn Sie jetzt auf mein Privatleben abzielen, da bleibt eigentlich wenig Zeit für Hobbys. Ich lebe mich voll im Beruf aus.

Gelungene Antwort Ich habe schon früh festgestellt, dass ich gerne organisiere und anderen dabei helfe, sich auf Veränderungen einzustellen. So habe ich im Studium in der Fachschaft mitgearbeitet und Erstsemesterwochenenden organisiert oder Firmen in die Hochschule eingeladen. Auch privat ist meine Meinung bei Freunden oder Bekannten geschätzt. Ich habe eine sachlich-konstruktive Art, die offensichtlich Menschen hilft, die meinen Rat benötigen.

»Sie haben in der letzten Stelle nur ein knappes Jahr gearbeitet, daher wäre Ihre Einstellung für mich ein Risiko. Können Sie dieses Risiko entkräften?«

→ FORTSETZUNG AUF DER NÄCHSTEN SEITE

Ungünstige Antwort Die Gründe für diese kurze Zeit liegen definitiv nicht bei mir. Wenn Sie meinen momentanen Chef auch nur eine Woche als Vorgesetzten erleben müssten, würden Sie verstehen, warum ich dort weg muss. Ich bin mir sicher, dass es bei Ihnen besser laufen wird.

Gelungene Antwort Sie haben Recht, auch mich stört dieser Wechsel nach so kurzer Zeit. Aktuell ist es so, dass die Firma umstrukturiert wird und Stellen abgebaut werden, einige Mitarbeiter aus meinem Team sind schon von Bord gegangen. Ich selbst habe in meiner vorhergehenden Stelle vier Jahre gearbeitet und wurde wegen der von mir gezeigten guten Leistungen auch vom Gruppen- zum Teamleiter befördert. Auch mein Studium habe ich zügig absolviert und dann im Einstiegsjob ebenfalls vier Jahre gearbeitet und in dieser Zeit meinen Aufgabenbereich auch erweitert. Meine berufliche Entwicklung ist also, abgesehen von der momentanen Stelle, durchaus kontinuierlich.

»Sind Sie nicht zu jung für eine derart verantwortungsvolle Position?«

Ungünstige Antwort Wenn ich zu jung wäre, hätten Sie mich sicherlich nicht eingeladen, oder? Machen Sie sich keine Sorgen, ich komme auch mit ihren älteren Mitarbeitern klar.

Gelungene Antwort Ja, es gibt ältere Mitarbeiter, die im ersten Moment weniger sehen, was ich bisher geleistet habe, sondern mehr auf mein Alter schauen. Für meine berufliche Entwicklung und meinen Aufstieg habe ich aber viel getan. Wenn diese älteren Mitarbeiter dann feststellen, wie meine Ideen die Abteilung insgesamt nach vorne bringen, werden sie sicherlich mitziehen. Diese Erfahrung habe ich zumindest bei meinem momentanen Arbeitgeber gesammelt. Wer aktiv und vertrauensvoll auf Menschen zugeht, unabhängig davon, welchen fachlichen Hintergrund sie haben, wie lange sie in der Firma sind oder wie alt sie sind, der kann sie auch überzeugen mitzuziehen.

»Sie haben sehr lange, über zehn Jahre, bei ein und derselben Firma gearbeitet: Glauben Sie wirklich, dass Sie sich an den Stil, der hier gepflegt wird, anpassen können?«

Ungünstige Antwort Das klappt schon, mit den Firmen ist es wie mit den Autos. Wenn man eins fahren kann, kann man eigentlich alle fahren.

Gelungene Antwort Ich habe zehn Jahre bei meinem momentanen Arbeitgeber gearbeitet, allerdings in drei unterschiedlichen Positionen und Abteilungen. Zunächst habe ich die Produktentwicklung einschließlich Liefer- und Beschaffungs planung sowie die Lieferantenauswahl verantwortet. Dann habe vorwiegend in der Entwicklung von Produkt- und Marktstrategien gearbeitet und war für die Qualitätspolitik einschließlich Zertifizierung nach DIN ISO 9001 verantwortlich. Dann kam es zu einem Merger, nämlich zur Eingliederung der Tochter eines US-Konzerns. Hier habe ich für die Geschäftsführung das Produktportfolio vollkommen neu gestaltet und die branchenspezifischen Marketingaufgaben zusammengeführt. Die Arbeitsweisen und Arbeitsaufgaben in diesen drei Positionen waren sehr unterschiedlich. Auch meine Mitarbeiter und Ansprechpartner hatten einen ganz unterschiedlichen Background, insbesondere die Mitarbeiter der übernommenen US-Tochter. Mit der richtigen Mischung aus Kooperationsfähigkeit und Durchsetzungsvermögen habe ich mich an die jeweilige Situation gut angepasst und meine Aufgaben gelöst.

»Nun mal ganz unter uns: Warum suchen Sie wirklich eine neue Stelle?«

Ungünstige Antwort Ganz ehrlich, in der alten Firma werde ich blockiert. Mit meinen Veränderungsvorschlägen renne ich gegen Wände. Ich könnte mich auch zurückziehen und Dienst nach Vorschrift machen. Aber dafür bin ich einfach nicht der Typ. Ich muss bei der Arbeit etwas bewegen können. Sonst gehe ich wieder.

→ FORTSETZUNG AUF DER NÄCHSTEN SEITE

Gelungene Antwort In meiner beruflichen Entwicklung habe ich stets Herausforderungen gesucht, deshalb habe ich bei Firmen gearbeitet, die neue Technologien vermarkten und Wachstumschancen nutzen wollten. Persönlich treibt es mich an, wenn ich sehe, dass meine Arbeit für eine Firma Früchte trägt. Bei meinem momentanen Arbeitgeber ist dieser dynamische Aspekt nach einem Eigentümerwechsel im letzten Jahr eher zum Stillstand gekommen. Ich möchte meinen Arbeitsbereich aber kontinuierlich weiterentwickeln und einem Unternehmen dabei helfen, seine Marktstellung zu halten und auszubauen. Deshalb habe ich mich bei Ihnen beworben. In der Stellenausschreibung und auch in diesem Gespräch hat sich mein Eindruck bestätigt, dass Sie ziel- und ergebnisorientierte Führungskräfte schätzen.

»Sie waren drei Jahre im Ausland, in Asien. Hier gehen die Uhren doch völlig anders. Sind da nicht Probleme vorprogrammiert?«

Ungünstige Antwort Ich habe ja auch vorher in Deutschland gearbeitet. Da wird doch in der Zwischenzeit nicht alles auf den Kopf gestellt worden sein. Außerdem habe ich den Menschen hier doch meine vielfältigen Erfahrungen voraus. Da kann sicherlich der eine oder die andere noch etwas von mir lernen.

Gelungene Antwort Ich war im Ausland, allerdings habe ich dort für einen deutschen Konzern gearbeitet, war also weiter in die Informations- und Entscheidungspolitik eingebunden. Die Dynamik, die in Asien herrscht, lässt sich sicherlich nicht eins zu eins nach Deutschland übertragen. Ich denke aber, dass Sie von meiner Tatkraft auch hier profitieren werden. In meiner vorhergehenden Stelle habe ich darüber hinaus bei einem Mittelständler gearbeitet. Ich bin also insofern sowohl mit den komplexeren Konzernstrukturen als auch mit den flachen Hierarchien im Mittelstand bestens vertraut.

»Duschen Sie oder baden Sie lieber?«

Ungünstige Antwort Was ist das denn für eine Frage? Habe ich in meinem künftigen Arbeitszimmer etwa ein Bad?

Gelungene Antwort Ich dusche morgens lieber, weil das schneller geht.

»Was müssten wir Ihnen erzählen, damit Sie die neue Tätigkeit auf keinen Fall annehmen?«

Ungünstige Antwort Dass in Ihrem Unternehmen die Pest ausgebrochen ist.

Gelungene Antwort Wenn Sie mir sagen würden, dass die Gestaltungs- und Entscheidungsspielräume nicht so sind, wie Sie es mir im Gespräch geschildert haben, wäre dies für mich problematisch. Ich sehe Führungsaufgaben nämlich in erster Linie nicht formal, sondern inhaltlich. Es befriedigt mich, Arbeitsprozesse zu optimieren, Impulse für die Unternehmensentwicklung zu geben und zu sehen, welche Erfolge meine Arbeit zeigt. Wenn Sie mir diese Möglichkeit nehmen würden, würde ich sicherlich nicht bei Ihnen anfangen.

Stress- und Fangfragen souverän begegnen

AUF EINEN BLICK

→ Mit Stress- und Fangfragen wird bei vermeintlichen Brüchen und Krisen im beruflichen Werdegang nachgehakt. Das Unternehmen möchte sehen, wie Sie auf ungewöhnliche Fragen reagieren oder mit zusätzlichem Druck umgehen.

→ Fragen zur privaten Lebenssituation oder zu den beruflichen Ambitionen des Partners oder der Partnerin sind un-

→ FORTSETZUNG AUF DER NÄCHSTEN SEITE

zulässig. Solche Fragen müssen Sie nicht wahrheitsgemäß beantworten, außer dies wäre für die Position unabdingbar.

→ Mit unsinnigen Fragen werden Schlagfertigkeit und Selbstbewusstsein überprüft.

→ Werden sie niemals patzig oder schroff, sondern bleiben Sie bei Stressfragen souverän und gelassen.

→ Bringen Sie das Gespräch zurück auf die Sachebene, indem Sie Ihre Antworten mithilfe unserer Übungen und Beispielantworten gut vorbereiten.

25. Gehalt: Gekonnt verhandeln

Bei der Suche nach einer verantwortungsvolleren und interessanteren Position steht für Führungskräfte oft auch der Wunsch nach einem höheren Gehalt im Vordergrund. In diesem Kapitel erläutern wir Ihnen, wie Sie Ihre Gehaltsvorstellungen in Vorstellungsgesprächen begründen und durchsetzen.

Viele Führungskräfte möchten meist nicht nur einen bloßen Stellenwechsel vornehmen, sondern in ihrer Karriere weiterkommen. Der angestrebte Karrieresprung soll mit neuen Aufgaben, aber auch mit einem entsprechend höheren Gehalt verbunden sein.

Inhaltliche Argumente

Bei den Gehaltsverhandlungen steht zuallererst Ihr berufliches Profil im Vordergrund. Sie sollten herausstellen, dass es Ihnen vorrangig um die neuen beruflichen Handlungsspielräume und Aufgaben geht. Ihren Stellenwechsel können Sie nicht damit begründen, dass Sie ein höheres Gehalt erzielen wollen, selbst wenn Sie sich momentan unterbezahlt fühlen. Das Gehalt ist nur der formale Rahmen Ihrer zukünftigen Tätigkeit. Sie müssen inhaltlich argumentieren, um auch bei Gehaltsverhandlungen deutlich zu machen, dass Sie die neue Position ausfüllen können.

Gehaltswünsche begründen

Kennen Sie Ihren Marktwert?

Ein Kardinalfehler ist die Unkenntnis über üblicherweise gezahlte Gehälter in vergleichbaren Branchen und Positionen. Gewinnt die Firmenseite hier den Eindruck, dass ein Bewerber seinen »Marktwert« nicht kennt, wird ihm unterstellt, dass er auch im künftigen Berufsalltag Schwierigkeiten damit haben wird, anspruchsvolle Aufgabenstellungen präzise zu analysieren, um auf einer sicheren Faktenbasis realistische Lösungen zu entwickeln und zu verhandeln.

Gehaltsvorstellung taktisch durchsetzen

Wie Sie Ihre tatsächliche Gehaltshöhe einschließlich »weicher Gehaltsbestandteile«, wie der Dauer der Fahrt zur Arbeit oder künftiger Beschäftigungsmöglichkeiten für Ihre/n Lebenspartner/in ermitteln können, haben wir Ihnen bereits im Kapitel »Oft wichtig: Die Gehaltsfrage« erläutert. Dort haben wir Ihnen auch eine Gehaltstabelle vorgestellt und Tipps für Ihre Internetrecherche in Sachen aktuelle Gehälter gegeben. Nun geht es darum, Ihre Gehaltsvorstellung für die neue Position mit guten Begründungen so weit wie möglich durchzusetzen.

In Gehaltsverhandlungen machen es sich Bewerberinnen und Bewerber unnötig schwer, wenn sie ihren Gesprächspartnern auf der Firmenseite abstrakte Zahlen »an den Kopf werfen«, ohne dabei eine inhaltliche Begründung für den Gehaltswunsch zu liefern. Eine Gehaltsverhandlung gelingt aber nicht, wenn gebetsmühlenartig beschworen wird, dass man ja in der letzten Stelle bereits genauso viel verdient habe und ein Stellenwechsel schließlich immer auch mit einem Gehaltssprung verbunden sein müsse. Wer nicht verdeutlichen kann, wie er in nächster Zeit an seinem Arbeitsplatz die Firma weiter nach vorne bringen kann, macht es sich unnötig schwer. Frühere Erfolge spielen zwar eine wichtige Rolle im Gehaltsgespräch, aber vom neuen Leistungsträger wird darüber hinaus erwartet, dass er glaubwürdig herausarbeitet, auf welche Weise er als Führungskraft künftig Erfolge erzielen wird.

Ein Balanceakt

Auf die Frage »Wo sehen Sie Ihre Gehaltsvorstellungen?« sollten Führungskräfte weder zu passiv mit »Da bin ich flexibel, was bieten Sie mir denn an?« noch zu forsch mit »In der alten Position hatte ich 90 000 brutto, die 100 000 möchte ich jetzt schon endlich überspringen« reagieren.

Weder zu abwartende Antworten noch rein formale Argumentationen helfen dabei, die Gehaltsfrage überzeugend zu beantworten. Wer nicht weiß, welche finanzielle Gegenleistung seinem beruflichen Engagement entspricht, zeigt sich schlecht vorbereitet. Hier wird eine vorhandene positive Stimmung fahrlässig getrübt, der Bewerber läuft Gefahr, den bereits sicher geglaubten Sieg noch auf der Zielgerade zu vergeben.

Nutzen Sie die Chance, der Firma im Themenkomplex Gehalt Ihr berufliches Profil noch einmal zu erläutern. Verknüpfen Sie die künftigen Aufgaben mit Ihren bisherigen Erfolgen, um Ihr Profil ein weiteres Mal stärkenorientiert, passgenau und glaubwürdig zu präsentieren. Liefern Sie Belege dafür, wie Sie

Aufbauarbeit geleistet, Restrukturierungen durchgeführt, Arbeitsprozesse effizienter organisiert, Qualitätsverbesserungen herbeigeführt, Produktionsstätten ausgelagert oder Vertriebsziele erreicht haben. Und sprechen Sie aus, dass Sie für den neuen Arbeitgeber genauso erfolgreiche Arbeit leisten werden.

Das obere Gehaltsdrittel ausschöpfen

BEISPIEL

Ein Gehaltswunsch im oberen Drittel der üblicherweise gezahlten Vergütungen könnte so begründet werden: »Ich weiß, dass mein Gehaltswunsch im oberen Drittel dessen liegt, was für vergleichbare Positionen gezahlt wird. Es ist allerdings so, dass ich als Leiter Konstruktion für die termin- und qualitätsgerechte Konstruktion der Messmaschinen verantwortlich bin. In der neuen Stelle ist permanent eine Abstimmung mit externen Kunden und Zulieferern nötig, die ich sowohl als Teamleiter im Sondermaschinenbau als auch als Abteilungsleiter im allgemeinen Maschinenbau nachweislich erfolgreich geleistet habe. Darüber hinaus sind mir nicht nur die technischen, sondern auch die betriebswirtschaftlichen Faktoren für erfolgreiches Arbeiten vertraut, ich habe mich in kaufmännischen Themen permanent weitergebildet. Sie bekommen für das, was Sie mir zahlen, also eine Menge zurück. Von daher halte ich meinen Gehaltswunsch in Höhe von 115 000 Euro Jahresbrutto für realistisch.«

Verhandlungsspielraum

Es geht bei Gehaltsverhandlungen immer auch darum, dass beide Seiten ihr Gesicht wahren können. Maximalziele lassen sich daher kaum in einem Schritt durchsetzen. Planen Sie daher einen ausreichenden Verhandlungsspielraum ein, damit Sie Ihren Gesprächspartnern etwas entgegenkommen können.

BEISPIEL

Spielräume eröffnen

Nutzen Sie die Frage »Wo sehen Sie Ihre Gehaltsvorstellungen?«, um sich Verhandlungsspielräume zu eröffnen: »Meine Gehaltsvorstellung liegt bei 70000 Euro Jahresbrutto fix zuzüglich eines Erfolgsanteils, der bei hundertprozentiger Zielerreichung 30000 Euro betragen sollte. Ich habe aber in der Vergangenheit immer zwischen 120 und 150 Prozent der vorgegebenen Zielgrößen erreicht, sie also deutlich übertroffen, dies hat sich dann auch entsprechend in der Erfolgsprämie niedergeschlagen.«

Auf diese Weise können Sie das Thema »Gehalt« im Vorstellungsgespräch geschickt auf die Klärung der Frage zusteuern, wie im neuen Unternehmen Kennzahlen für variable Erfolgsanteile definiert und wie deutlich übertroffene Kennzahlen honoriert werden. Und Sie zeigen anschaulich, dass Sie über die von Führungskräften geforderte Fähigkeit zur ziel- und ergebnisorientierten Verhandlungsführung verfügen, und zwar auch dann, wenn es um die Durchsetzung eigener Interessen geht.

ÜBUNG

Gehaltsvorstellungen begründen

Stellen Sie in Ihren Antworten heraus, welchen Nutzen die Firma von Ihrer engagierten Mitarbeit in der Zukunft haben wird.

»Was möchten Sie bei uns verdienen?«

Ihre Antwort: ______________________________

»Sind Sie Ihr Gehalt wert?«

Ihre Antwort: ______________________________

»Die Bewerberin, die gestern auf diesem Stuhl saß, hat 20 Prozent weniger als Sie verlangt. Ich glaube, Sie verlangen zu viel, oder?«

Ihre Antwort: ______________________________

»Wir können Ihnen definitiv weniger zahlen als Ihr momentaner Arbeitgeber. Warum wollen Sie die Stelle trotzdem haben? Hat man Ihnen die Kündigung nahegelegt?«

Ihre Antwort: ______________________________

»Also, wenn es nach mir ginge, würde ich Ihnen natürlich zahlen, was Sie sich wünschen. Aber die Branche läuft nicht mehr so gut wie vor einigen Jahren. Ich kann Ihnen nicht weiter entgegenkommen, was soll ich tun?«

Ihre Antwort: ______________________________

»Sie scheinen Ihren Marktwert nicht realistisch einschätzen zu können, oder?«

Ihre Antwort: ______________________________

»Sie verlangen mehr Gehalt als andere für diese Stelle geeignete Bewerber, warum?«

Ihre Antwort: ______________________________

AUF EINEN BLICK

Gehalt: Gekonnt verhandeln

→ Auch bei Gehaltsverhandlungen steht Ihr berufliches Profil im Vordergrund. Wenn das Unternehmen an Ihnen interessiert ist, wird man versuchen, auf Ihre Gehaltsvorstellungen einzugehen.

→ Geben Sie als Gehaltswunsch immer ein Brutto-Jahresgehalt an. Beziehen Sie Weihnachtsgeld, Urlaubsgeld, Prämien und andere Sonderleistungen mit ein.

→ Liefern Sie im Gespräch Argumente für Ihren Gehaltswunsch, die der Personalverantwortliche firmenintern vertreten kann.

→ Um Ihre Gehaltsforderungen durchzusetzen, sollten Sie Ihren zukünftigen Wert für das Unternehmen deutlich machen. Verweisen Sie auf von Ihnen erzielte Umsatzsteigerungen, Qualitätsverbesserungen, Gewinnsteigerungen oder Kosteneinsparungen.

→ Planen Sie einen Verhandlungsspielraum ein, damit Sie Ihren Gesprächspartnern zur Gesichtswahrung etwas entgegenkommen können.

→ In Aussicht gestellte Gehaltserhöhungen nach der Probezeit sollten Sie schriftlich fixieren lassen.

→ Führen Sie Gehaltsverhandlungen erst am Ende des Vorstellungsgespräches.

26. Nachfassmail: Sorgen Sie für positive Stimmung

Ist ein Vorstellungsgespräch aus Ihrer Sicht erfolgreich verlaufen, können Sie ein bis zwei Tage später eine kurze E-Mail an die Firma schicken. So signalisieren Sie dem Unternehmen, dass Sie Ihre Bewerbung nach wie vor ernst meinen. Dieser Trend zur Feedback-Mail kommt – wie so häufig – aus den USA und hat sich auch hierzulande immer mehr verbreitet.

Nicht nur für Sie, auch für die Firmenseite ist das Bewerbungsverfahren mit erheblichem Aufwand verbunden. Es kommt häufig vor, dass interessante Kandidaten, die für die Firma erste Wahl sind, noch kurz vor der Vertragsunterzeichnung abspringen. Dies liegt beispielsweise daran, dass diese Bewerber mit mehreren interessanten Firmen parallel Gespräche führen und sich dann kurzfristig umentscheiden, also ein aus ihren Augen besseres Angebot einer anderen Firma annehmen. Oder es werden am alten Arbeitsplatz erfolgreich Bleibeverhandlungen geführt, die in der Konsequenz ebenfalls zu einer kurzfristigen Absage bei der neuen Firma führen.

Betonen Sie die Ernsthaftigkeit Ihrer Bewerbung

Bleiben Sie im Gespräch

Diese für Firmen problematischen Konstellationen können für Sie positive Wirkungen entfalten. Nämlich dann, wenn Sie beim firmeninternen Ranking der infrage kommenden Bewerber auf Rang 2, 3 odder 4, also an vorderer, aber nicht an erster Stelle stehen. Mit jeder Absage eines vor Ihnen liegenden Bewerbers rücken Sie stärker in den Fokus der Entscheider auf der Firmenseite.

Um aus dieser Situation positives Kapital zu schlagen, ist es hilfreich, die Ernsthaftigkeit Ihrer Bewerbung an passender Stelle zu unterstreichen – beispielsweise direkt nach einem gut verlaufenen ersten Vorstellungsgespräch und ebenso nach einem produktiven und angenehmen zweiten Treffen.

Mail an alle Gesprächspartner

Zunächst bedanken Sie sich in Ihrer E-Mail für das informative Gespräch. Idealerweise greifen Sie dann ein oder zwei wesentliche Anforderungen aus dem Vorstellungsgespräch auf und betonen außerdem in der E-Mail, dass Sie über die gewünschten Kompetenzen verfügen und sie gerne für die Firma in der Führungsposition einsetzen würden. Versenden Sie die E-Mail per CC-Funktion dann möglichst an alle Gesprächsbeteiligten. Die E-Mail-Adressen aller Gesprächspartner haben Sie entweder durch den Austausch von Visitenkarten zu Beginn des Vorstellungsgespräches bekommen - oder Sie haben nur eine einzige E-Mail-Adresse, beispielsweise die der Personalleiterin Frau Petra Krause. Dann können Sie aus Angaben wie petra.krause@gmbh.de leicht folgern, dass der Bereichsleiter Herr Kai Dentler und der Finanzvorstand Herr Jens Ude die E-Mail-Adressen kai.dentler@gmbh.de und jens.ude@gmbh.de haben.

Sie könnten Ihre Feedback-Mail beispielsweise so formulieren:

BEISPIEL

Gekonnt in Erinnerung bleiben

Sehr geehrter Herr Ude, sehr geehrte Frau Krause,
sehr geehrter Herr Dentler,

zunächst möchte ich mich für das informative und angenehme Vorstellungsgespräch, das wir Mitte dieser Woche miteinander geführt haben, bedanken.

Das Gespräch hat mich in meiner Absicht bestärkt, meine Kenntnisse und mein volles Engagement in die Position »Abteilungsleiterin Finance« bei Ihnen einzubringen. Ich habe die Anforderungen der Stelle noch einmal gründlich auf mich wirken lassen und bin sicher, dass meine Erfahrungen im Tagesgeschäft des Vertriebs- und Bestandscontrolling, meine erprobte Zusammenarbeit mit Wirtschaftsprüfern, Banken und Rechtsanwälten und insbesondere die Entwicklung lokaler Kennzahlen zur Umsetzung des Berichtswesens für Sie von Nutzen sein werden.

Daher freue ich mich auf die Einladung zu einem – von Ihnen angekündigten – zweiten Gespräch mit dem CEO Herrn Schmidt sehr.

Mit freundlichen Grüßen
Svenja Nordmann

Nachfassmail nach einem Tag versenden

In unserer Beratungspraxis haben wir für unsere Kunden mit knapp und zugleich knackig formulierten Nachfassmails in der hier vorgestellten Form sehr gute Erfahrungen gesammelt. Ein letzter Hinweis noch zu diesem Teilaspekt der Bewerbung: Wir sind der Überzeugung, dass Nachfassmails dann eine bessere Wirkung haben, wenn sie nicht unmittelbar nach dem Gespräch losgeschickt werden. Ein zeitlicher Abstand von 24 Stunden nach einem persönlichen Treffen ist durchaus sinnvoll. Damit vermitteln Sie - indirekt - ein weiteres Mal, dass Sie Ihre Entscheidung wohl durchdacht haben und kein Bewerber sind, der am alten Arbeitsplatz womöglich massiv unter Druck steht und förmlich nach jedem rettenden Strohhalm auf dem Jobmarkt greift.

Gelungene Nachfassmails

AUF EINEN BLICK

→ Bleiben Sie im Gespräch, indem Sie eine aussagekräftige Nachfassmail versenden – möglichst an alle am Vorstellungsgespräch Beteiligten.

→ Greifen Sie ein oder zwei Anforderungen aus dem Gespräch auf und betonen Sie, dass Sie über die gewünschten Kompetenzen verfügen und gerne für die Firma einsetzen würden.

→ Versenden Sie Ihre Nachfassmail frühestens einen Tag nach dem Gespräch.

27. Spezielle Fragen im zweiten Gespräch

Die Fehlbesetzung von Stellen ist teuer, und die Fehlbesetzung von Führungsstellen ist noch teurer. Deshalb sind zweite Vorstellungsgespräche absolut üblich. Als künftiger Leistungsträger für das Unternehmen müssen Sie damit rechnen, dass Ihre außerordentliche Leistungsbereitschaft noch einmal gründlich überprüft wird.

Ihre Bewerbungsunterlagen und Ihr Auftritt im ersten Gespräch haben bereits überzeugt, Sie können also davon ausgehen, dass Sie mit einem Vertrauensvorschuss in die zweite Runde starten. Rechnen Sie aber damit, dass noch einmal an den Punkten nachgehakt wird, die für die Firma besonders wichtig sind. Weiter gilt es zu beachten, dass neue Gesprächspartner auch neu überzeugt werden wollen, dies können beispielsweise künftige direkte Fachvorgesetzte, aber auch Fachvorgesetzte, die zwei Hierarchiestufen über Ihrer Position stehen und ebenso Geschäftsführer oder Vorstände sein.

Typische Fehler: Vorzeitiges Aus!

Kein Bezug zum ersten Gespräch

Interessanterweise werden wir in unserer Coachingpraxis regelmäßig von Führungskräften in Anspruch genommen, die immer wieder in Runde zwei scheitern und die Gründe hierfür endlich verstehen wollen. Wir erleben dann oft, dass der unbedingte Wille der Bewerber, Kompetenz und Erfahrungen in die neue Führungsposition voll und ganz einzubringen, für Außenstehende nicht erkennbar wird. Wohldosierte Begeisterung und Leidenschaft sind aber wichtig, damit nicht der falsche Eindruck entsteht, dass hier ein durchschnittlicher Kandidat auf der Suche nach »irgendeiner« Managementaufgabe ist. Dieser problematische Eindruck verstärkt sich noch, wenn von den Bewerbern keinerlei Bezug auf die Inhalte aus dem ersten Gespräch genommen wird. Ganz wichtig ist es darüber hinaus, sich mental auf gezielte Sticheleien oder kleine Provokationen vonseiten der Top-Führungsebene einzustellen. Das obere Management simuliert auf diese Weise in Runde zwei des Frage-und-Antwort-Spiels gerne den oft stressigen Arbeitsalltag von Führungskräften, insbesondere um neue Mitarbeiter aus der Reserve zu locken.

Antwort ohne Argumente

Eine typische Frage an künftige Führungskräfte im zweiten Vorstellungsgespräch wäre: »Angenommen wir müssten uns zwischen Ihnen und einem weiteren Mitbewerber entscheiden: Was spräche für Sie?« Unpassend ist dann diese Replik:

»Sie können sicher sein, den Richtigen zu bekommen. Ich kenne doch meine Mitbewerber auf dem Arbeitsmarkt, die bringen auf keinen Fall die Erfahrungen mit, über die ich verfüge.«

Abstrakte Antworten wie im Negativbeispiel überzeugen nicht - hier hätte der künftige Leistungsträger deutlich mehr Substanz in seine Antwort legen müssen. Die Selbsteinschätzung »Sie können sicher sein, den Richtigen zu bekommen« ist denkbar ungeeignet. Schließlich ist man sich ja unsicher und will deshalb noch einmal an Ort und Stelle vom Bewerber die wichtigsten Einstellungsargumente hören, die aus seiner Sicht für ihn sprechen. Auch die Mitbewerberschelte »Ich kenne doch meine Mitbewerber« ist ungünstig, denn niemand wird in strahlenderem Licht dastehen, wenn er versucht, andere ins Dunkle zu drängen. Was genau die »Erfahrungen« sind, über die der Bewerber zu verfügen meint, bleibt tatsächlich im Dunkeln. Hier wurde leider eine Steilvorlage für den gezielten Einsatz der Selbstpräsentation ohne Grund vergeben.

Erfüllen Sie die Wünsche der Gesprächspartner

Sie werden es im zweiten Vorstellungsgespräch besser machen als der Kandidat aus dem Negativbeispiel, wenn Sie zur Vorbereitung die Stellenausschreibung und Ihren Lebenslauf heranziehen. Berücksichtigen Sie auch die Informationen, die man Ihnen im ersten Gespräch bereits gegeben hat, und überlegen Sie sich, was für die Firma in der neuen Position Vorrang hat. Sprechen Sie die Firmenwünsche von sich aus im zweiten Gespräch an und begründen Sie anhand von Beispielen, wie Sie die Vorgaben erfüllen werden. Wenn Sie auf neue Gesprächspartner treffen, sollten Sie auf jeden Fall eine verkürzte Version Ihrer Selbstpräsentation liefern. So sorgen Sie für Dynamik und Substanz im Gespräch und liefern geeignete Ansatzpunkte für den weiteren Verlauf. Auch wichtige Randfragen wie Kündigungsfristen, Gehaltsdetails und Umzugspläne sollten Sie vor dem zweiten Gespräch für sich geklärt haben, um im Dialog mit der Firmenseite glaubwürdig zu zeigen, dass Sie die Führungsposition auf jeden Fall wollen.

Chance genutzt

Eine souveräne und aussagekräftige Antwort auf die Frage »Angenommen wir müssten uns zwischen Ihnen und einem weiteren Mitbewerber entscheiden: Was spräche für Sie?« könnte so lauten:

»Ich habe das letzte Gespräch gründlich auf mich wirken lassen und mich noch einmal mit den Kernaufgaben auseinandergesetzt. Die von Ihnen angesprochene Koordination und Organisation der Produktion in China habe ich in ähnlicher Form bereits wahrgenommen. Da ich für meinen momentanen Arbeitgeber Fertigungslinien in der Slowakei konzipiert und die Einrichtung vor Ort überprüft habe, bin ich mit der Installation von Fertigungslinien im Ausland vertraut. Auch dort habe ich mit den Ansprechpartnern vor Ort auf Englisch verhandelt und in dringenden Fällen oder bei technisch sehr speziellen Problemen Fachdolmetscher hinzugezogen. Dabei halfen mir meine umfangreichen Erfahrungen im Projektmanagement und meine fundierten Kenntnisse in der Planung und Konstruktion.«

Der Bewerber hat durchschaut, dass ihn der Fragesteller aufs Glatteis führen möchte, geht aber mit keinem Wort auf seine Mitbewerber und deren vermeintliche Schwächen ein. Stattdessen verweist er auf das gut verlaufene erste Vorstellungsgespräch und spricht direkt die Dinge an, die der Firma wichtig sind. Er gibt ein konkretes Beispiel dafür, wie er im Ausland mit seinen beruflichen Aufgaben zurechtgekommen ist. Damit unterstreicht er seine Lösungskompetenz, seine Führungsstärken und seine internationale Kompetenz. Mit seiner gelebten »Hands-on«-Mentalität empfiehlt er sich als künftige Führungskraft erster Wahl.

Beispielfragen und -antworten für Runde zwei

Wir stellen Ihnen nun einige spezielle Fragen aus zweiten Vorstellungsgesprächen vor, die Sie überzeugend beantworten können sollten. Orientieren Sie sich an den oben vorgestellten Beispielformulierungen, um Ihre Leistungsfähigkeit und Ihre Begeisterung für die neue Stelle auch in Ihren Antworten deutlich machen zu können.

Das zweite Gespräch

ÜBUNG

»Zu welchen Punkten haben Sie nach unserem letzten Gespräch noch weiteren Informationsbedarf?«

Ihre Antwort: ______________________________

....

»Auf welche der von uns im letzten Gespräch geschilderten Aspekte der neuen Aufgabe freuen Sie sich besonders?«

Ihre Antwort: ______________________________

....

»Wenn Sie das letzte Gespräch noch einmal Revue passieren lassen: Welche Aufgaben sehen Sie als Kernaufgaben an?«

Ihre Antwort: ______________________________

....

→ FORTSETZUNG AUF DER NÄCHSTEN SEITE

»Bezogen auf unser erstes Treffen: Was hatten Sie sich vor dem Gespräch anders vorgestellt?«

Ihre Antwort: ______________________________

»Sie haben im ersten Gespräch bereits einige grundlegende Informationen von uns bekommen: Wie hat sich Ihr persönlicher Entscheidungsprozess über eine Arbeitsaufnahme bei uns seitdem verändert?«

Ihre Antwort: ______________________________

»Angenommen, wir müssten uns zwischen Ihnen und einem weiteren Mitbewerber entscheiden: Was spräche für Sie?«

Ihre Antwort: ______________________________

»Welche Fragen müssen aus Ihrer Sicht in diesem zweiten Gespräch noch geklärt werden?«

Ihre Antwort: ______________________________

»Jetzt mal ganz unter uns: In der Branche ist es ein offenes Geheimnis, dass Ihr Arbeitgeber in Insolvenz geht. Eigentlich ist der neue Job für Sie doch nur eine Notlösung, oder?«

Ihre Antwort: ______________________________

BEISPIEL

Voller Einsatz im zweiten Gespräch

Wenn Sie bei der Beantwortung der Fragen aus der Übung noch etwas Unsicherheit bei sich verspürten, werden Ihnen unsere Beispielantworten weiterhelfen. Wir stellen Ihnen sowohl einige ungünstige als auch besser geeignete Antworten vor, damit der Lerneffekt für Sie größer ist. Selbstverständlich sind die Antworten nicht zum Auswendiglernen gedacht, sondern als Anregungen zu verstehen.

»Zu welchen Punkten haben Sie nach unserem letzten Gespräch noch weiteren Informationsbedarf?«

Ungünstige Antwort: Mir ist soweit eigentlich alles klar geworden, die Aufgaben kenne ich ja soweit aus meinem alten Job. Ich gehe davon aus, dass wir heute die Gehaltsfrage endgültig klären und beim Thema Dienstwagen müssen wir uns ja auch noch über das Modell einigen.

Gelungene Antwort: Unser erstes Treffen war ja schon sehr informativ. Sie haben mir deutlich gemacht, dass ich als Bauleiter bei Ihnen insbesondere die Auswahl der Gewerbeimmobilien in Zusammenarbeit mit der Geschäftsführung treffen, die grundbuchrechtlichen Erfordernisse in Absprache mit den Notaren abwickeln und die Firma auf Messen und Verkaufstagungen repräsentieren soll, um in der Branche den Ruf eines qualitativ hochwertigen Anbieters weiter auszubauen. Mich würde noch interessieren, ob Sie bei der Auswahl der Immobilien ganz bestimmte Regionen im Blick haben. Ich bin hier im süddeutschen Raum nämlich gut vernetzt, da würde ich, falls es passt, gerne meine Kontakte einbringen.

»Auf welche der von uns im letzten Gespräch geschilderten Aspekte der neuen Aufgabe freuen Sie sich besonders?«

Ungünstige Antwort: Ich komme aus dem Vertrieb und möchte endlich wieder die Dinge vorantreiben, in der letzten Firma herrschte leider ein Klima der Stagnation. Da ich selbst aber gerne handle und meine Strategien konsequent verfolge, fühlte ich mich doch wie ausgebremst. Jetzt werde ich bei Ihnen richtig Gas geben.

→ FORTSETZUNG AUF DER NÄCHSTEN SEITE

Gelungene Antwort: Ich komme aus dem Vertrieb und ziehe meine Motivation daraus, gute Produkte am Markt in großen Stückzahlen zu verkaufen. Als Vertriebsleiter stehe ich natürlich nicht mehr ständig im direkten Kundenkontakt, sehe mich aber als Organisator der Rahmenbedingungen für meine Vertriebsmannschaft. Ich freue mich darauf, für Sie Vertriebsstrategien zu entwickeln, an deren Umsetzung zu arbeiten und in Absprache mit der Entwicklung und Produktion neue Produktgruppen zu definieren und am Markt einzuführen. Auch die von Ihnen im ersten Gespräch angesprochenen Wachstumsmöglichkeiten durch Cross-Selling-Aktivitäten möchte ich gerne nutzen. Auch bei meinem momentanen Arbeitgeber haben wir mit Cross-Selling-Partnern sehr gute Erfahrungen gemacht.

»Wenn Sie das letzte Gespräch noch einmal Revue passieren lassen: Welche Aufgaben sehen Sie als Kernaufgaben an?«

Ungünstige Antwort: Die Kapazitätsplanung, das Beschaffungsmanagement, die Lieferantenauswahl und die Lieferantenkontrolle. Ach ja, und auch noch der Aufbau einer Partnerlieferantenstruktur mit ausgewählten Zulieferern. Habe ich etwas vergessen?

Gelungene Antwort: Sie hatten betont, dass die Kapazitätsplanung und das Beschaffungsmanagement in der neuen Stelle im Mittelpunkt stehen. Zu diesen Punkten kann ich auf mein Projekt Bestandsoptimierung verweisen, mit dem ich nachhaltig Kosten senken konnte. Weiter wichtig sind die Lieferantenauswahl und Lieferantenkontrolle. Hier habe ich in der Vergangenheit gute Erfahrungen damit gesammelt, die wichtigsten Lieferanten in sechsmonatigen Abständen persönlich zu besuchen. Im direkten Kontakt kann man vieles doch anders ansprechen und hat bei immer wieder auftretenden kurzfristigen Qualitätsschwankungen dann gleich den richtigen Ansprechpartner im Zuliefererunternehmen. Besonders interessant fand ich auch den Punkt Partnerlieferantenstruktur, der von Ihnen, Herr Müller, ja auch schon grob skizziert wurde.

Hierzu habe ich mir noch weitere Gedanken gemacht. Ich bin mir sicher, dass wir dieses Projekt gut auf den Weg bringen können.

Spezielle Fragen im zweiten Gespräch

AUF EINEN BLICK

→ Auch wenn Sie in Runde eins überzeugt haben, sollten Sie sich nicht vorschnell dem Siegestaumel hingeben.

→ Starten Sie also mit Ihrer Überzeugungsarbeit im zweiten Gespräch noch einmal voll durch.

→ Bereiten Sie das zweite Treffen vor, indem Sie die Stellenausschreibung, Ihr Anschreiben und Ihren Lebenslauf noch einmal gründlich durchlesen und sich die Schnittpunkte vergegenwärtigen.

→ Idealerweise sprechen Sie – an passender Stelle – von sich aus an, wie Sie die speziellen Wünsche und Vorstellungen des neuen Arbeitgebers erfüllen könnten.

→ Stellen Sie durch Formulierungen wie »Sie hatten im ersten Gespräch ja betont, dass Ihnen X und Y besonders wichtig sind, gerade hier bringe ich aktuelle Erfahrungen mit« auch sprachlich einen direkten Bezug zwischen dem ersten und dem zweiten Treffen her.

→ Neue Gesprächsteilnehmer sollten Sie mithilfe Ihrer Selbstpräsentation oder Teilen daraus auf den gleichen Informationsstand bringen.

→ Zeichnen Sie auch im zweiten Vorstellungsgespräch nach, dass Sie Ihre Entscheidung, zu einem neuen Arbeitgeber zu gehen, bewusst getroffen haben.

Teil V

Weitere Bewerbungshürden

28. Worum geht es im Assessment-Center?

Wenn es um Personalfragen geht, vertrauen immer mehr Unternehmen auf das Assessment-Center. Bei der Auswahl neuer Mitarbeiter genügen vielen Personalverantwortlichen die Sichtung von Bewerbungsunterlagen und das Führen von Vorstellungsgesprächen nicht mehr. Sie möchten auch wissen, wie sich Kandidaten live bewähren – und führen deshalb Assessment-Center durch. Auch in der internen Personalentwicklung gewinnt das AC einen immer höheren Stellenwert und nimmt neben Beurteilungsgesprächen und Empfehlungen der Vorgesetzten eine wichtige Rolle ein.

Gruppenauswahlverfahren

Das Assessment-Center ist ein Gruppenauswahlverfahren. Zusammen mit anderen muss der Bewerber oder die Bewerberin unter Beobachtung verschiedene Aufgaben lösen. So werden beispielsweise Gruppendiskussionen durchgeführt, Rollenspiele wie Mitarbeiter- und Kundengespräche veranstaltet, Präsentationen von den einzelnen Bewerbern verlangt, Fallstudien vorgelegt oder Tests und Übungen wie der Postkorb verlangt.

Weitere Bezeichnungen

Nicht immer muss ein Assessment-Center auch so benannt sein. Um die Teilnehmer in trügerischer Sicherheit zu wiegen, werden oft auch andere Bezeichnungen verwandt. So nennen manche Unternehmen ihre Assessment-Center auch Potenzialanalyse, Profil-Workshop, Kennenlerntag, Bewerberrunde, Personalentwicklungsseminar, Management-Audit, Potenzialerfassung für Nachwuchsführungskräfte, Development-Center, Förderseminar, Feedback-Report, Auswahlseminar oder auch Leadership-Check. Assessment-Center können ein- oder zweitägig angelegt sein. Inzwischen setzt sich bei der Mehrzahl der Unternehmen – vor allen Dingen aus Kostengründen – die eintägige Variante durch.

Im Assessment-Center wird die Kandidatengruppe von mehreren Beobachtern aus dem Unternehmen begutachtet. Meistens werden Linienvorgesetzte als Beobachter eingesetzt, die zwei Stufen über den zu prüfenden Kandidaten stehen. Bewerben Sie sich also für die Position eines Abteilungsleiters, könnten die Beobachter Bereichsleiter sein, falls die Zwischenstufe Hauptabteilungsleiter im Unternehmen etabliert ist. Berufseinsteiger treffen üblicherweise auf Beobachter, die Abteilungsleiter sind.

Durchführung

Mit der Durchführung des Assessment-Centers wird entweder die interne Personalabteilung beziehungsweise -entwicklung beauftragt, oder es wird eine externe Personal- oder Unternehmensberatung engagiert. Üblicherweise führt ein Vertreter der hausinternen Abteilung für Personalfragen oder ein Personalberater als Moderator durch das Assessment-Center. Er erläutert die Übungen, gibt Schriftstücke aus und beginnt und beendet die einzelnen Übungen.

Damit die Beobachter aus der Firma wissen, auf welche Details sie im Assessment-Center besonders zu achten haben, werden sie auf diese Aufgabe vorbereitet. Dabei erklärt man ihnen, unter welchen Aspekten sie die Kandidaten in den einzelnen Übungen besonders zu beobachten haben.

Einzel-Assessment

Als Sonderfall für Führungskräfte gibt es auch noch das Einzel-Assessment. Wie der Name schon sagt, wird dies nicht in einer Gruppe durchgeführt. Der Kandidat trifft allerdings – mit Ausnahme der Gruppendiskussion – auf die gleichen Übungen, und auch hier bewerten ihn mehrere Beobachter.

Was wird geprüft?

Im Mittelpunkt: Soft Skills

Der Fokus im Assessment-Center liegt ganz klar auf der Beurteilung der Soft Skills, die auch soziale Kompetenz, Persönlichkeitsmerkmale oder außerfachliche Kompetenzen genannt werden: Mit möglichst berufsnahen Aufgabenstellungen soll die Persönlichkeit der Bewerber überprüft werden.

Ein Assessment-Center ist also kein Wissenstest, sondern vielmehr ein Verhaltenscheck. Da inzwischen alle Unternehmen gemerkt haben, wie wichtig Soft Skills sind, wollen sie diese auch möglichst genau überprüfen.

In den einzelnen Übungen werden unterschiedliche Soft Skills abgefragt. So führt das Unternehmen beispielsweise Gruppendiskussionen durch, um festzustellen, wie ausgeprägt die Merkmale Überzeugungsfähigkeit, Veränderungskompetenz, Einfühlungsvermögen, Argumentationsverhalten,

Kooperationsfähigkeit oder Wertschätzung bei den Kandidaten sind. In Mitarbeitergesprächen hingegen werden eher Soft Skills wie Durchsetzungsvermögen, Zielorientierung, Entscheidungsfreude, Sensibilität oder unternehmerisches Denken überprüft.

Leitbild zur Orientierung

Es ist auch unter Personalverantwortlichen ein offenes Geheimnis, dass eine der Hauptleistungen der Kandidaten und Kandidatinnen darin besteht, sich über die Anforderungen klar zu werden, die in den einzelnen Übungen an sie gestellt werden. Dabei gibt es ein allgemeines Leitbild, an dem Sie sich grob orientieren können: Meistens setzt sich nämlich der unternehmerisch denkende, entscheidungsfreudige und stressresistente Teamplayer durch.

Natürlich gibt es hier auch Abweichungen. So wird bei den verschiedenen Assessment-Centern eine unterschiedlich ausgeprägte Durchsetzungsfähigkeit eingefordert: Bei der Personalauswahl für Positionen im Außendienst verlangen manche Unternehmen beispielsweise einen höheren Durchsetzungsfaktor als bei einem AC zur Personalentwicklung von Projektleitern, bei denen es ihnen eher auf das Kooperationsverhalten ankommt. In Ihre Vorbereitung für das Assessment-Center sollten Sie daher unbedingt auch Informationen über die ausgeschriebene Stelle einfließen lassen.

Grundsätzlich können Sie sich sehr gut an unserem Leitbild orientieren: Geben Sie sich unternehmerisch denkend, indem Sie bei Ihren Argumentationen und Präsentationen die Kosten im Blick behalten. Dokumentieren Sie Ihre Entscheidungsfreude, indem Sie eindeutige Empfehlungen aussprechen. Weisen Sie Ihre Stressresistenz nach, indem sie körpersprachlich souverän auftreten, und geben Sie sich als Teamplayer, der auf Vorschläge anderer eingehen kann und darauf achtet, dass alle Beteiligten ihre Ideen einbringen können.

Übungen im Assessment-Center

Assessment-Center bestehen aus verschiedenen Übungen, in denen sich die Ursprungsidee klar wiederfinden lässt, die Kandidaten in unterschiedlichen Situationen zu erleben, die so auch im Berufsleben auftauchen können. Wir haben die verschiedenen Übungen, die wir Ihnen im weiteren Verlauf ausführlich vorstellen werden, einmal für Sie zusammengefasst:

Typische Übungen

- **Selbsteinschätzung,**
- **Selbstpräsentation,**
- **Gruppendiskussion,**
- **Mitarbeitergespräch,**
- **Verkaufs- und Beratungsgespräch,**
- **Reklamationsgespräch,**
- **Verhandlung,**
- **Vortrag,**
- **Fallstudie und Business-Case,**
- **Interview,**
- **Tests,**
- **Postkorbübung.**

Grundgerüst

Nicht in jedem Assessment-Center werden alle genannten Übungen eingesetzt. Es gibt aber ein Grundgerüst, das Sie fast immer erwartet, nämlich die Übungstypen Selbstpräsentation, Gruppendiskussion, Vortrag und Mitarbeitergespräch beziehungsweise Kundengespräch. Im gängigen Szenario eines zweitägigen Assessment-Centers finden sich zusätzlich die Übungen Fallstudie und Postkorb. Manche Unternehmen setzen zusätzlich auch noch Tests ein. Damit Sie eine genauere Vorstellung davon bekommen, wie Unternehmen das Assessment-Center im Einzelnen aufbauen, stellen wir Ihnen nun beispielhaft zwei Assessment-Center vor.

Beispielhafte Abläufe von Assessment-Centern

BEISPIEL

Assessment-Center bei einem Versorgungsunternehmen

Zweck: Management-Audit zur Führungskräftesichtung
Typ: Gruppen-Assessment-Center
Dauer: eineinhalbtägig
Zusammensetzung: 10 Kandidaten, 9 Beobachter, 1 Moderator

Ablauf

1. Tag

Selbstpräsentation: Vorstellungsrunde
Vorbereitungszeit: 10 Minuten, Präsentationszeit: 10 Minuten
Aufgabe: Kurzvorstellung und Beantwortung folgender Fragen: Welches Führungsmodell bevorzugen Sie? Welche Erfolge konnten Sie in den letzten zwei Jahren erzielen? Wo liegen Ihre Entwicklungsziele?

Interview: Umgang mit Herausforderungen
Zeit: 40 Minuten
Aufgabe: Fragen zum Umgang mit beruflichen Herausforderungen beantworten

Postkorb: Entscheidungsübung
Zeit: 90 Minuten
Aufgabe: Postkorb durcharbeiten, Entscheidungen treffen und schriftlich begründen

Gruppendiskussion: Kundenorientierung
Vorbereitungszeit: 40 Minuten, Diskussionszeit: 30 Minuten
Aufgabe: Wie lässt sich die Kundenorientierung im Unternehmen erhöhen?

Präsentation: Themenvergabe
Hintergrund: Kurz vor dem Ende des ersten Tages werden verschiedene Themen für die Präsentationen am nächsten Tag vergeben. Die Beobachter registrieren, welcher Kandidat welches Thema auswählt.

2. Tag

Präsentation: verschiedene Themen
keine Vorbereitungszeit, Thema musste über Nacht erarbeitet werden, Präsentationszeit 15 Minuten

→ FORTSETZUNG AUF DER NÄCHSTEN SEITE

Aufgaben: beispielsweise vom Mitbewerber lernen, neue Kundenpotenziale zu identifizieren, interne Optimierungspotenziale aufdecken, Wissensmanagement

Besprechung der Postkorbergebnisse
Zeit: 30 Minuten
Aufgabe: die beim Postkorb getroffenen Entscheidungen erläutern, kritische Nachfragen der Beobachter

BEISPIEL

Assessment-Center bei einem Chemiekonzern

Zweck: Potenzialerfassung für zukünftige Führungskräfte
Typ: Einzel-AC
Dauer: eintägig
Zusammensetzung: 1 Kandidat, 4 Beobachter, 1 Moderator aus externer Personalberatung

Ablauf

Vortrag: Präsentation über Investitionsentscheidungen
Vorbereitungszeit: 90 Minuten, Präsentationszeit: 20 Minuten
Aufgabe: nach neuen Standorten für Produktionsanlagen suchen; länderspezifisches Infomaterial sichten; während der Präsentation kritische Zwischenfragen durch die Beobachter

Test: Leistungstest
keine Vorbereitungszeit, Testdauer: 60 Minuten
Aufgabe: verschiedene Testbatterien aus dem Bereich Konzentration

Mitarbeitergespräch: Einführung von Zielvereinbarungen
Vorbereitungszeit: 40 Minuten, Gesprächszeit: 20 Minuten
Aufgabe: Zielvereinbarungen auf Mitarbeiterebene einführen, Widerstände ausräumen

Kundengespräch: Produktprobleme
Vorbereitungszeit: 40 Minuten, Gesprächszeit: 30 Minuten
Aufgabe: wichtigen Kunden, der wegen wiederholter Produktprobleme verärgert ist, besänftigen; Konsens finden, der sowohl die Kundenwünsche als auch die Interessen des eigenen Unternehmens berücksichtigt

Selbsteinschätzung: Fragebogen
keine Vorbereitungszeit, Dauer: 15 Minuten
Aufgabe: Einschätzung der eigenen Stärken und Schwächen

Das erwartet Sie im Assessment-Center

AUF EINEN BLICK

→ Immer mehr Unternehmen setzen auf das Assessment-Center, um zu erfahren, wie sich Bewerber live bewähren.

→ Andere Namen für Assessment-Center sind beispielsweise Potenzialanalyse, Kennenlerntag, Personalentwicklungsseminar, Development-Center oder auch Leadership-Check.

→ Im Assessment-Center werden die Bewerber von mehreren Beobachtern begutachtet, meistens von Linienvorgesetzten, die zwei Stufen über den Kandidaten stehen.

→ Ein Assessment-Center ist kein Wissenstest, sondern ein Check ihres Verhaltens und Ihrer Soft Skills. Es wird ein Bewerber gesucht, der unternehmerisch denkt, entscheidungsfreudig, stressresistent und ein Teamplayer ist.

→ Ihnen können verschiedenste Übungen begegnen:
- Selbsteinschätzung,
- Selbstpräsentation,
- Gruppendiskussion,

→ FORTSETZUNG AUF DER NÄCHSTEN SEITE

- Mitarbeitergespräch,
- Verkaufs- und Beratungsgespräch,
- Reklamationsgespräch,
- Verhandlung,
- Vortrag,
- Fallstudie und Business-Case,
- Interview,
- Tests,
- Postkorbübung.

29. Einzelassessment

Assessment-Center werden nicht nur als Gruppenauswahlverfahren eingesetzt, manche Unternehmen überprüfen interessante Kandidaten auch im Einzelassessment. Wann Sie mit einem Einzelassessment rechnen müssen und welche Übungen Sie dort erwarten, erfahren Sie in diesem Kapitel.

Einzelassessment zur Personalentwicklung

Ab einer gewissen Hierarchiestufe lassen insbesondere Unternehmensberatungen Bewerber nur noch ungern in einer Gruppe gegeneinander antreten. Dies gilt insbesondere für Assessment-Center zur Personalentwicklung eines Unternehmens. Der Direktvergleich von Führungskräften, die sich alle auf der gleichen Stufe der Karriereleiter befinden, kann zu späteren Problemen im beruflichen Alltag führen. Zum einen gibt es oft Begründungsschwierigkeiten gegenüber den Mitarbeitern, wenn man abgelehnte Kandidaten wieder in ihre alte Position zurückschickt.

Zum anderen kann es später - da der Direktvergleich als Kampf gegeneinander empfunden wird - auch zwischen den Führungskräften zu Spannungen kommen, wenn die Ergebnisse den abgelehnten Bewerbern nicht plausibel gemacht werden können. Führungskräfte, die oft seit mehreren Jahren, manchmal Jahrzehnten, für ihr Unternehmen tätig sind, tolerieren den zwangsläufigen Karriereknick nach einem negativ verlaufenen Assessment-Center nicht so einfach. Sie fühlen sich vor den Kollegen bloßgestellt und befürchten Autoritätsverluste.

Gute Gründe für das Einzelassessment

Als Konsequenz suchen sie oft das Gespräch mit der Personalabteilung, um eine Relativierung des Ergebnisses zu erreichen. Dieser Weg endet jedoch fast immer in der Sackgasse: Personalentscheidungen gelten schon aus Gründen der inneren (Unternehmens-)Ruhe als unwiderruflich. Wer im Assessment-Center nicht den notwendigen Punkteschnitt erreicht hat, der eine weitere Karriere im Unternehmen eröffnet, wird nachträglich keine Aufhebung dieser Karriereblockade erreichen. Dieses Erlebnis treibt Führungskräfte dann häufig in die innere Kündigung. Nach dem Motto: »Wer mich nicht will, hat mich auch nicht verdient!« beginnt die Suche nach neuen Arbeitgebern.

Einzelbeurteilung statt Direktvergleich mit anderen Bewerbern

Diese Abwanderung von Führungskräften ist für ein Unternehmen problematisch. Eine hohe Personalfluktuation stört innerbetriebliche Abläufe und verursacht hohe Kosten durch die dann notwendige Personalsuche und Einarbeitung neuer Mitarbeiter. Meist leisten die im Assessment-Center »durchgefallenen« Mitarbeiter in ihrer jetzigen Position gute Arbeit, und das Unternehmen ist grundsätzlich daran interessiert, diese Mitarbeiter zu halten. Damit sich Führungskräfte nicht in einem Direktvergleich mit anderen internen oder externen Bewerbern bloßgestellt oder abgewertet fühlen, greifen Unternehmen bei der Potenzialerfassung ihrer Leistungsträger zum Einzelassessment.

Einschätzung von Top-Kandidaten

Beim Einzelassessment führt ein Kandidat die Übungen unter den Augen einer verkleinerten Beobachterkonferenz durch. Meistens werden zur Bewertung zwei Beobachter, die in der Regel Mitglieder der Geschäftsleitung sind, und ein für die Durchführung verantwortlicher Moderator eingesetzt. Die Ergebnisse des Einzelassessments werden in der Personalakte festgehalten und haben daher eine große Bedeutung für die weitere Entwicklung des Mitarbeiters.

Fokussierte Aufmerksamkeit der Beobachter

Da nur ein Teilnehmer zu bewerten ist, ist die Aufmerksamkeit der Beobachter stark fokussiert. Ein kurzfristiges Abtauchen in die Gruppe ist nicht möglich. Es gibt auch in den Pausen keine Möglichkeit, kurz abzuschalten und Kraft zu tanken. Einzelassessment-Kandidaten werden einer größeren Stressbelastung ausgesetzt als die Teilnehmer eines Gruppen-Assessment-Centers.

Der Vorteil für den Einzelassessment-Kandidaten liegt darin, dass die erzielten Ergebnisse nicht nach außen dringen und er ohne Gesichtsverlust wieder an seinen momentanen Arbeitsplatz zurückkehren kann. Der Wettbewerbscharakter des Gruppen-Assessment-Centers wird vermieden. Einzelassessments werden deshalb oft bei der internen Potenzialerfassung von Führungskräften höherer Hierarchiestufen eingesetzt.

Zusätzlich werden Einzelassessments dann benutzt, wenn sowohl interne als auch externe Kandidaten für die Besetzung einer Top-Position infrage kommen. Die negativen Folgen, die sich aus einem Gruppen-Assessment-Center zwischen internen und externen Bewerbern für die zukünftigen Arbeitsabläufe im Unternehmen ergeben könnten, lassen sich auch mit wenig Phantasie ausmalen. Setzt sich der externe Kandidat im Gruppen-Assessment-Center gegen interne Kandidaten durch, wird er bei Arbeitsantritt einem Block ehemaliger Konkurrenten gegenüberstehen. Wenn es bei einzelnen Übungen zu persönlichen Spannungen zwischen den Teilnehmern gekommen ist, werden diese Spannungen im anschließenden Berufsalltag fortbestehen. Mit dem Einsatz von Einzelassessments können interne und externe Kandidaten getrennt begutachtet werden. Ein weiterer Grund für Einzelassessments ist, dass bei Top-Positionen oft gar nicht genug Bewerber vorhanden sind, die man gegeneinander antreten lassen könnte.

Besetzung einer Top-Position

Da viele Unternehmen die Auswahl von Top-Führungskräften Personal- oder Unternehmensberatungen überlassen, werden Einzelassessments sehr häufig in Beratungsunternehmen eingesetzt. Die Entscheidung, einen bestimmten Bewerber als Top-Kandidaten vorzuschlagen, muss von den Personalberatungen umfassend vorbereitet werden. Personalakten liegen den Personalberatern nicht vor. Aus der schriftlichen Bewerbung und anhand von Referenzen kann die fachliche Kompetenz bewertet werden. In Top-Positionen sind jedoch die soziale und die methodische Kompetenz wesentliche Erfolgsfaktoren. Diese Bestandteile der beruflichen Qualifikation müssen eingehend erfasst und beurteilt werden. Das Einzelassessment ist für die Personalberatungen eine Möglichkeit, Situationen aus dem Berufsalltag nachzustellen und das Verhalten der Bewerber zu beurteilen.

Durchführung durch Beratungsunternehmen

Da Top-Kandidaten eine überraschende Konfrontation mit einem Assessment-Center nicht akzeptieren würden, informieren Personalberatungen meistens die Kandidaten, die sie sichten sollen, vorher darüber, dass ein Einzelassessment durchgeführt wird. Anders als bei Gruppen-Assessment-Centern wird den Bewerbern auch der Ablauf des Einzelassessments mitgeteilt. Genaue Aufgabenstellungen werden natürlich nicht genannt, die Kandidaten werden jedoch darüber informiert, welche Aufgabentypen sie erwarten.

Der Bewerber wird über die Aufgabentypen informiert

Übungen im Einzelassessment

Die Übungen im Einzelassessment entsprechen überwiegend denen von Gruppen-Assessment-Centern. Es erwarten Sie:

- → **Selbstpräsentation**
- → **Mitarbeitergespräch**
- → **Kundengespräch**
- → **Vortrag**
- → **Postkorb**
- → **Interview,**
- → **Fallstudien**
- → **Planspiele**

Präsentationstechniken und Gesprächsführung stehen im Vordergrund

Auf gruppendynamische Effekte, die sich in der anschließenden Diskussion eines Gruppen-Assessment-Centers ergeben, wird verzichtet. Dafür stehen die Präsentationstechniken und die Techniken der Gesprächsführung im Einzelassessment im Vordergrund. Sie müssen in verschiedenen Gesprächssituationen Ihre Kommunikationsfähigkeit beweisen. Es wird getestet, ob Sie nahtlos von den Anforderungen eines Mitarbeiter-Kritikgesprächs zu den Besonderheiten eines Kundengesprächs wechseln können. Ihre Flexibilität ist gefragt.

Generell verläuft Ihre Vorbereitung auf das Einzelassessment analog zu der Vorbereitung von Gruppen-Assessment-Centern. Damit Sie sich optimal darauf einstellen können, finden Sie spezielle Hinweise in den Kapiteln, die wir den einzelnen Übungen gewidmet haben.

Ihre Selbstpräsentation sollten Sie im Einzelassessment als Chance nutzen, den Beobachtern Ihr Profil deutlich zu machen. Erarbeiten Sie sich Sympathie-Effekte, indem Sie sich als kreatives Durchsetzungstalent darstellen. Heben Sie hervor, dass Sie Überdurchschnittliches geleistet haben und weiterhin leisten werden.

Richtiges Verhalten im Mitarbeitergespräch

Im Mitarbeitergespräch wird erwartet, dass Sie Mitarbeiter wieder auf Kurs bringen können. Widerstehen Sie der Versuchung, auf hierarchische Autorität zurückzugreifen. Machen Sie dem Mitarbeiter klar, welche Konsequenzen sein Verhalten für das gesamte Unternehmen hat, damit er künftig aus innerer Einsicht heraus anders handelt.

Das Kundengespräch gestalten Sie erfolgreich, wenn Sie es schaffen, die Blockadehaltung des Kunden gegen Ihre Vorschläge aufzulösen. Erfragen Sie dazu seine Vorstellungen und gehen Sie auf seine Wünsche ein.

Im Vortrag müssen Sie zeigen, dass Sie komplexe Sachverhalte in verständliche Teilaspekte herunterbrechen und Fakten visualisieren können. Nutzen Sie Medien wie Flipchart und Overheadprojektor, um Dynamik zu erzeugen und die Aussagekraft Ihrer Argumente zu erhöhen.

Wenn Sie den Postkorb bearbeiten, sollten Sie zuerst alle Vorgänge sichten und erst dann Aufgaben delegieren, Termine zusagen und Entscheidungen treffen.

Im Interview wird man ein vertiefendes Vorstellungsgespräch mit Ihnen führen. Der Schwerpunkt wird auf Ihrer Selbsteinschätzung, Ihren Stärken und Schwächen und Ihren Karrierewünschen liegen.

Fallstudien und Planspiele konfrontieren Sie mit fiktiven Unternehmensszenarien. Analysieren Sie das ausgehändigte Material, treffen Sie strategische Entscheidungen und begründen Sie sie gegebenenfalls gegenüber kritischen Zuhörern.

Berücksichtigen Sie die Vorlieben der Beobachter

AUF EINEN BLICK

Auf einen Blick Einzelassessment

→ Assessment-Center werden nicht nur als Gruppenauswahlverfahren eingesetzt, es gibt auch Einzelassessments.

→ Beim Einzelassessment führt ein Kandidat die Übungen vor einer verkleinerten Beobachterkonferenz durch.

→ Die Konzentration der Beobachter auf die Leistungen des Kandidaten ist im Einzelassessment größer. Ein vorübergehendes Abtauchen in die Gruppe ist nicht möglich.

→ Einzelassessments werden vorwiegend zur Auswahl von Bewerberinnen und Bewerbern für Top-Positionen eingesetzt.

→ Die Übungen im Einzelassessment entsprechen bis auf die Gruppendiskussion den Übungen, die im Gruppen-Assessment-Center eingesetzt werden.

30. Fallstudie: Analysieren und präsentieren unter Stress

Fallstudien und Business-Cases werden besonders gerne in mehrstufigen Vorstellungsgesprächen und Assessment-Center eingesetzt, wenn Kandidatinnen und Kandidaten für Managementaufgaben gesucht werden. Hierbei ist eine Vielzahl von Informationen und Daten zu sichten. Anschließend sollen sie unternehmerische Entscheidungen begründet darlegen. Der Umfang reicht dabei von ein- bis zweiseitigen Problemdarstellungen bis hin zu zwanzigseitigen Unternehmens- und Marktanalysen.

Manchmal bilden Fallstudien und Business-Cases die Grundlage für weitere Übungen, beispielsweise können die Analyseergebnisse Thema für eine Gruppendiskussion, eine Präsentation oder auch ein Mitarbeitergespräch sein.

Diese Übung wird eingesetzt, um das analytische Vermögen, das unternehmerische Denken und die Entscheidungskompetenz der Teilnehmer zu überprüfen. Können sie die richtigen Schlüsse aus Unternehmensszenarien ziehen? Sind sie in der Lage, auch in einem knappen Zeitrahmen zu tragfähigen Entscheidungen zu kommen? Wie ist ihr Zeitmanagement: Können sie neben der Analyse auch zu einem schlüssigen Ergebnis kommen?

Je anspruchsvoller die zu besetzende Position ist, desto komplexer werden die Aufgabenstellungen sein. Zum Teil fragen Unternehmen dann auch spezielle Kenntnisse aus dem künftigen Arbeitsfeld ab, beispielsweise überprüfen Sie, ob die Kandidaten Businesspläne erstellen, Marktforschungsdaten auswerten oder Bilanzen interpretieren können.

Worauf achten die Beobachter?

Zusammenhänge und Kernaussagen erkennen

Bei einer Fallstudie oder einem Business-Case mit schriftlicher Ergebnisfixierung bewerten die Beobachter, ob Sie die richtigen

Kernaussagen erkannt, Zusammenhänge berücksichtigt und nachvollziehbare Entscheidungen getroffen haben. In erster Linie kommt es also auf das Ergebnis an. Fallstudien und Business-Cases dieser Art haben den Charakter einer Arbeitsprobe. Die Beobachter erwarten eine schlüssige Entscheidungsvorlage.

Folgt danach eine Ergebnispräsentation, dann berücksichtigen die Beobachter auch kommunikative Aspekte, insbesondere Ihre Überzeugungskraft und Ihre Fähigkeit, die Zuhörer zu notwendigen, oft auch unangenehmen Veränderungen zu motivieren. Auf eine ansprechende Visualisierung der Ergebnisse wird ebenfalls großer Wert gelegt. Sollte sich an die Präsentation eine Fragerunde anschließen, dann müssen die Teilnehmer beweisen, dass sie argumentationsstark und kritikfähig sind.

Typische Fehler

Zeitmanagement

Das Zeitmanagement stellt viele Kandidaten bei dieser Übung vor große Probleme. Immer wieder ist zu beobachten, dass sie viel zu viel Zeit mit einer detaillierten Auswertung verbringen, sodass sie am Ende die zu treffende Entscheidung nicht mehr fundiert darlegen können. Ferner sollten sie sich nicht zu schnell auf eine Sichtweise festlegen. Alternativen geraten dann vorschnell aus dem Blickfeld, und die Fakten werden einseitig interpretiert.

Bei der schriftlichen Ergebnisfixierung ist immer wieder zu beobachten, dass Kandidatinnen und Kandidaten auf die gestellten Fragen nur unzureichend eingehen. Wer einfach das Zahlenmaterial wiederholt, ohne daraus Schlüsse zu ziehen, lässt Zweifel an seiner unternehmerischen Kompetenz aufkommen. Bei Präsentationen fällt es den Beobachtern besonders unangenehm auf, wenn Teilnehmer auf die einzelnen Overheadfolien nicht weiter eingehen. Wer keine klare Linie bei seiner Entscheidungsfindung deutlich machen kann, fällt bei den Beobachtern durch.

Sinnvolle Strategien

Um Fehler im Zeitmanagement zu vermeiden, sollten Sie nach folgendem Schema vorgehen:

- → Unterlagen sichten,
- → Kernaussagen notieren,
- → Zusammenhänge erkennen,
- → Lösungsskizze entwerfen,
- → Auswertung schriftlich fixieren.

Ergebnisfixierung

Reservieren Sie auf jeden Fall genug Zeit, um Ihre Ergebnisse festzuhalten. Falls Sie diese im Anschluss vortragen sollen, müssen Sie zusätzlich Zeit einplanen, in der Sie die Overheadfolien und Flipchartskizzen anfertigen. Gehen Sie bei Ihrer Auswertung immer zuerst auf die Ihnen gestellten Fragen ein. Die Beantwortung dieser Fragen hat Vorrang vor weiteren Detailauswertungen.

Bei komplexen Fallstudien und Business-Cases sollten Sie auch Entscheidungsalternativen beleuchten. Mit einer Chancen-Risiken-Abwägung können Sie dann die von Ihnen bevorzugte Vorgehensweise herausarbeiten. Da sich oft nicht alle Entscheidungen ausschließlich aus dem vorliegenden Material treffen lassen, sollten Kandidaten auch auf ihr Branchen- und Fachwissen zurückgreifen. Lassen Sie Ihr Insiderwissen aufblitzen, indem Sie gezielt auch auf Branchentrends, Best-Practice-Ansätze und Marktgegebenheiten eingehen.

Machen Sie sich jetzt mit der AC-Übung »Fallstudie/Business-Case« vertraut. Bearbeiten Sie die folgende Fallstudie, um das von uns vorgestellte Bearbeitungsschema kennen zu lernen.

Fallstudie mit typischen Aufgabenstellungen

Die folgende Fallstudie enthält verschiedene Arbeitsblätter, die Informationen über die COSMETICS WORLDWIDE AG enthalten. Die COSMETICS WORLDWIDE AG agiert weltweit und hat in den zurückliegenden Jahren in den einzelnen Regionen eine unterschiedlich verlaufende wirtschaftliche Entwicklung genommen.

Praxisübung: Fallstudie

ÜBUNG

Analysieren Sie die vorliegenden Informationen und werten Sie sie aus. Entwickeln Sie dann ein präsentationsfähiges Konzept, das auf folgende Fragen eingeht:

→ Wo liegen Ihrer Meinung nach die interessantesten Wachstumsmärkte?
→ Wie lässt sich die Markt- und Technologieführerschaft auch künftig sicherstellen und ausbauen?
→ Welche zusätzlichen Geschäftsaktivitäten erscheinen Ihnen sinnvoll?

Für die Analyse der Arbeitsblätter und die Erarbeitung eines präsentationsfähigen Konzeptes haben Sie 60 Minuten Zeit.

Fallstudie Material 1:
Pressemitteilung der COSMETICS WORLDWIDE AG
Luxemburg, 8. Februar 2020: Die COSMETICS WORLDWIDE AG hat zum 20. Mal den Preis für Innovation verliehen

Innovative Produkte und Dienstleistungen haben schon seit jeher zum Markterfolg der COSMETICS WORLDWIDE AG beigetragen. Daher wird seit 20 Jahren der Preis für Innovation an kreative Forscher, einfallsreiche Entwickler, Marketingspezialisten oder Vertriebsprofis verliehen, die nachweislich dazu beigetragen haben, die Markt- und Technologieführerschaft der COSMETICS WORLDWIDE AG zu sichern und auszubauen.

Verliehen wurde der Preis an drei Teams, die mit ihren unterschiedlichen Produkten beziehungsweise Dienstleistungen auch für die Angebotsvielfalt der COSMETICS WORLDWIDE AG stehen. Mit dem Preis für Innovation ausgezeichnet wurden:

→ **Body PUR, eine komplette Pflegeserie für den Mann, Hautpflege von Kopf bis Fuß**
→ **Hair GLOSS, eine Tönungsserie für Teenager**
→ **AkuPRESS, ein Angebot zur lokalen Akupressur an Flughäfen und in Einkaufszentren**

John Smith, CEO der COSMETICS WORLDWIDE AG, stellte fest: »Der internationale Erfolg der COSMETICS WORLDWIDE AG beruhte schon immer darauf, dass wir Kunden mit zukunftsweisenden Produkten und Dienstleistungen begeistern und auf diese Weise neue Märkte erschließen konnten.«

→ FORTSETZUNG AUF DER NÄCHSTEN SEITE

Fallstudie Material 2:
Umsätze und Mitarbeiter der COSMETICS WORLDWIDE AG

Umsätze und Mitarbeiter in Westeuropa

Jahr	Umsatz	Mitarbeiter
2015	5 234 Millionen Euro	16 100
2016	4 655 Millionen Euro	13 200
2017	5 023 Millionen Euro	13 400
2018	5 734 Millionen Euro	14 300
2019	6 123 Millionen Euro	15 400

Umsätze und Mitarbeiter in Osteuropa (einschließlich Russland)

Jahr	Umsatz	Mitarbeiter
2015	1 674 Millionen EUR	4 200
2016	1 945 Millionen Euro	4 400
2017	2 325 Millionen Euro	4 800
2018	2 404 Millionen Euro	5 100
2019	2 823 Millionen Euro	5 300

Umsätze und Mitarbeiter in Asien

Jahr	Umsatz	Mitarbeiter
2015	1 900 Millionen Euro	3 700
2016	2 287 Millionen Euro	4 100
2017	2 827 Millionen Euro	4 900
2018	2 912 Millionen Euro	5 200
2019	3 227 Millionen Euro	5 400

Umsätze und Mitarbeiter in Lateinamerika

Jahr	Umsatz	Mitarbeiter
2015	1 455 Millionen Euro	2 700
2016	1 648 Millionen Euro	2 900
2017	1 325 Millionen Euro	3 100
2018	1 208 Millionen Euro	2 200
2019	1 578 Millionen Euro	2 400

Fallstudie Material 3:
Kennzahlen aus der Bilanz 2019 der COSMETICS WORLDWIDE AG

	2018	2019	+/−
Umsatz	12 258 Millionen Euro	13 751 Millionen Euro	12,18 Prozent
Betriebliches Ergebnis/EBIT	1 563 Millionen Euro	1 723 Millionen Euro	10,24 Prozent
Umsatzrendite/EBIT	12,75	12,53	−0,22 pp
Ergebnis je Aktie	3,21 Euro	3,15 Euro	−1,87 Prozent
Investitionen in Produktionsanlagen	424 Millionen Euro	461 Millionen Euro	8,73 Prozent
Forschungs- und Entwicklungskosten	361 Millionen Euro	301 Millionen Euro	−16,62 Prozent
Dividende je Aktie	1,21 Euro	1,30 Euro	7,45 Prozent

Fallstudie Material 4:
Unternehmensphilosophie der COSMETICS WORLDWIDE AG

Unsere Produkte und Dienstleistungen werden weltweit nachgefragt: zur Pflege und zum Wohlfühlen. Alle, die unsere Produkte und Dienstleistungen kaufen, haben einen Anspruch auf unser hohes Qualitätsniveau und auf angemessene Preise. Mit unseren Angeboten möchten wir die Lebensqualität und das Wohlbefinden unserer Kundinnen und Kunden langfristig steigern. Es ist unsere Aufgabe, auf die sich immer schneller ändernden Kundenbedürfnisse und -gewohnheiten mit passenden Angeboten zu reagieren.

Unsere Mitarbeiter sind in mehr als 130 Ländern weltweit für uns tätig. Bei uns werden Frauen und Männer mit ihrer individuellen Persönlichkeit geachtet, unabhängig von kulturellem Hintergrund, Geschlecht, Berufsausbildung und beruflicher Erfahrung. Ein respektvoller Umgang miteinander ist Voraussetzung für unseren Erfolg. Nur die Bereitschaft zu effektiver Zusammenarbeit, überdurchschnitt-

→ FORTSETZUNG AUF DER NÄCHSTEN SEITE

lichen Leistungen, außergewöhnlicher Produktivität und kontinuierlichem Lernen sichert langfristig unseren Erfolg.

Unsere Aktionäre können darauf vertrauen, dass wir uns der Verantwortung, in der wir ihnen gegenüber stehen, bewusst sind. Eine Fokussierung auf die Kostenstrukturen ist unverzichtbar. Um auch künftig angemessene Gewinne erzielen zu können, sind Prozessoptimierungen und Neuausrichtungen notwendig. Wir müssen konsequent daran arbeiten, für Aktionäre interessant zu bleiben. Es muss immer wieder deutlich gemacht werden, welches Potenzial hinter unseren geschäftlichen Aktivitäten steht, damit für sie der Kauf unserer Aktien sinnvoll erscheint.

Unsere Forschung und Entwicklung im eigenen Haus ist Garant dafür, dass auch künftig innovative Produkte und Dienstleistungen angeboten werden können. Qualität steht dabei für uns an oberster Stelle. Unser hervorragendes Image und unsere Marktführerschaft bei vielen Produkt- und Dienstleistungsangeboten beruhen nicht zuletzt auch auf der kontinuierlichen und innovativen Arbeit unserer Forschungs- und Entwicklungsabteilungen.

COSMETICS WORLDWIDE AG

Fallstudie Material 5:
Pressemitteilung der COSMETICS WORLDWIDE AG

Luxemburg, 14. März 2020: Die COSMETICS WORLDWIDE AG richtet ihre Forschung & Entwicklung für die Zukunft aus

Um künftig stärkeres Wachstum durch innovative Produkte und Dienstleistungen zu generieren, wird die COSMETICS WORLDWIDE AG ihre Forschung & Entwicklung neu aufstellen. Die neue Strategie zielt darauf ab, die Aktivitäten künftig an wenigen Orten zu bündeln. Im Fokus stehen dabei europäische Standorte. Die Konzentration auf ausgewählte Kompetenzzentren erfolgt nach den zur Verfügung stehenden Ressourcen. Auch künftig werden innovative Produkte und Dienstleistungen für die globalen Märkte entwickelt. Allerdings berücksichtigt das Unternehmen dabei stärker als bisher, wo überdurchschnittliche Wachstumschancen genutzt werden können.

Hierzu stellt der CEO der COSMETICS WORLDWIDE AG, John Smith, fest: »Die gründliche Bestandsaufnahme des Bereiches Forschung & Entwicklung hat ergeben, dass wir über erstklassige personelle Ressourcen verfügen. Um unsere Wettbewerbsvorteile künftig noch stärker nutzen zu können, ist es allerdings wichtig, unsere Aktivitäten zu bündeln. Die Fokussierung auf ausgewählte Kompetenzzentren wird helfen, dass unsere innovativen Angebote den Weg zum Kunden künftig schneller finden. Ich bin der festen Überzeugung, dass die Konzentration auf wenige Standorte zu signifikanten Synergieeffekten führen wird.«

Momentan findet die Entwicklungs- und Forschungsarbeit europaweit an 42 Standorten mit 2 100 Mitarbeitern statt. Künftig wird es acht Kompetenzzentren geben. Jedes von ihnen wird sich auf bestimmte Kernkompetenzen spezialisieren. Der größte Teil der Mitarbeiter an den bisherigen Standorten bekommt die Gelegenheit, künftig in einem der Kompetenzzentren weiterzuarbeiten. 280 Arbeitsplätze fallen weg. »Die COSMETICS WORLDWIDE AG wird mit den beteiligten Betriebsräten und Mitarbeitern in Kontakt treten, um sozialverträgliche Lösungen zu entwickeln«, sagte John Smith. Das Unternehmen ist bemüht, allen Mitarbeitern bei der Suche nach neuen Einsatzmöglichkeiten innerhalb oder außerhalb des Konzerns behilflich zu sein.

Fallstudie Material 6:
Gutachten der Investitionen Bank AG

Nach einer Prognose der Investitionen Bank AG wird sich die weltweite Kaufkraft in den kommenden Jahren folgendermaßen entwickeln (alle Angaben in Euro pro Haushalt im Monat. Die Zahlen entsprechen dem frei verfügbaren Einkommen: Netto-Haushaltseinkommen abzüglich laufender Kosten wie Mieten, Energie, Telekom, Auto et cetera):

	2022	2023	2024	2025
Westeuropa	740	750	740	755
Osteuropa	270	280	300	310
Asien	300	320	330	340
Lateinamerika	250	240	240	250

Hinweise zur Lösung der Fallstudie

Haben Sie bei der Analyse der Informationen und Daten erkannt,

→ dass die COSMETICS WORLDWIDE AG großen Wert auf innovative Produkte legt (Premiumanbieter)?
→ dass laut Pressemitteilung vom 8. Februar 2020 zusätzlich zur Zielgruppe Frauen (kann noch weiter ausdifferenziert werden) verstärkt auch Männer und Teenager umworben werden sollen?
→ dass es in Westeuropa im Jahr 2016 Umsatzrückgänge gegeben hat und die Mitarbeiterzahl stark reduziert wurde, sich inzwischen aber wieder erholt hat (Sättigungstendenzen, aber Wachstum durch Innovationen möglich; erstes Greifen der neuen Zielgruppenstrategie)?
→ dass die Märkte in Asien und Osteuropa kontinuierlich gewachsen sind? Dies könnte bedeuten, dass sich in diesen Gesellschaften mit vielen jungen Menschen konsumfreudige Zielgruppen finden lassen.
→ dass die Umsatzzuwächse in Lateinamerika von 2018 auf 2019 prozentual am größten waren?
→ dass in der Aufstellung der Umsätze und Mitarbeiter Nordamerika als Region nicht auftaucht? Dieser Markt ließe sich aus Lateinamerika gut zusätzlich bedienen (NAFTA-Mitglied Mexiko!).
→ dass von 2018 auf 2019 die Investitionen in Produktionskapazitäten verstärkt, die in Forschungs- und Entwicklungsaktivitäten dagegen reduziert worden sind?
→ dass von 2018 auf 2019 trotz sinkendem Ergebnis je Aktie eine höhere Dividende ausgeschüttet wurde? Und dass dies mit dem in der Unternehmensphilosophie thematisierten Shareholder-Value-Ansatz zusammenhängen könnte (Spannungsfeld: Kosten für Forschung und Entwicklung gegen Dividendenausschüttung)?
→ dass laut Pressemitteilung vom 14. März 2020 künftig die Forschung und Entwicklung in acht Kompetenzzentren zusammengefasst werden soll? Dabei soll die Entwicklung für die globalen Märkte weiterhin in Europa stattfinden. Eine Idee wäre, Entwicklungskapazitäten in Osteuropa aufzubauen (Personalkosten).

→ dass laut Gutachten der Investitionen Bank die Haushaltseinkommen in Osteuropa und Asien am stärksten steigen werden? Zudem ist davon auszugehen, dass in Osteuropa und Asien die Zahl der Haushalte aufgrund von Individualisierungstendenzen stark zunehmen wird, während diese Entwicklung in Westeuropa bereits vollzogen ist.
→ dass sich zur Frage der zusätzlichen Geschäftsaktivitäten in der Pressemitteilung vom 8. Februar 2020 ein Hinweis auf AkuPRESS findet? Daher ist davon auszugehen, dass der Trend, Wellness-Dienstleistungen anzubieten, Bestandteil der Geschäftsstrategie zum Cross-Selling wird.
→ Sind Sie auf die Beantwortung der drei vorgegebenen Fragen eingegangen?
→ Haben Sie in der vorgegebenen Zeit auch ein präsentationsfähiges Konzept erstellt?

Fallstudie und Business-Case

AUF EINEN BLICK

→ Behalten Sie bei der Bearbeitung Ihrer Fallstudie beziehungsweise Ihres Business-Case die Zeit im Blick. Planen Sie genügend Zeit zur Ergebnisfixierung ein.

→ Gehen Sie nach folgendem Schema vor:
- Unterlagen sichten,
- Kernaussagen notieren,
- Zusammenhänge erkennen,
- Lösungsskizze entwerfen,
- Auswertung schriftlich fixieren.

→ Falls Sie Ihr Ergebnis präsentieren sollen: Überlegen Sie sich, welche Medien Sie wie einsetzen wollen (Flipchart, Overhead, Whiteboard, Metaplan). Reservieren Sie auch genügend Zeit für die Anfertigung Ihrer Visualisierungen.

→ FORTSETZUNG AUF DER NÄCHSTEN SEITE

→ Finden Sie die Kernaussagen der verschiedenen Unterlagen.
→ Achten Sie auf Zusammenhänge zwischen den einzelnen Dokumenten. Ziehen Sie zur Beantwortung der gestellten Fragen die Kernaussagen heraus.

→ Entwerfen Sie eine Lösungsskizze mit zentralen Aussagen, bevor Sie in die Details einsteigen.

→ Stellen Sie dar, welche strategischen und operativen Konsequenzen sich aus dem vorliegenden Zahlenmaterial ergeben.

→ Stellen Sie Ihre beruflichen Kompetenzen heraus, indem Sie Ihre Branchenerfahrungen und/oder Ihre Kenntnisse aus dem Tagesgeschäft beispielhaft mit in die Lösung einfließen lassen.

→ Achten Sie darauf, dass die von Ihnen dargelegten Konsequenzen aus der Analyse des Materials für die Leser/Zuhörer logisch und nachvollziehbar sind.

→ Machen Sie sich auch Gedanken über mögliche Alternativlösungen.

31. Kundengespräche: Emotionen im Griff

Reklamationsgespräche werden häufig dann im Bewerbungsverfahren simuliert, wenn Positionen mit Kundenkontakt besetzt werden sollen. Hier weht ein etwas rauerer Wind, denn wenn Kunden Produkte oder Dienstleistungen reklamieren, läuft dies in der Regel nicht sehr harmonisch ab. Um die Situation zu verschärfen, treten manchmal sogar Schauspieler als verärgerte Kunden auf, denen man vorher aufgetragen hat, sich besonders aggressiv und patzig zu verhalten.

Aber keine Sorge: Wenn Sie richtig vorgehen, lässt sich auch die emotional aufgeheizte Situation eines Reklamationsgesprächs in den Griff bekommen. Auch sehr aufbrausende Menschen kann man wieder zurück zum sachlichen Kern des Problems führen. Ihre Belastbarkeit und Stressresistenz werden Sie jedoch auf jeden Fall erst einmal unter Beweis stellen müssen.

Unternehmen sind sehr an einer engen Kundenbindung interessiert. Den Geschäftserfolg bestimmt heute nicht mehr nur das Produkt oder die Dienstleistung, sondern das Gesamtpaket aus Produkt-/Dienstleistungsnutzen, Kundenbetreuung, Schulung und Service.

Hinzu kommt, dass Unternehmen verstärkt Rückmeldungen von Kunden nutzen, um ihr Angebot zu modifizieren und zu verbessern. Daher müssen sich Mitarbeiter auch schwierigen Situationen mit dem Kunden stellen können.

Das müssen Sie beweisen

Bei einem emotionalen Reklamationsgespräch im Assessment-Center müssen Sie also zeigen: Können Sie auch mit schwierigen Kunden umgehen? Sind Sie in der Lage, den sachlichen Kern der Kundenbeschwerde auf den Punkt zu bringen? Behalten Sie bei Zugeständnissen das Unternehmensinteresse im Blick? Und schaffen Sie es, verärgerte Kunden zu zufriedenen Stammkunden zu machen?

Worauf achten die Beobachter?

Wenn Reklamationsgespräche durchgeführt werden, dann ist es für die Beobachter besonders interessant, zu sehen, wie die Kandidaten mit diesen emotional belasteten Situationen umgehen. Auf persönliche Angriffe reagieren wir instinktiv erst einmal mit einer Flucht oder einem Gegenangriff. Wer aber so bei der Reklamationsübung reagiert, fällt bei den Beobachtern durch. Diese wollen vielmehr Folgendes bestätigt sehen: Halten Sie dem Druck stand? Bleiben Sie höflich, aber bestimmt? Holen Sie den Kunden aus dem Tal der Tränen heraus? Können Sie ihn besänftigen und dem Unternehmen gegenüber wieder positiv stimmen?

Weiterhin ist den Beobachtern wichtig, dass der Kandidat deeskalierend vorgehen kann. Hier ist Ihre Flexibilität gefragt. So kann es einerseits nötig sein, dem Kunden erst einmal Raum zu geben, damit er Dampf ablassen kann. Danach muss er aber elegant ausgebremst werden, sodass das Gespräch wieder in ein sachliches Fahrwasser kommt und die knappe Zeitvorgabe eingehalten wird.

Typische Fehler

Ein Hauptfehler beim Reklamationsgespräch liegt darin, sich auf die emotional aufgeheizte Stimmung des Kunden einzulassen. Viele versuchen, dem Kunden ungeduldig zu vermitteln, dass er eigentlich Unrecht hat oder die Sache doch nicht so schlimm ist. Damit gießen Sie jedoch noch mehr Öl ins Feuer, die Situation eskaliert und droht völlig aus dem Ruder zu laufen.

Vogel-Strauß-Taktik

Andere überlassen die gesamte Gesprächsführung dem Kunden und nicken jeden Vorwurf zustimmend ab. Wenn Sie den Kopf in den Sand stecken, werden Sie aber zum Spielball des geschulten Gegenübers, das dann immer haarsträubendere Forderungen stellen wird. An der Körpersprache wird gerade im Reklamationsgespräch schnell sichtbar, welche Kandidaten unter großem Druck stehen und sich der Situation nicht gewachsen fühlen. Das reicht vom fehlenden Blickkontakt über Unsicherheitsgesten bis hin zum Zurückweichen vor dem Kunden.

Weiter vermerken die Beobachter es als negativ, wenn sich Kandidaten auf Nebenkriegsschauplätze locken lassen. Sie müssen besonders pauschale Vorwürfe des Kunden an das Unternehmen abblocken und entkräften. Leider gibt es immer wieder Kandidaten, die aufgrund des Drucks von sich ablenken wollen und daher mit einstimmen, wenn der Kunde mit einer Schmährede gegen die eigenen Kollegen oder das Unternehmen beginnt. So geht es aber nicht, schließlich tritt der Kandidat als Repräsentant des Unternehmens auf und muss es natürlich gegen Angriffe jeder Art elegant verteidigen.

Sinnvolle Strategien

Da das Reklamationsgespräch vorrangig ein Stresstest ist, sollten Sie sich darauf einstellen, dass sich der Kunde erst einmal Luft machen wird, bevor er in der Sache ansprechbar ist. Diesen Druck müssen Sie aushalten. Um dem Kunden weiterzuhelfen, sollten Sie sich bereits in der Vorbereitungsphase dieser Übung überlegen, welche Zugeständnisse sie ihm machen können. Dabei müssen Sie aber realistisch bleiben. Insbesondere sollten Sie vermeiden, dass der Kunde einen einmaligen Fehler für dauerhafte Rabatte nutzt.

Bremsen Sie den Kunden nach der heißen Anfangsphase des Gespräches freundlich, aber bestimmt. Es kann durchaus nötig sein, sich mit Stoppgesten Raum für eigene Anmerkungen zu verschaffen. Zielen Sie dann auf die bisherige gute Zusammenarbeit ab und rufen Sie dem Kunden die Vorzüge Ihres Unternehmens ins Gedächtnis.

Nicht mit dem Maximalgebot beginnen

Machen Sie lieber ein konkretes Angebot, um das aufgetretene Problem zu beheben, als dem Kunden Tür und Tor für seine Forderungen zu öffnen. Sie können davon ausgehen, dass Ihr Gegenüber alles versuchen wird, um weitreichende Zugeständnisse zu erhalten. Er wird grundsätzlich mehr fordern, als Sie ihm bieten können oder dürfen. Beginnen Sie daher auf keinen Fall mit Ihrem Maximalangebot, sondern gehen Sie mit abgestuften Angeboten auf den Kunden zu.

Auch hier müssen Sie das Gesprächsergebnis sichern. Wiederholen Sie dem Kunden gegenüber die wesentlichen Punkte der Einigung und versprechen Sie ihm, dass Sie schnellstmöglich wie vereinbart für Abhilfe sorgen werden.

Nun stellen wir Ihnen praxisnahe Aufgabenstellungen zur AC-Übung »Reklamationsgespräch« vor. Machen Sie sich mit den Szenarien vertraut, die Sie erwarten könnten.

Typische Aufgabenstellungen in Reklamationsgesprächen

BEISPIEL

Reklamationsgespräch 1: Es brennt

Sie sind Herr Schnieder, Vertriebsleiter der Versicherungs-AG. Ihre Sekretärin hat Ihnen heute morgen eine Notiz auf den Schreibtisch gelegt, dass sich der Geschäftsführer eines mittelständischen Betriebes, Herr Rosenbaum, massiv beschwert hat. Seine Firma hat über 70 Pkw bei Ihnen versichert. Einer seiner Außendienstmitarbeiter hatte einen selbstverschuldeten Unfall, den Ihre Versicherung nur teilweise regulieren will. Nun droht Herr Rosenbaum mit der Kündigung sämtlicher Verträge.

Herr Rosenbaum erwartet Sie in seinem Büro. Er räumt Ihnen 10 Minuten Gesprächszeit ein. Bis zur Abfahrt haben Sie noch 10 Minuten Zeit, um das Gespräch vorzubereiten.

BEISPIEL

Reklamationsgespräch 2: Antipathien

Sie sind Frau Stapelholz, Senior Managerin bei der Unternehmensberatung Worldwide Solutions. Einer Ihrer Projektleiter hat Ihnen mitgeteilt, dass es zu Unstimmigkeiten mit einem wichtigen Kunden gekommen ist. Der Kunde, ein renommierter Sportartikelhersteller, hat sich gegen ein wichtiges Mitglied Ihres Projektteams zum Aufbau von internationalen Vertriebsplattformen im Internet gewandt: Die Projektteilnahme von Dr. Fu Ling, Ihrem Experten für E-Commerce, ist nicht mehr erwünscht.

Eine erfolgreiche Projektdurchführung ist ohne Dr. Ling schwierig und würde den vereinbarten Zeit- und Kostenrahmen sprengen.

Sie haben gleich einen Termin mit dem Ansprechpartner auf der Kundenseite, dem Geschäftsführer Herrn Hoppe. Er hat Ihnen bereits mitgeteilt, dass er seine Haltung nicht ändern wird. Er ist jedoch bereit, Ihnen Raum zur Darstellung des weiteren Vorgehens zu geben. Herr Hoppe erwartet Sie in 30 Minuten, um Ihnen 15 Minuten seiner kostbaren Zeit zu widmen.

Auch Reklamationsgespräche laufen im Assessment-Center besser, wenn Sie sich im Vorfeld mit der Situation und ihren typischen Schwierigkeiten vertraut gemacht haben. Ausgehend vom ersten Reklamationsgespräch »Es brennt« gehen wir nun mit Ihnen die Punkte durch, die Kandidatinnen und Kandidaten im AC die meisten Schwierigkeiten bereiten. Trainieren Sie, aufgebrachte Kunden zu bremsen, wehren Sie überzogene Kundenforderungen taktisch geschickt ab, und machen Sie dann ein wirtschaftlich vertretbares Angebot. Zu guter Letzt sichern Sie das Gesprächsergebnis, indem Sie Ihr Entgegenkommen herausstellen und den Kunden auf eine weiterhin gute Geschäftsbeziehung einschwören.

Wie ein optimales Vorgehen aussehen könnte, sehen Sie im Anschluss anhand unserer Beispielformulierungen.

Übung 1: Es brennt

ÜBUNG

Aufgebrachte Kunden bremsen

Überlegen Sie sich einen Gesprächseinstieg, mit dem Sie den wütenden Kunden zurück zum Sachthema bringen können.

Ihr Gesprächseinstieg:

→ FORTSETZUNG AUF DER NÄCHSTEN SEITE

Beispielhafte Annäherung an das Sachthema: »Herr Rosenbaum, ich kann verstehen, dass Sie aufgeregt sind. Es ist ja doch immer eine schwierige Situation, wenn Mitarbeiter Unfälle haben. Wenigstens gab es keinen Personenschaden. Lassen Sie uns nun überlegen, wie wir die Sache regeln können. Ich möchte Ihnen auf jeden Fall bei der Schadensregulierung so weit wie möglich den Rücken freihalten. Ich muss mich aber auch an Verträge halten.«

Kundenforderungen diplomatisch abwehren
Wehren Sie zu weitreichende Forderungen des Kunden ab. Überlegen Sie sich, wie Sie auf diese zwei Maximalforderungen diplomatisch reagieren können.

Kundenforderung 1: »Wenn wir weiter im Geschäft bleiben wollen, muss etwas passieren. Ich erwarte eine vollständige Schadensregulierung.«

Ihre Reaktion 1:

____

____

____

Beispielhafte Reaktion auf Maximalforderung 1: »Wir müssen natürlich auch das Verhalten Ihres Mitarbeiters berücksichtigen. Den Schaden des Unfallgegners haben wir wie immer schnell und unbürokratisch reguliert, ohne Ihre Fuhrparkverwaltung zu belasten. Wir sollten vielleicht einmal ins Auge fassen, ob in Zukunft nicht eine Vollkaskoversicherung die sinnvollste Lösung für Sie wäre.«

Kundenforderung 2: »Da wir nun schon einmal im Gespräch sind: Es gibt ja auch noch andere Anbieter, die weitaus günstiger als Sie sind. Daher erwarte ich zukünftig einen 10-prozentigen Flottenrabatt für alle bestehenden Verträge.«

Ihre Reaktion 2:

____

____

____

Beispielhafte Reaktion auf Maximalforderung 2: »Natürlich möchte ich Sie als Kunden halten. Ich glaube aber auch, dass Sie mit unserer bisherigen Arbeit sehr zufrieden sein können. Mit weiteren Rabatten tue ich mich natürlich schwer. Wir kalkulieren immer sehr knapp, um unseren Kunden günstige Tarife bei vollem Service anbieten zu können. Selbstverständlich würde ich mich für Sie einsetzen, wenn Sie mir die Versicherungsverträge, die Sie bei anderen Gesellschaften abgeschlossen haben, einmal zur Prüfung überlassen. Ich bin mir sicher, dass ich Ihnen dann ein sehr interessantes Gesamtpaket schnüren kann.«

Realistisches Zugeständnis machen
Machen Sie dem Kunden ein wirtschaftlich vertretbares Angebot.

Ihr Angebot:

____

____

____

Beispielformulierung für ein wirtschaftlich vertretbares Angebot: »Ich möchte noch einmal bekräftigen, dass ich sehr an einer Weiterführung unserer Geschäftsbeziehung interessiert bin. Natürlich werde ich für Sie als langjährigen Geschäftspartner alle Möglichkeiten ausloten. Mein Vorschlag wäre ein 3-prozentiger Rabatt, wenn wir uns auf eine jährliche statt wie bisher vierteljährliche Beitragszahlung einigen. Zusätzlich kann ich Ihnen eine Vollkaskoabsicherung Ihres Fuhrparks mit

→ FORTSETZUNG AUF DER NÄCHSTEN SEITE

einem Abschlag von 5 Prozent auf unsere üblichen Konditionen anbieten.«

Gesprächsergebnis wiederholen
Halten Sie das Gesprächsergebnis fest.

Ihr Abschluss:

____

____

____

Beispielhafte Schlussformulierung für das Reklamationsgespräch: »Schön, dass wir das Problem in den Griff bekommen haben, wobei ich natürlich sagen muss, dass ich in Ihrem Fall schon Zugeständnisse gemacht habe, die ich normalerweise nicht machen kann. Wir stellen die Zahlungsweise auf jährliche Beträge um. Im Gegenzug gewähren wir Ihnen 3 Prozent Rabatt. Ein Angebot für eine Vollkaskoversicherung lasse ich Ihnen zukommen. Sie sollten sich das ernsthaft überlegen, da Sie ja in nächster Zeit Ihre Fahrzeugflotte erneuern werden. Ich lege bei Vertragsabschluss noch ein eintägiges Fahrsicherheitstraining bei einem renommierten deutschen Rallyeprofi für Ihre Außendienstmitarbeiter drauf.«

Reklamationsgespräch

AUF EINEN BLICK

→ Überlegen Sie sich vor dem Gespräch, welche Zugeständnisse Sie machen können und wo Ihre Grenzen liegen (Unternehmensinteresse).

→ Sprechen Sie den Kunden bei der Begrüßung und während des Gesprächs mit Namen an.

→ Reklamationsgespräche sind in erster Linie ein Stresstest. Bleiben Sie auch bei persönlichen Angriffen ruhig.
→ Räumen Sie aufgebrachten Kunden die Möglichkeit ein, erst einmal Dampf abzulassen, um dann das Gespräch auf eine sachliche Ebene zurückzubringen.

→ Gebieten Sie Kunden, die ihre Emotionen nicht unter Kontrolle bekommen, durch Stoppgesten Einhalt, um überhaupt zu einem Gespräch zu kommen.

→ Weisen Sie auf die bisherige gute Zusammenarbeit (Dienstleistung) beziehungsweise Zufriedenheit (Produkte) hin.

→ Lassen Sie den Kunden eigene Vorschläge machen, wie sich das Problem aus der Welt schaffen lässt.

→ Halten Sie sich bei Ihren Zugeständnissen einen Verhandlungsspielraum offen, da der Kunde Ihr erstes Zugeständnis mit Sicherheit ablehnen wird.

→ Arbeiten Sie darauf hin, dass der Kunde den Blick wieder nach vorne richtet und sich vorstellen kann, weiter mit Ihrem Unternehmen zusammenzuarbeiten.

→ Beenden Sie das Gespräch innerhalb des vorgegebenen Zeitrahmens.

→ Halten Sie das Gesprächsergebnis fest und einigen Sie sich mit dem Kunden über die weiteren Schritte.

32. Tests: Machen Sie Ihr Kreuz an der richtigen Stelle

Es gibt verschiedene Testarten, auf die die Kandidaten treffen können. Gerne verwendet werden Persönlichkeitstests sowie Konzentrations- und Leistungstests. Wenn Sie mit einem Test rechnen müssen, sollten sie sich darauf ebenfalls vorbereiten.

Hier muss man zwischen den verschiedenen Testarten unterscheiden. Persönlichkeitstests werden eingesetzt, um die Kandidateneinschätzungen der Beobachter zu untermauern. Einige Firmen verwenden Persönlichkeitstests also als zusätzliches Kontrollinstrument: Ergibt der Test die gleichen Ergebnisse wie die Einschätzungen der Beobachter aus den anderen AC-Übungen? Andere Firmen wollen das Selbstbild der Kandidaten prüfen: Wie sehen sie sich selbst? Wo vermuten sie ihre Stärken, wo ihre Schwächen?

Konzentrations- und Leistungstests

Konzentrations- und Leistungstests werden eingesetzt, um das Stressverhalten der Kandidaten zu testen: Wie ausdauernd sind Kandidaten bei einer höheren Belastung? Kommen sie mit dem Druck zurecht oder brechen sie ein?

Manchmal hat der Einsatz von Tests auch ganz pragmatische Gründe: Man möchte den Druck auf die Kandidatinnen und Kandidaten permanent aufrechterhalten. Die Beobachter können nicht immer alle Kandidaten im Blick haben. Diejenigen, die gerade nicht in einer kommunikativen Übung antreten, sollten aber ebenfalls beschäftigt werden. Deshalb konfrontiert man sie dann mit einem Test.

Tests werden nicht vorrangig von den Beobachtern, sondern von der Personalabteilung oder der durchführenden Personalberatung ausgewertet. Die Beobachter erhalten dann vom AC-Moderator das Testergebnis mitgeteilt, um es ins Endergebnis einfließen lassen zu können. Bei Persönlichkeitstests ist es für die Beobachter wichtig, dass das Testergebnis nicht im Widerspruch zur sonstigen Leistung des Kandidaten steht. Manchmal wird es auch genutzt, um im Interview oder Feedbackgespräch am Ende des Assessment-Centers kritische Nachfragen zu stellen.

Typische Fehler

Persönlichkeitstests

Fehlendes taktisches Geschick beim Ausfüllen ist der Hauptfehler, den Kandidaten bei Persönlichkeitstest machen. Wer hier zu hart mit sich ins Gericht geht und zu ehrlich ist, zeigt sich nicht als Potenzialträger. Aber auch wer sich bei jeder Frage die Höchstnote gibt, wird Skepsis hervorrufen. Unternehmen suchen Leistungsträger mit überdurchschnittlichem Potenzial, die sich aber auch realistisch einschätzen können.

Sinnvolle Strategien

In Persönlichkeitstests sollten Sie eine gute, aber realistische Selbsteinschätzung liefern. Das heißt für Sie: Vermeiden Sie unterdurchschnittliche Bewertungen. Wenn Sie Schwächen eingestehen möchten, tun Sie dies mit einer durchschnittlichen Bewertung. Sie sollten sich aber überwiegend für Einschätzungen im oberen Drittel der vorgegebenen Skalen entscheiden.

Jedem Persönlichkeitstest liegen bestimmte Dimensionen zugrunde, die abgefragt werden. Geprüft wird die jeweilige Ausprägung und Qualität bestimmter Eigenschaften. Es lohnt sich, sich einmal praktisch mit diesen Eigenschaften vertraut zu machen, um herauszufinden, worauf einzelne Fragen oder Aussagen eigentlich abzielen. Wir stellen Ihnen einen Persönlichkeitstest vor, der aus 70 Aussagen besteht, hinter denen sich sieben Dimensionen verbergen.

Persönlichkeitstest

Führung – Vertrieb – Leistung

Der von uns für Sie ausgearbeitete Persönlichkeitstest F-V-L besteht aus 70 Aussagen. Entscheiden Sie für jede einzelne Aussage, wie zutreffend sie im Hinblick auf Ihre Persönlichkeit ist. Sie können dabei zwischen folgenden Kategorien wählen:

→ **sehr zutreffend,**
→ **überwiegend zutreffend,**
→ **teilweise zutreffend,**

→ **weniger zutreffend,**
→ **kaum zutreffend.**

Für die Bearbeitung des Tests haben Sie zehn Minuten Zeit. Bitte kreuzen Sie zügig die Ihrer Meinung nach zutreffende Einschätzung an. Überlegen Sie nicht zu lange und bleiben Sie ehrlich!

ÜBUNG

Persönlichkeitstest F-V-L

		sehr zutreffend	überwiegend zutreffend	teilweise zutreffend	weniger zutreffend	kaum zutreffend
1.	Ich engagiere mich auch in Arbeitsfeldern, in denen ich den Erfolg meiner Arbeit nicht abschätzen kann.					
2.	In Verhandlungen berücksichtige ich die Interessen meiner Gesprächspartner.					
3.	Wenn es Widerstände gibt, gebe ich nicht auf, sondern unternehme weitere Anläufe.					
4.	Kunden erhalten von mir auch ohne Aufforderung gewinnbringende Informationen.					
5.	Ich biete von mir aus meinen Mitarbeitern Hilfestellung an.					

	sehr zutreffend	überwiegend zutreffend	teilweise zutreffend	weniger zutreffend	kaum zutreffend
6. Ich teile mein fachliches Know-how mit Kollegen und Mitarbeitern.					
7. Körpersprache ist ein wichtiger Faktor, um andere zu beeinflussen.					
8. Ich arbeite immer mit voller Kraft.					
9. Mit der Vertriebsstruktur meines Unternehmens bin ich vertraut.					
10. Es gelingt mir, Gehör bei Vorgesetzten zu finden.					
11. Konflikte spreche ich offen an.					
12. Meine persönlichen Netzwerke erweitere ich laufend.					
13. Als Vorgesetzter übernehme ich eine umfassende Vorbildfunktion.					
14. Cross-Selling-Möglichkeiten nutze ich aktiv.					
15. Neue Ideen vertrete ich auch gegen Widerstände.					
16. Meine Argumente bringe ich differenziert und an die jeweilige Situation angemessen vor.					

→ FORTSETZUNG AUF DER NÄCHSTEN SEITE

		sehr zutreffend	überwiegend zutreffend	teilweise zutreffend	weniger zutreffend	kaum zutreffend
17.	Auf Kundenanforderungen kann ich flexibel reagieren.					
18.	Ich respektiere die Meinungen anderer und berücksichtige diese.					
19.	Neue Informationen haben mich schon öfter dazu veranlasst, meine Meinung zu ändern.					
20.	Ich mache keinen Hehl daraus, dass ich überdurchschnittliche Ergebnisse erreichen möchte.					
21.	Ich habe eine Vision für die weitere Entwicklung meines Arbeitsbereiches.					
22.	Ein authentischer und ehrlicher Auftritt ist für mich wichtig.					
23.	Bei meiner Arbeit setze ich stets die richtigen Prioritäten.					
24.	Feedback wird von mir aktiv eingefordert.					
25.	Ich halte Kontakt zu Top-Entscheidern beim Kunden.					

		sehr zutreffend	überwiegend zutreffend	teilweise zutreffend	weniger zutreffend	kaum zutreffend
26.	Um Ziele zu erreichen, greife ich auch zu indirekter Beeinflussung über andere.					
27.	Ich scheue mich nicht vor unkonventionellen Maßnahmen.					
28.	Probleme müssen so schnell wie möglich geklärt werden.					
29.	Bei der Weitergabe von Arbeitsaufträgen informiere ich detailliert und umfassend.					
30.	Interessenskonflikte löse ich im Unternehmenssinn.					
31.	Klare Qualitätsstandards sind für mich unverzichtbar.					
32.	Auch in schwierigen Verhandlungssituationen fühle ich mich wohl.					
33.	In Gesprächen nutze ich neben Sachargumenten auch andere Überzeugungsmethoden.					
34.	Meine Erwartungen an Mitarbeiter formuliere ich klar und eindeutig.					

→ FORTSETZUNG AUF DER NÄCHSTEN SEITE

		sehr zutref- fend	über- wie- gend zutref- fend	teil- weise zutref- fend	weni- ger zutref- fend	kaum zutref- fend
35.	Es gelingt mir, auch zu schwierigen Kunden eine persönliche Beziehung aufzubauen.					
36.	Ich ermutige andere zum offenen Meinungsaustausch.					
37.	Ich gelte als begeisterungsfähig.					
38.	Ich kenne mich im Unternehmen über meinen eigenen Arbeitsbereich hinaus aus.					
39.	Zusätzliche Aufgaben zu übernehmen, sehe ich als eine persönliche Chance.					
40.	Die Stärken und Schwächen von Mitbewerbern arbeite ich aktiv heraus.					
41.	Ich verfüge über Akquisitionsstärke.					
42.	Als Führungskraft puffere ich den Druck ab, der auf Mitarbeitern lastet.					
43.	Vertriebskonzepte entwickele ich sorgfältig und praxisnah.					
44.	Ich stelle mich gerne dem Wettbewerb.					

	sehr zutreffend	überwiegend zutreffend	teilweise zutreffend	weniger zutreffend	kaum zutreffend
45. Die Kompetenzen meiner Mitarbeiter habe ich stets vor Augen.					
46. Es ist mir ein Bedürfnis, die vom Kunden gestellten Erwartungen zu übertreffen.					
47. Differierende Standpunkte sind für mich eher ein Gewinn als ein Risiko.					
48. Es ist mir wichtig, Arbeitsprozesse zu optimieren.					
49. Ich vertraue auf meine Fähigkeiten und gehe Herausforderungen direkt an.					
50. Ich kümmere mich um die Balance zwischen dem Privatleben und dem beruflichen Engagement meiner Mitarbeiter.					
51. Langfristige Geschäftsbeziehungen sind mir wichtiger als schnell zu erzielende Gewinne.					
52. Ich kenne meine Wirkung auf andere und bin mir meiner Stärken und Schwächen bewusst.					

→ FORTSETZUNG AUF DER NÄCHSTEN SEITE

		sehr zutreffend	überwiegend zutreffend	teilweise zutreffend	weniger zutreffend	kaum zutreffend
53.	Ich weiß oft eher, was der Kunde benötigt, als er selbst.					
54.	Meine Abschlussrate ist mir wichtig.					
55.	Es gelingt mir, Vertrauen zu wecken.					
56.	Arbeitsergebnisse kontrolliere ich zeitnah.					
57.	Im Zweifel entscheide ich mich gegen meine Interessen, um eine Sache voranzubringen.					
58.	Bei Meinungsverschiedenheiten nutze ich meinen Status im Unternehmen.					
59.	Ich pflege auch Kundenkontakte, die nicht für einen Geschäftsabschluss wichtig sind.					
60.	Ich nutze meine persönliche Ausstrahlung, um berufliche Ziele zu erreichen.					
61.	Ich scheue mich nicht davor, bei Konflikten externe Spezialisten einzuschalten.					

		sehr zutreffend	überwiegend zutreffend	teilweise zutreffend	weniger zutreffend	kaum zutreffend
62.	Bei Verhandlungen gelingt es mir, zufriedenstellende Lösungen zu finden.					
63.	Bei gesellschaftlichen Anlässen trete ich sicher und souverän auf.					
64.	Die hohe Auslastung von Mitarbeiterkapazitäten ist für mich wichtig.					
65.	Die Stimmung am Arbeitsplatz beeinflusst meine Leistungsfähigkeit nicht.					
66.	Präsentationstechniken setze ich souverän und aufgabenspezifisch ein.					
67.	Über aktuelle Marktentwicklungen halte ich mich auf dem Laufenden.					
68.	Ich führe regelmäßig Teammeetings durch.					
69.	In Auseinandersetzungen verhalte ich mich taktvoll und höflich.					
70.	Ich übernehme Herausforderungen auch dann, wenn sie mit persönlichen Risiken verbunden sind.					

Auswertung des Persönlichkeitstests Führung – Vertrieb – Leistung

Sieben Dimensionen

Wie Sie vielleicht schon beim Ausfüllen festgestellt haben, zielen einzelne Aussagen auf bestimmte Merkmale ab. Es geht um diese sieben Dimensionen:

→ **Kommunikationsverhalten,**
→ **Konfliktfähigkeit,**
→ **Kundenorientierung,**
→ **Führungskompetenz,**
→ **Vertriebsausrichtung,**
→ **unternehmerisches Denken,**
→ **Ergebnisorientierung.**

Die einzelnen Fragen sind den verschiedenen Dimensionen folgendermaßen zugeordnet:

→ **Kommunikationsverhalten: 2, 7, 16, 22, 26, 27, 33, 37, 52, 66**
→ **Konfliktfähigkeit: 3, 11, 18, 19, 28, 36, 47, 58, 61, 69**
→ **Kundenorientierung: 4, 17, 35, 44, 46, 51, 53, 59, 62, 67**
→ **Führungskompetenz: 5, 13, 24, 29, 34, 42, 45, 50, 56, 68**
→ **Vertriebsausrichtung: 9, 14, 25, 32, 40, 41, 43, 54, 55, 63**
→ **unternehmerisches Denken: 6, 10, 12, 21, 30, 38, 48, 57, 64, 70**
→ **Ergebnisorientierung: 1, 8, 15, 20, 23, 31, 39, 49, 60, 65**

Punktevergabe

Ermitteln Sie nun Ihr individuelles Ergebnis, indem Sie Punkte für Ihre Einschätzungen vergeben. Für »sehr zutreffend« gibt es fünf Punkte, für »überwiegend zutreffend« vier Punkte, für »teilweise zutreffend« drei Punkte, für »weniger zutreffend« zwei Punkte und für »kaum zutreffend« einen Punkt.

Im zweiten Schritt der Auswertung addieren Sie die Punkte innerhalb der einzelnen Dimensionen. Beispiel: Um Ihr Kommunikationsverhalten zu bewerten, müssen Sie die Ergebnisse aus den Fragen 2, 7, 16, 22, 26, 27, 33, 37, 52 und 66 addieren. Da Sie für jede Frage einen bis fünf Punkte erhalten, können Sie für diese Dimension maximal 50 Punkte und minimal zehn Punkte erzielen.

Ihr Kommunikationsverhalten:

2	7	16	22	26	27	33	37	52	66	Ergebnis

Ihre Konfliktfähigkeit:

3	11	18	19	28	36	47	58	61	69	Ergebnis

Ihre Kundenorientierung:

4	17	35	44	46	51	53	59	62	67	Ergebnis

Ihre Führungskompetenz:

5	13	24	29	34	42	45	50	56	68	Ergebnis

Ihre Vertriebsausrichtung:

9	14	25	32	40	41	43	54	55	63	Ergebnis

Ihr unternehmerisches Denken:

6	10	12	21	30	38	48	57	64	70	Ergebnis

Ihre Ergebnisorientierung:

1	8	15	20	23	31	39	49	60	65	Ergebnis

Persönlichkeitsprofil

Übertragen Sie nun Ihre Einzelergebnisse in die folgende Tabelle. Machen Sie für jede der sieben Dimensionen ein Kreuz in der Spalte, in der sich Ihr jeweiliger Punktwert befindet. Wenn Sie dann die sieben Kreuze miteinander verbinden, erhalten Sie ein Persönlichkeitsprofil, wie es sich auch beim Persönlichkeitstest im AC aus Ihren Antworten ergeben würde.

Ihr Gesamtergebnis

	50–43	42–35	34–26	25–18	17–10	
kommunikationsstark						unkommunikativ
konfliktorientiert						harmonieorientiert
kundenbezogen						kundenabgewandt
führungsstark						führungsschwach
Vertriebstalent						vertriebsschwach
Unternehmer						Weisungsempfänger
Macher						passiv ausgerichtet

Damit Sie Ihr Ergebnis besser einschätzen können, zeigen wir Ihnen auf der folgenden Seite als Beispiel zwei Profile: zum einen das einer Führungskraft und zum anderen das eines Vertriebsmitarbeiters.

BEISPIEL

Profil einer Führungskraft

	50–43	42–35	34–26	25–18	17–10	
kommunikationsstark	x					unkommunikativ
konfliktorientiert		x				harmonieorientiert
kundenbezogen		x				kundenabgewandt
führungsstark	x					führungsschwach
Vertriebstalent			x			vertriebsschwach
Unternehmer	x					Weisungsempfänger
Macher		x				passiv ausgerichtet

BEISPIEL

Profil eines Vertriebsmitarbeiters

	50–43	42–35	34–26	25–18	17–10	
kommunikationsstark		x				unkommunikativ
konfliktorientiert			x			harmonieorientiert
kundenbezogen	x					Kundenabgewandt
führungsstark			x			führungsschwach
Vertriebstalent	x					vertriebsschwach
Unternehmer			x			Weisungsempfänger
Macher		x				passiv ausgerichtet

Nur Näherungswerte

Sie sehen, dass die Beispielprofile nur Näherungswerte geben können. Je nach Einsatzbereich, Branche und Unternehmensphilosophie sind die Anforderungen unterschiedlich gewichtet. Wichtig ist, beim Persönlichkeitstest zu zeigen, dass Sie wissen, worauf es in der neuen Position ankommt. Zeichnen Sie ein positives Bild Ihrer Persönlichkeit und bewerten Sie sich besonders bei den Dimensionen positiv, die für die ausgeschriebene Stelle wichtig sind.

Noch mehr Tests

Wenn Sie sich umfassend auf Einstellungstests vorbereiten möchten, empfehlen wir Ihnen unseren Ratgeber »Einstellungstest - Das große Handbuch«. Auf fast 500 Seiten finden Sie dort ausführliches Trainingsmaterial zur Vorbereitung auf Persönlichkeitstests, Konzentrationstests, Intelligenztests und Wissenstests.

AUF EINEN BLICK

Einstellungstests

→ Manche Unternehmen setzen zusätzlich Tests ein, um damit eine weitere Beurteilungsperspektive zu gewinnen.

→ Nicht immer schreiben Unternehmen den Tests besondere Aussagekraft zu. Manchmal geht es schlichtweg darum, die Kandidaten permanent unter Druck zu setzen.

→ Persönlichkeitstests werden im Assessment-Center eingesetzt, um das Selbstbild des Kandidaten zu erfragen.

→ In Persönlichkeitstests werden unterschiedliche Persönlichkeitsdimensionen überprüft.

→ Sowohl eine durchgängig hervorragende Selbsteinschätzung als auch eine Selbstabwertung ruft bei den Beobachtern Skepsis hervor.

→ Liefern Sie eine gute, aber realistische Einschätzung Ihres Profils.

→ Konzentrations- und Leistungstests werden eingesetzt, um die Stressresistenz und Frustrationstoleranz der Kandidaten zu überprüfen.

33. Bewerbungsformulare im Internet

Online-Bewerbungsformulare dienen Unternehmen dazu, Informationen über Bewerber zu standardisieren und damit besser auswerten zu können. Für Bewerber sind sie eine Möglichkeit, Stellengesuche ins Internet zu stellen. Auch in diesen Formularen müssen Sie die für Unternehmen interessanten Schlüsselworte unterbringen. Nutzen Sie immer die Möglichkeiten für freie Angaben, um Ihr individuelles Profil deutlich zu machen.

Fragebögen zur Vorselektion von Bewerbern

Bewerbungsformulare sind standardisierte Fragebögen, die den Unternehmen zur Vorselektion der Bewerber dienen. Dazu wurden Masken erstellt, die eine Speicherung der Angaben in Datenbanken ermöglichen. Diese Datenbanken können dann von den Personalverantwortlichen mit definierten Suchbegriffen ausgewertet werden.

Bewerbungsformular als Online-Bewerbung

Bewerbungsformulare zur Online-Bewerbung begegnen Ihnen normalerweise auf den Homepages der Unternehmen. Der Internet-Auftritt größerer Unternehmen enthält zumeist das Special »Jobs und Karriere«. Nachdem Sie die dort aufgelisteten Jobangebote gesichtet haben, können Sie über einen Button mit dem Unternehmen in Kontakt treten. Klicken Sie den Button an, öffnet sich ein Bewerbungsformular. Auch Stellenausschreibungen in den Jobbörsen sind häufig mit einem Button versehen, der Sie zu einem Bewerbungsformular weiterleitet.

Dies bedeutet nicht in jedem Fall, dass Sie sich ausschließlich mit dem Bewerbungsformular bewerben müssen. Oft bieten Ihnen die Firmen mehrere Bewerbungswege an.

Wenn Sie die Wahl haben, statt eines Bewerbungsformulars eine E-Mail-Bewerbung mit Dateianhängen für Anschreiben, Lebenslauf und weitere Zeugnisse zu versenden, so sollten Sie sich für diese Möglichkeit entscheiden. Ziehen Sie immer diejenige Bewerbungsform vor, die Ihnen den größten Freiraum für eine individuelle Selbstdarstellung bietet.

Bearbeiten Sie das Bewerbungsformular stets offline

Manchmal kommen Sie nicht an einem Bewerbungsformular vorbei. Hier sollten Sie nicht den Schnellschuss abgeben und das Bewerbungsformular sofort online ausfüllen. Vielleicht können Sie es speichern oder ausdrucken und sich erst einmal in aller Ruhe mit den Anforderungen beschäftigen und sich genau überlegen, wie Sie Ihr Profil am besten darstellen. Auch in Standardformularen sind durchaus Freiräume für eine individuelle Selbstdarstellung vorhanden. Damit Sie diese Möglichkeiten nutzen können, stellen wir Ihnen jetzt die Besonderheiten vor, die beim Ausfüllen von Bewerbungsformularen zu beachten sind.

Die Tücken der Formulare

Der Einsatz von Schlüsselworten ist besonders wichtig

Beim Einsatz von Bewerbungsformularen wird die Forderung nach Prägnanz und Informationsdichte auf die Spitze getrieben. Der Platz für freie Angaben ist sehr begrenzt, Sie werden nur dann einen Schritt weiterkommen, wenn Sie diese eingeschränkten Möglichkeiten optimal nutzen. Dies gelingt Ihnen, indem Sie gezielt Schlüsselworte einsetzen, die einen klaren Bezug zu den Firmenwünschen haben und Ihr berufliches Profil verdeutlichen.

Schlüsselworte im Bewerbungsformular

BEISPIEL

Gibt eine Online-Bewerberin in der Rubrik »Letzte Tätigkeit« in einem Bewerbungsformular nur ihre Berufsbezeichnung »Referentin Marketing & Communications« an, bringt sie sich um die Möglichkeit, die Besonderheiten ihrer Qualifikation herauszustellen. Mithilfe von Schlüsselworten wird das Profil der Bewerberin deutlich, beispielsweise so: »Referentin Marketing & Communications, Tätigkeiten: Erarbeitung von Marketingstrategien, Betreuung aller Marketingaktivitäten, Organisation der Pressearbeit, Veranstaltungsorganisation, Etablierung eines Community Services.«

Wenn Sie die bisher von Ihnen ausgeübten Tätigkeiten in Bewerbungsformularen angeben, sollten Sie sich an die Empfehlungen halten, die wir Ihnen schon für die Ausarbeitung Ihres Lebenslaufes gegeben haben: Formulieren Sie stichwortartig, geben Sie zu jeder Position die Tätigkeiten an, die Sie ausgeübt haben, und stellen Sie diejenigen Aufgaben heraus, die eine Nähe zur ausgeschriebenen Stelle haben.

Nutzen Sie die Freiräume des Bewerbungsformulars

Besonders schwer tun sich viele Bewerber mit den Freiräumen, die ihnen in Bewerbungsformularen in der Rubrik »Sonstiges«, »Bemerkungen« oder »Zusatzinformationen« eingeräumt werden. Entweder bleiben diese Felder leer, oder es tauchen die üblichen Leerfloskeln zu persönlichen Fähigkeiten auf. Diese Freiräume sollten Sie dazu nutzen, sich positiv in Szene zu setzen.

Die folgende Formulierung ist als Zusatzinformation im Online-Bewerbungsformular für die Position »Produktmanager« nichtssagend und sollte deshalb unterbleiben: »Einsatzfreude und Belastbarkeit sind wichtige Aspekte meiner Persönlichkeit«. Überzeugender klingt eine Zusatzinformation, die besondere berufliche Aufgaben in den Vordergrund stellt: »Teilnahme am Projekt kundenorientiertes Qualitätsmanagement. Erarbeitung von Qualitätsstandards. Zusammenarbeit mit F&E, Konstruktion, Produktion und Service.«

Bewerbungsformulare richtig ausfüllen

Damit Sie sehen, welche Fehler Bewerbern beim Ausfüllen von Bewerbungsformularen unterlaufen können, stellen wir Ihnen nun ein Negativbeispiel vor. Nach unserer Kommentierung der Fehler zeigen wir Ihnen anhand eines Positivbeispiels, wie es der Bewerber hätte besser machen können. Beide Versionen beziehen sich auf eine Stellenausschreibung, in der ein Verkaufsleiter in der Dentalbranche gesucht wird.

Bewerbungsformular Technischer Verkaufsberater in der Dentalbranche

Anrede:	◉ Herr ○ Frau
Vorname:	Robert
Name:	Galenus
Geburtsdatum:	09.11.1975
Straße:	Gänseweg 14
PLZ:	44555
Wohnort:	Mönchengladbach
Telefon:	021144456 – 12
E-Mail:	galenus.vertrieb@Sales-AG.de
Ausbildung/Abschlüsse:	Ausbildung zum Kaufmann im Groß- und Außenhandel, Wirtschaftsstudium an der Fachhochschule
Letzte Tätigkeit (Kurzdarstellung):	Fachberater im Vertrieb
Frühestes Eintrittsdatum:	sofort
Gewünschter Einsatzort:	Mönchengladbach und nähere Umgebung
Besondere Kenntnisse:	Teamfähigkeit, Motivation
Bemerkungen:	Wünsche mir mehr Eigenverantwortung bei der Arbeit

Fehler: Illoyalität Diese Online-Bewerbung lässt Ernsthaftigkeit und Aussagekraft vermissen. Mit der Angabe seiner Telefonnummer am Arbeitsplatz (Firmendurchwahl!) und der E-Mail-Adresse der Firma signalisiert Robert Galenus, dass er berufliche Aufgaben und Bewerbungsaktivitäten nicht sauber trennt, sondern seine Zeit am Arbeitsplatz mit Recherchen zu potenziellen neuen Arbeitsplätzen verbringt - damit empfiehlt er sich nicht für einen neuen Arbeitgeber. Er muss sich zudem den Vorwurf gefallen lassen, seiner Firma gegenüber nicht loyal zu sein.

Geben Sie nur Ihre privaten Kontaktdaten an

Füllen Sie alle Rubriken gewissenhaft aus

Fehler: Nichtssagend Die inhaltlichen Angaben in den Blöcken »Ausbildung/Abschlüsse«, »Letzte Tätigkeit«, »Frühestes Eintrittsdatum«, »Besondere Kenntnisse« und »Bemerkungen« unterstützen die Einschätzung, dass es sich nicht um eine ernsthafte Bewerbung handelt. Der zur Verfügung gestellte Platz wird nicht annähernd genutzt. Obwohl die Angabe von Abschlüssen ausdrücklich gefordert ist, gibt Robert Galenus keinen Ausbildungsabschluss an, ebenso fehlt der Studienabschluss. In der Rubrik »Letzte Tätigkeit« wird nur die Position angegeben. Obwohl Platz für eine Kurzdarstellung wäre, fehlen nähere Informationen zu den ausgeübten Tätigkeiten.

Fehler: Platz für Spekulationen Die Angabe »sofort« als frühestes Eintrittsdatum legt die Vermutung nahe, dass er an seinem Arbeitsplatz bereits »kaltgestellt« ist. Eine Kündigung wäre auch eine Erklärung dafür, dass er am Arbeitsplatz Bewerbungsaktivitäten nachgeht. Hier stellt sich die Frage, warum es zur Kündigung gekommen ist, und Skepsis drängt sich auf.

Besondere Kenntnisse machen Ihr Profil aus

Fehler: Kein berufliches Profil Die Angaben in der Rubrik »Besondere Kenntnisse« sind nicht aussagekräftig. Automatische Suchroutinen werden über die Angaben hinweglaufen und keine besonderen Kenntnisse melden. Bei der persönlichen Durchsicht des Bewerbungsformulars wird dem Bewerber angekreidet werden, dass er fachliche Kenntnisse mit persönlichen Fähigkeiten verwechselt. Gefragt ist in dieser Rubrik die Angabe fachlicher Qualifikationen. Ein individuelles Profil wird jedoch nicht deutlich. Im Gegenteil: Robert Galenus bewirbt sich ohne berufliches Profil.

Fehler: Fehlende Schlüsselworte Auch in der Rubrik »Bemerkungen« wäre Platz für eine individuelle und aussagekräftige Selbstdarstellung mit geeigneten Schlüsselworten gewesen. Der Bewerber verspielt auch diese Chance. Sein Wunsch nach mehr Eigenverantwortung drückt eher aus, dass er bisher noch nicht eigenverantwortlich gearbeitet hat.

Fazit: Dieser Bewerber hat sich mit der oberflächlichen Art, mit der er dieses Bewerbungsformular ausgefüllt hat, keinen Gefallen getan. Mit einer weiteren Prüfung seiner Unterlagen kann er nicht rechnen.

Bewerbungsformular Technischer Verkaufsberater in der Dentalbranche

Anrede:	⦿ Herr ○ Frau
Vorname:	Robert
Name:	Galenus
Geburtsdatum:	09.11.1975
Straße:	Gänseweg 14
PLZ:	44555
Wohnort:	Mönchengladbach
Telefon:	(02 01) 1 23 45 67
E-Mail:	robertgalenus@gmx.de
Ausbildung/Abschlüsse:	Ausbildung zum Kaufmann im Groß- und Außenhandel bei einem Werkzeugmaschinenhersteller, Abschluss Kaufmann im Groß- und Außenhandel BWL-Studium an der FH Düsseldorf, Abschluss Diplom-Betriebswirt
Letzte Tätigkeit (Kurzdarstellung):	Dentaldepot GmbH, Vertriebsabteilung, Fachberater Tätigkeiten: Neukundenakquisition, Auftragsbearbeitung, Projektverfolgung, Warendisposition, Durchführung von Direkt-Mailing-Aktionen, Unterstützung des Außendienstes, Erstellung von Produktpräsentationen, telefonische Kundenberatung
Frühestes Eintrittsdatum:	01.10.2014 (übliche Kündigungsfrist)
Gewünschter Einsatzort:	nach Absprache
Besondere Kenntnisse:	Absatz- und Verkaufsförderung, Direkt-Marketing,

→ FORTSETZUNG AUF DER NÄCHSTEN SEITE

	Zusammenarbeit mit Speditionen, Sicherstellung der Liefertermine und der gelieferten Qualität, Organisation von Veranstaltungen zur Kundenbindung, MS-Office (Word, Excel, Access, PowerPoint), gutes Englisch
Bemerkungen:	Erfahrungen in der Dentalbranche, sichere Zielgruppenansprache, ständige Weiterbildung im Produktbereich

Überzeugend: Schlüsselworte Die Möglichkeiten, die sich auch beim Ausfüllen von Bewerbungsformularen bieten, hat der Bewerber in diesem Beispiel besser genutzt. Robert Galenus hat in dieser Version mit aussagekräftigen Schlüsselworten gearbeitet, den Platz im Block »Letzte Tätigkeit« optimal ausgenutzt.

Überzeugend: Kostbare Zusatzinformationen Auch seine besonderen Kenntnisse sind nun wirklich als solche zu bezeichnen - anstatt mit Leerfloskeln um sich zu werfen, nennt er nun konkrete Beispiele, die seine Soft Skills und seine Qualifikationen belegen. Sämtlichen Spekulationen, die im Negativbeispiel noch möglich waren, wurde hier der Nährboden entzogen - die Angabe der privaten E-Mail-Adresse und der üblichen Kündigungsfrist sind Indizien für die Ernsthaftigkeit und die Loyalität des Bewerbers.

Überzeugend: Individuelles Profil Durch die Aufzählung der von ihm bewältigten beruflichen Aufgaben wird sein individuelles Profil für Personalverantwortliche deutlich. Die Freiräume, die das Bewerbungsformular bietet, hat der Bewerber konsequent genutzt - auch im Block »Bemerkungen« stehen nun weitere Schlüsselworte, die seine Professionalität untermauern.

Fazit: Diese Bewerbung erscheint gut vorbereitet und bietet die nötige Informationsdichte. Sie wird sowohl einer automatischen Auswertung als auch einer Begutachtung durch Personalverantwortliche standhalten.

Bewerbungsformular als Stellengesuch

Das eigene Stellengesuch im Internet

Viele Jobbörsen bieten Ihnen die Möglichkeit, kostenlos ein Stellengesuch aufzugeben, das in eine Datenbank aufgenommen wird. Diese Datenbank können Unternehmen abfragen. Hat man Interesse an Ihnen, wird man sich bei Ihnen melden. Die Wunschvorstellung, aus mehreren Angeboten auswählen zu können und auf diese Weise die Rollen im Bewerbungsverfahren einmal zu vertauschen, ist für Arbeitssuchende natürlich reizvoll.

Ob Sie in einem Stellengesuch genügend Informationen über sich vermitteln können und ob es Ihnen überhaupt möglich ist, ein individuelles Profil deutlich zu machen, hängt von den Bewerbungsformularen ab, die Ihnen für die Aufgabe eines Stellengesuches vorgegeben werden. In manchen Jobbörsen finden Sie als Formular nur Listen, aus denen Sie vorgegebene Stichworte auswählen dürfen. In anderen Jobbörsen finden Sie Formulare, in denen Sie Ihre beruflichen Erfahrungen, Ihre Berufsausbildung und speziellen Kenntnisse in Freitextfeldern umfassender beschreiben können. Manchmal ist es sogar möglich, einen eigenen Lebenslauf zu verfassen und ein kurzes Anschreiben mitzuliefern und diese Zusatzinformationen hochzuladen.

Mit Schlüsselworten die Qualifikation herausstellen

Knüpfen Sie beim Ausfüllen von Stellengesuchen an die Hinweise an, die wir Ihnen für Bewerbungsformulare auf den Homepages der Firmen gegeben haben. Arbeiten Sie mit aussagekräftigen Schlüsselworten, die Ihr Profil deutlich werden lassen. Nutzen Sie Freitextfelder, um stichwortartig Ihre Qualifikationen aufzuzählen.

AUF EINEN BLICK

Online-Formulare

→ Drucken oder speichern Sie das Online-Formular, um es gründlich offline auszuwerten.

→ Umreißen Sie Ihre beruflichen Tätigkeiten im Formular stichwortartig.

→ Stellen Sie dabei diejenigen Tätigkeiten in den Vordergrund, die eine Nähe zur ausgeschriebenen Stelle haben.

→ Nutzen Sie unbedingt die Rubriken »Sonstiges«, »Bemerkungen« oder »Zusatzinformationen«, um Ihr Qualifikationsprofil mit Beschreibungen besonderer beruflicher Aufgaben zu untermauern.

→ Nutzen Sie auch die Möglichkeit, bei Jobbörsen ein Stellengesuch aufzugeben.

→ Verdichten Sie Ihr Profil in Ihrem Stellengesuch mit aussagekräftigen Schlagworten.

→ Falls möglich: Laden Sie Anschreiben und Lebenslauf hoch.

34. Online-Assessment und Bewerberhomepage

Sie erfahren in diesem Kapitel, wie Sie Ihre Stärken im Online-Assessment geschickt in Szene setzen und für wen die Konstruktion einer eigenen Bewerberhomepage sinnvoll ist.

Im Internet gibt es für Unternehmen und Bewerber mehr Möglichkeiten, als Stellenausschreibungen zu schalten und sich per Online-Bewerbung ins Gespräch zu bringen. Zwei dieser zusätzlichen Aktivitäten, das Online-Assessment und die Bewerberhomepage, möchten wir Ihnen vorstellen.

Online-Assessment

Standardisierte Auskünfte

Genauso wie Bewerbungsformulare werden Online-Assessments dazu genutzt, die Auskünfte der Bewerber zu standardisieren. Gleichzeitig soll auch die Bewerberflut eingedämmt werden. Eine Einladung zum Vorstellungsgespräch oder einem Gruppenauswahlverfahren (Assessment-Center) erfolgt nur, wenn der Bewerber nicht durch das Raster des Online-Assessments fällt. Auch hier gilt, dass Sie sich durch Vorbereitung wappnen können.

Einsatz von Online-Assessments

Eine Einschätzung Ihrer Soft Skills ist gefragt

Die Nähe der Online-Assessments zu Online-Bewerbungsformularen ist nicht zu übersehen. Allerdings werden von den Bewerbern auch Angaben zu ihren persönlichen Fähigkeiten eingefordert. Zu den Fragen nach beruflichen Erfahrungen, IT-Kenntnissen, Sprachen und Berufsabschlüssen treten Fragen, aus deren Beantwortung Belastbarkeit, Teamfähigkeit und andere persönliche Fähigkeiten deutlich werden sollen.

Das Verfahren des Online-Assessments ist nicht unumstritten, da die Aussagekraft der durchgeführten Tests mitunter fragwürdig ist. Es kann sich für Sie aber durchaus lohnen, Online-Assessments im Internet zu bearbeiten. Einige Unternehmen und Personalberatungen sichten über Online-Assessments das ganze Jahr über Bewerber. Wer den Test bewältigt, wird in eine Datenbank aufgenommen, die bei frei werdenden Stellen durchsucht wird.

Fragen im Online-Assessment

Wir stellen Ihnen jetzt zwanzig Fragen aus einem Online-Assessment vor. Arbeiten Sie sich einmal selbst durch, damit Sie eine erste Vorstellung von Online-Assessments bekommen.

ÜBUNG

Ausgewählte Fragen im Online-Assessment

Charakterisieren Sie Ihr übliches Verhalten, Ihre Einstellungen und Gewohnheiten. Lesen Sie jede Aussage gründlich durch, und entscheiden Sie, ob diese Aussage auf Sie zutrifft. Sie können folgende Antworten ankreuzen:

1 trifft absolut nicht zu
2 trifft meistens nicht zu
3 trifft zum Teil zu, zum Teil aber auch nicht
4 trifft meistens zu
5 trifft absolut zu

Lassen Sie keine Aussage aus, entscheiden Sie sich immer für eine Antwortmöglichkeit.

		1	2	3	4	5
1.	Jeder sollte eine zweite Chance erhalten.					
2.	Probleme gehe ich direkt an.					
3.	Es fällt mir schwer, mich zu entspannen.					
4.	In meiner Freizeit bin ich lieber allein.					

5. Ich mag keine Konflikte.
6. Lange Diskussionen finde ich überflüssig
7. Ich rege mich leicht auf.
8. Es fällt mir schwer, anderen meine Meinung zu sagen.
9. Es fällt mir schwer, Gefühle zu zeigen.
10. Ich arbeite lieber schnell als sorgfältig.
11. Auch in der Freizeit übernehme ich gerne eine Führungsrolle.
12. Ich neige zu Perfektionismus.
13. Zu anderen Menschen finde ich leicht Kontakt.
14. Ich bin ein sehr einfühlsamer Zuhörer.
15. Ich lasse mich ab und zu ausnutzen.
16. Ich mache mir schnell ein Bild über andere Menschen.
17. Ich gehe immer den direkten Weg.
18. Ich bin immer gut gelaunt.
19. Gegen Kritik bin ich immun.
20. Ich bin unternehmungslustig.

Wir stehen solchen Tests eher kritisch gegenüber, denn die menschliche Persönlichkeit lässt sich nicht durch ein paar Kreuze in einem Online-Fragebogen erfassen. Aber die Entscheidung, wie ehrlich Sie beim Bearbeiten von Online-Assessments sein möchten, überlassen wir selbstverständlich Ihnen.

Kreuzen Sie an, was als allgemein erwünscht gilt

Bewerberhomepage

Für die IT-Branche besonders interessant

Eine Bewerberhomepage muss in andere Online-Bewerbungsmaßnahmen eingebunden werden. Es genügt nicht, einfach die eigene Homepage ins Netz zu stellen und Serien-Mails mit einem Verweis auf die Homepage zu streuen. Mit der Mitteilung: »Hier finden Sie einen interessanten Bewerber! Klicken Sie auf www.hans-peter.mueller.de«, werden Sie es nicht schaffen, Personalverantwortliche auf Ihre Homepage zu locken. Sie müssen mit einer Online-Bewerbung bereits Interesse geweckt haben. Nur dann wird man sich eingehender mit Ihrem Profil beschäftigen.

Nur bewerbungsrelevante Informationen!

Auch für Ihre Bewerberhomepage gilt, dass sie den Anforderungen der Online-Bewerbung standhalten muss. Wichtige Informationen müssen schnell zu erkennen sein, und eine für Geschäftsbeziehungen übliche Form muss gewahrt bleiben. Müssen sich Personalverantwortliche durch endlose Links klicken, um zu einem Lebenslauf zu gelangen, wird das Interesse schnell erlahmen. Informationen, die für eine Bewerbung nicht relevant sind, sollten Sie unter einer anderen Adresse ins Netz stellen. Vermengen Sie Bewerbungsinformationen nicht mit Reiseberichten, Familienstammbäumen, Clubengagements oder Verkaufsangeboten.

Achten Sie auch bei Ihrer Bewerberhomepage darauf, keine witzige Netzadresse zu benutzen. Die Domains www.ein-toller-Bewerber.de oder www.alleskoenner.com lassen nur Zweifel an Ihrer Anpassungsfähigkeit im Berufsalltag aufkommen. Stecken Sie Ihre Kreativität lieber in die Ausgestaltung der Seite. Versuchen Sie eine Domain zu reservieren, die Ihren Namen oder Namensbestandteile enthält, beispielsweise »www.jana-schmidt.de« oder »www.jschmidt-info.de«.

Unterlagen sollten leicht herunterzuladen sein

Ihre Homepage könnte ein Bewerbungsfoto, einen allgemeinen Lebenslauf, eine Leistungsbilanz und eine Zusammenfassung Ihrer Qualifikation in Form eines Anschreibens enthalten. Gestalten Sie alles so, dass interessierte Besucher sowohl den Lebenslauf und das Leistungsprofil als auch das Anschreiben mühelos herunterladen oder ausdrucken können. Wenn Sie den Charakter der Homepage als Arbeitsprobe intensivieren möchten, können Sie Projektberichte, Design-Studien, Veröffentlichungen, Presseberichte über Sie oder Ihre Arbeit in die Homepage integrieren.

Falls Sie jetzt Bedenken haben, so viele Informationen über sich ins Netz zu stellen, können wir Ihnen nur zustimmen. Das Internet ist dafür bekannt, dass es nichts vergisst. Eine gute Internetreputation ist wichtig und wird in Zukunft noch wichtiger. Je nach Bedeutung der zu vergebenden Stelle geben Personalverantwortliche auch heute schon den Bewerbernamen in verschiedene Suchmaschinen oder Online-Netzwerke ein. Enthält das Suchergebnis dann Detailinformationen über aktuelle Projekte beim Arbeitgeber, patzige Statements über frühere Vorgesetzte oder peinliche Partyfotos, wird eine Einladung zum Vorstellungsgespräch womöglich unterbleiben.

In diesem Zusammenhang sollten Sie daher auch Ihre Entscheidung für oder gegen eine Bewerberhomepage treffen. Eine Alternative ist eine Bewerberhomepage, die nur mithilfe eines Passwortes freigegeben wird. Es gibt Bewerber, die Ihre Unterlagen als E-Mail-Kurzbewerbung an ausgewählte Firmen schicken und darauf hinweisen, dass - Interesse auf der Firmenseite vorausgesetzt - ausführlichere Informationen auf der Bewerberhomepage enthalten sind. Allerdings muss die Firmenseite dann erst beim Bewerber das Passwort anfordern.

Gehen Sie auf Nummer Sicher: Homepage mit Passwort

Ihre zusätzlichen Online-Aktivitäten

AUF EINEN BLICK

→ Für den unwahrscheinlich Fall, dass Ihre Wunschfirma von Ihnen erwartet, sich einem Online-Assessment zu unterziehen: Präsentieren Sie sich als aktiv und zupackend, und kreuzen Sie im Zweifelsfall das an, was als allgemein erwünscht gilt.

→ Bevor Sie eine Bewerberhomepage einrichten, sollten Sie sich fragen, ob Sie überhaupt zu den Bewerbergruppen gehören, für die eine solche Seite sinnvoll ist, und ob Sie Ihre beruflichen Daten frei ins Internet stellen möchten (Internetreputation; arbeiten Sie gegebenenfalls mit einer passwortgeschützten Website).

→ FORTSETZUNG AUF DER NÄCHSTEN SEITE

→ Falls eine Bewerberhomepage für Sie infrage kommt: Sichern Sie sich eine seriöse Domain und verzichten Sie auf private Inhalte.

→ Sorgen Sie dafür, dass wichtige Informationen zu Ihrem Qualifikationsprofil schnell erkenntlich und durch aussagekräftige Schlagworte verdichtet sind.

→ Ihre Bewerberhomepage sollte ein seriöses Foto, einen Lebenslauf, eventuell eine Leistungsbilanz und eine Selbstdarstellung in Anschreibenform enthalten.

→ Stellen Sie die Unterlagen zum unkomplizierten Download zur Verfügung.

→ Wenn möglich, sollten Sie Ihr Qualifikationsprofil durch Verweise auf Projektberichte, Studien, Veröffentlichungen, Presseberichte über Sie oder Ihre Arbeit unterstützen.

→ Platzieren Sie Ihre Kontaktdaten gut sichtbar.

→ Verlassen Sie sich keinesfalls ausschließlich auf die Website, sondern unterstützen Sie Ihre Suche nach einem neuen Arbeitsplatz durch weitere Aktivitäten.

35. Bewerben mit 50-plus

Für Bewerber über 50 Jahre gelten im Bewerbungsverfahren zusätzliche Anforderungen, die oft unausgesprochen bleiben. Auch wenn es niemand offen aussprechen wird: Ältere Führungskräfte müssen im Bewerbungsverfahren Vorurteile ausräumen, wenn sie sich mit ihrer Bewerbung durchsetzen wollen.

Auch am Ende des vierten und selbst im fünften Lebensjahrzehnt haben Sie Chancen, sich beruflich zu verändern - gerade als Führungskraft. Sie können auf vielfältige Erfahrungen und Kenntnisse aus der Berufspraxis zurückgreifen. Dies macht Sie für Unternehmen grundsätzlich interessant. Hinzu wird in den nächsten Jahren die demografische Entwicklung kommen, ein Mangel an qualifizierten Fach- und Führungskräften ist unschwer vorhersagbar.

Entkräften Sie Vorurteile

Typische Vorurteile

Allgemeine statistische Überlegungen zu einer alternden Gesellschaft führen jedoch im Einzelfall nicht automatisch zu dem gewünschten Bewerbungserfolg. Es lässt sich nicht wegdiskutieren, dass es Vorurteile gegenüber gestandenen Führungskräften gibt. Auch Sie würden höchstwahrscheinlich jemanden nicht einstellen, der

- → **zum Stillstand gekommen ist,**
- → **sich nicht mehr weiterentwickelt,**
- → **frustriert ist und innerlich gekündigt hat,**
- → **Erfolgserlebnisse im Freizeitbereich sucht,**
- → **keine Ziele mehr hat,**
- → **keine Anpassungsfähigkeit besitzt,**
- → **geistige Beweglichkeit vermissen lässt.**

Wir erleben in unserer Beratungspraxis häufig, dass 50-plus-Bewerberinnen und Bewerber ganz unabsichtlich diesen Eindruck erwecken. Dieser negative Eindruck entsteht durch ein Zusammenwirken von ungeschickten Formulierungen auf der Bewerberseite und von Vorurteilen auf der Seite der Personalverantwortlichen.

Zupackend und erfolgsorientiert

Vermeiden Sie negative Signalwirkungen durch den Rückzug auf formale Positionen in der Betriebshierarchie, ohne diese inhaltlich zu füllen, oder durch eine breite Darstellung Ihrer Hobbys. Alles dies lässt auf einen beginnenden Rückzug aus beruflicher Verantwortung schließen und bestätigt typische Vorurteile gegenüber 50-plus-Bewerbern.

Auch bei Ihnen ist es möglich, einen zupackenden erfolgsorientierten Präsentationsstil für Anschreiben, Lebensläufe und Vorstellungsgespräche zu entwickeln. Und zwar vor allem wegen Ihres Alters: weil die beruflichen Erfolge vorhanden sind und die umfassende Berufserfahrung ein individuelles Profil möglich macht.

BEISPIEL

Die 50-plus Erfolgsstory

Die beruflichen Aufgaben und die dazugehörigen Erfolge eines 56-jährigen Leiters der Logistik/Warenbewirtschaftung lassen sich so zusammenfassen:

Aufgabe 1: Gestaltung internationaler Absatzwege
Erfolg 1: Absatzsteigerung im zweistelligen Bereich

Aufgabe 2: Erschließung neuer Märkte
Erfolg 2: Absatz der Produkte in mittel- und osteuropäischen Ländern

Aufgabe 3: Gründung von Distributionszentren
Erfolg 3: Reduktion der Transportkosten

Aufgabe 4: Verantwortung für den optimalen Warenfluss zwischen Produktionsstätten und Distributionszentren

Erfolg 4: Sicherstellung der Warenverfügbarkeit

Aufgabe 5: Eingliederung neuer Zulieferer
Erfolg 5: Ausweitung der vertriebenen Produktpalette

Aufgabe 6: Zertifizierung
Erfolg 6: größere Marktakzeptanz

Fazit: Mit der Darstellung beruflicher Erfolge vermeiden Sie es, Vorurteile bei Personalverantwortlichen aufkommen zu lassen.

Machen Sie es wie der 56-jährige Logistikleiter aus unserem Beispiel: Wenn Sie sich als aktive und zupackende Persönlichkeit mit einer interessanten Erfolgsstory präsentieren, spielt Ihr Alter bei der Bewertung Ihres Bewerberprofils eine untergeordnete Rolle. Mit den richtigen Reiz- und Schlüsselwörtern zeigen Sie, dass Sie mit beiden Beinen fest im Berufsleben stehen und noch viel von Ihnen zu erwarten ist. Erarbeiten auch Sie sich Ihre Erfolgsstory anhand unserer Übung »Die Summe Ihrer Erfolge«.

Die Summe Ihrer Erfolge

ÜBUNG

Suchen Sie die fünf umfassendsten Aufgaben, die Sie bisher bearbeitet haben, aus Ihrer Erfolgsbilanz heraus und stellen Sie den bewältigten Aufgaben die erzielten Erfolge gegenüber.

Aufgabe 1: ______________ Erfolg 1: ______________

Aufgabe 2: ______________ Erfolg 2: ______________

→ FORTSETZUNG AUF DER NÄCHSTEN SEITE

Aufgabe 3: ______________ Erfolg 3: ______________
______________ ______________

Aufgabe 4: ______________ Erfolg 4: ______________
______________ ______________

Aufgabe 5: ______________ Erfolg 5: ______________
______________ ______________

Wir erläutern Ihnen nun, wie Sie die Summe Ihrer Erfolge als 50-plus-Bewerberin oder -Bewerber für die Aufbereitung Ihrer Anschreiben und für die Vermittlung in Vorstellungsgesprächen nutzen.

Das 50-plus-Anschreiben

Keine Problemorientierung

Zu viele 50-plus-Bewerber thematisieren im Anschreiben Probleme am derzeitigen Arbeitsplatz. Diese Problemorientierung ist jedoch nicht geeignet, Erfolge im Bewerbungsverfahren zu erreichen. Im Anschreiben müssen Sie nicht auf Ihr Alter verweisen. Die Angabe Ihres Geburtsdatums im Lebenslauf ist völlig ausreichend. Stellen Sie die inhaltlichen Faktoren, die Ihr berufliches Profil definieren, in den Vordergrund. Bedenken Sie, dass Sie mit dem Anschreiben ein Selbstgutachten über Ihre berufliche Qualifikation liefern. Wenn Sie sich in diesem Gutachten anklagen, werden beim Personalverantwortlichen Zweifel an Ihrer Leistungsbereitschaft im beruflichen Alltag entstehen. Damit mobilisieren Sie nur die unterschwelligen Vorurteile bei Personalverantwortlichen.

Anschreiben, die mit Formulierungen beginnen wie »Mit sechsundfünfzig Jahren gehöre ich noch nicht zum alten Eisen und suche deshalb eine interessante Stelle bei Ihnen, um zu beweisen, was noch alles in mir steckt«, wecken nur Vorurteile, aber nicht das Interesse von Personalverantwortlichen. Ein deutlich besser geeigneter Anfang Ihres Anschreibens sind Ihre beruflichen Erfolge.

BEISPIEL

50-plus-Bewerberin für die Position Produktmanagerin

Der Anfang eines Anschreibens könnte so aussehen: »Im Maschinenbau habe ich bereits Produktgruppen von der Neu- und Weiterentwicklung bis zur Vermarktung geführt. Die Beobachtung von Wettbewerbern und das dazugehörige Benchmarking gehört ebenso zu meinen Aufgaben wie die laufende Produktbetreuung und die Mitkalkulation der Produkte. Sowohl im Marketing als auch im Produktmanagement habe ich bereits umfassende Personal- und Umsatzverantwortung übernommen und konnte für mein Unternehmen erfolgreich neue Märkte erschließen.«

BEISPIEL

50-plus-Bewerber für die Position Kaufmännischer Leiter

Auch dieser Anfang ist überzeugend: »Für die Position Kaufmännischer Leiter bringe ich langjährige Erfahrungen im strategischen Controlling mit. Ich habe bereits die Bereiche Rechnungswesen und allgemeine Verwaltungsdienste geleitet. Sehr gute Kenntnisse der handels- und steuerrechtlichen Bestimmungen, der Kostenrechnung und der Budgetierung bringe ich ebenso mit wie Erfolge in der Organisationsentwicklung unter schwierigen Bedingungen (Fusion).«

Interesse wecken mit Ihrer Selbstpräsentation

Wecken Sie mit Ihren Eingangsformulierungen im Anschreiben das Interesse, das Ihnen aufgrund Ihrer langjährigen Berufserfahrung zusteht. Bei der weiteren Darstellung Ihrer Qualifikationen im Anschreiben können Sie auf Ihre Selbstpräsentation zurückgreifen. Beachten Sie dazu unsere Überzeugungsregeln für Selbstpräsentationen aus dem Kapitel »Die Selbstpräsentation: Das Herzstück Ihrer Bewerbung«.

Wie alle anderen Bewerberinnen und Bewerber müssen Sie den guten Eindruck, den Sie mit Ihren Bewerbungsunterlagen vermittelt haben, im Vorstellungsgespräch bestätigen. Auch dabei müssen Sie als 50-plus-Bewerber einige Besonderheiten beachten.

Das 50-plus-Vorstellungsgespräch

Typische Fehler

In Vorstellungsgesprächen treffen 50-plus-Bewerber meist auf jüngere Personalverantwortliche. Oftmals tritt dann ein Generationenkonflikt zutage. Die latent vorhandenen Vorurteile aufseiten der Personalverantwortlichen werden schnell ein unterschwelliger Bestandteil des Gespräches, wenn ältere Führungskräfte die nachfolgend aufgeführten Fehler begehen.

- → **Sie kokettieren mit Ihrem Alter, entschuldigen sich womöglich.**
- → **Sie erzählen Geschichten aus Ihrer Ausbildungszeit.**
- → **Sie konzentrieren sich bei der Darstellung Ihrer Fähigkeiten auf weit zurückliegende Tätigkeiten, nicht auf die momentane Position.**
- → **Opa kommt! Sie sprechen viel über die Schul- und Studienerfolge Ihrer Kinder, womöglich über Ihre Enkel.**
- → **Sie berichten ausdauernd darüber, wie man früher Aufgaben gelöst hat. Auf die Anforderungen des neuen Unternehmens gehen Sie nicht ein.**
- → **Bei Problemen am Arbeitsplatz waren alle anderen schuld, nur Sie selbst nicht.**
- → **Sie schimpfen über Ihren alten Arbeitgeber.**
- → **Sie behaupten, dass Ihre Vorgesetzten und Mitarbeiter Sie blockieren.**
- → **Sie meinen, dass man alles auf dem »praktischen Weg« lösen kann, ohne sich weiter mit theoretischen Hintergründen beschäftigen zu müssen, nach dem Motto: »Weiterbildung? Das, was ich schon alles erlebt habe, reicht für zwei Berufsleben!«**
- → **Sie erwecken den Eindruck, dass alle, die weniger Berufserfahrung als Sie haben, eigentlich »grüne Jungs« sind – insbesondere die Ihnen gegenüber sitzenden Personalverantwortlichen.**

Strategische Ziele

Eine derart negative Gesprächsatmosphäre sollten Sie auf gar keinen Fall entstehen lassen. Setzen Sie sich als 50-plus-Bewerber daher diese strategischen Ziele für Ihre Vorstellungsgespräche:

- → **Überzeugen Sie mit Ihrer aussagekräftigen Selbstpräsentation im persönlichen Gespräch.**
- → **Konzentrieren Sie sich auf die Darstellung Ihrer Stärken.**
- → **Machen Sie einen roten Faden in Ihrer beruflichen Entwicklung deutlich.**

Als 50-plus-Bewerber werden Sie auf offene Ohren stoßen, wenn Sie ihre berufliche und persönliche Entwicklung deutlich machen. Dies gelingt Ihnen, indem Sie im Gespräch herausstellen, welche Verantwortungsbereiche Sie gesteuert haben, welche Aufgaben Sie erfolgreich bewältigt haben und mit welchen Projekten und Sonderaufgaben Sie Ihr Unternehmen in Ihrem Arbeitsbereich wettbewerbsfähig gehalten haben.

BEISPIEL

Stillstand oder Entwicklung?

(Stress-)Frage: »Ich habe den Eindruck, Ihre berufliche Entwicklung ist bereits seit einigen Jahren zum Stillstand gekommen?«

Antwort: »Das sehe ich anders, schließlich habe ich mich ständig weiterentwickelt. Vor drei Jahren habe ich zusätzliche Aufgaben in den Bereichen Zuliefererintegration und Optimierung der Logistik übernommen. Da ich weiterhin das Tagesgeschäft an meinem alten Arbeitsplatz gemanagt habe, bin ich zwar formal nicht aufgestiegen, habe aber umfangreiche Aufgaben im gesamten europäischen Raum übernommen. Insbesondere die Einbindung neuer Produktionsstätten im europäischen Ausland ins Unternehmen war für mich eine neue Herausforderung, die ich auch gemeistert habe.«

Zeigen Sie, dass Sie am Ball bleiben

Eine weitere Möglichkeit, Vorurteile auszuräumen, haben 50-plus-Bewerber, wenn sie herausstellen können, dass sie sich in modernen Formen der Arbeitsorganisation bewährt haben. Geben auch Sie Beispiele dafür an, dass Sie die aktuellen Trends kennen und in Ihrem Arbeitsbereich für innovative Arbeitsprozesse sorgen. Der Verweis auf die Mitarbeit an Prozessoptimierungen oder der Neustrukturierung von Informations- und Entscheidungswegen ist ein überzeugender Beleg dafür, dass der Anschluss an neue Entwicklungen nicht verpasst worden ist. Wenn Sie beispielsweise Ihre Mitarbeit an den Maßnahmen Change Management, Business Reengineering, Total Quality Management, Lean Management, Wissensmanagement, Zertifizierung hervorheben, können Sie entscheidend punkten.

BEISPIEL

Erfahrungen in der Zertifizierung

Frage: »Auf welchen Erfolg sind Sie besonders stolz?«

Antwort: »Als Bereichsleiterin in der Produktion habe ich die Zertifizierung unserer Produkte begleitet. Neben der eigentlichen Zertifizierung habe ich zusammen mit dem Marketing neue Vermarktungsstrategien für die zertifizierten Produkte erarbeitet. Durch die Zertifizierung stieg die Produktakzeptanz bei den Kunden, und innerbetriebliche Abläufe konnten reibungsloser gestaltet werden.«

Wenn Sie sich von der Erörterung von Problemen im Vorstellungsgespräch gelöst haben und stattdessen Ihre Erfolge in den Mittelpunkt des Gespräches stellen, haben Sie den entscheidenden Schritt zum Ausräumen von Vorurteilen als 50-plus-Bewerber getan. Es gibt aber noch andere Klippen, die Sie umschiffen müssen.

Vermeiden Sie in Vorstellungsgesprächen Formulierungen wie »die Zeiten ändern sich nun mal«, »zu meiner Zeit war das ganz anders« oder »heute wüsste ich, was ich anders machen würde«. Man wird Sie nicht aufgrund Ihrer Leistungen als 35-Jähriger einstellen, sondern nur dann, wenn man von Ihnen als erfahrenem Bewerber überzeugt ist.

BEISPIEL

Der Neubeginn

Frage: »Was würden Sie anders machen, wenn Sie noch einmal von vorne anfangen könnten?«

Antwort: »Ich würde wieder den Weg wählen, mich in der Berufspraxis durch Leistung zu empfehlen. Eventuell würde ich studieren/promovieren/eine längere Zeit im Ausland arbeiten. Da ich meine bisherigen Ziele aber erreicht habe, bin ich mit meinem Werdegang jedoch generell sehr zufrieden.«

Aus unserer Beratungspraxis wissen wir, dass manche 50-plus-Bewerber aufgrund ihrer vielfältigen beruflichen Erfahrungen zu überlangen Antworten neigen. Diesen »Märchenonkelstil« interpretiert Ihr Gesprächspartner jedoch dahingehend, dass Sie nicht in der Lage sind, Informationen auf den Punkt zu bringen und sich auf Gesprächsimpulse des Personalverantwortlichen - und damit auch anderer Mitarbeiter im Unternehmen - einzustellen. Auch die von uns häufig erlebte Gegenreaktion »Dann rede ich eben im Telegrammstil« zeigt zwar, dass Sie trotzig wie ein Kind sein können, aber dies ist nicht die Jugendlichkeit, die man von Ihnen erwartet.

Optimieren Sie Ihre Sprache

Optimieren Sie daher Ihr Sprachverhalten. Kontrollieren Sie Ihre Kommunikation auf Abschweifungen und überlange Antworten. Trainieren Sie, gegebenenfalls kürzer und knapper zu antworten, wecken Sie dabei aber das Interesse des Gesprächspartners durch die Verwendung von ausgewählten Schlag- und Schlüsselworten. So kann Ihr Gesprächspartner Ihre Kompetenzen nachvollziehen und hat die Möglichkeit, gezielt nachzufragen.

Im Folgenden haben wir Ihnen häufige Fragen an 50-plus-Bewerber zusammengestellt, die gezielt auf Ihr Alter rekurrieren. Lassen Sie sich durch den provokativen Ton mancher dieser Fragen nicht schockieren. Weitere Hinweise zum Umgang mit - eigentlich unerlaubten - Unterstellungen finden Sie im Kapitel »Stress- und Fangfragen, unzulässige und unsinnige Fragen«.

ÜBUNG

Spezialfragen 50-plus

»Sind Sie nicht zu alt für diese Position?«

Ihre Antwort: ______________________________

....

»Sie laufen doch die 200 Meter auch nicht mehr in derselben Zeit wie mit 20 Jahren. Glauben Sie nicht, dass Ihre Leistungsfähigkeit gesunken ist?«

Ihre Antwort: ______________________________

....

»Wie alt muss Ihr Stellvertreter sein, wie alt darf er höchstens sein?«

Ihre Antwort: ______________________________

....

»Was machen Sie nach Ihrem aktiven Erwerbsleben?«

Ihre Antwort: ______________________________

....

»Wie viel Erfahrung braucht eine Führungskraft?«

Ihre Antwort: ______________________________

....

»Was haben Sie jüngeren Kollegen voraus?«

Ihre Antwort: ______________________________

....

»Was würden Sie anders machen, wenn Sie noch einmal die Wahl hätten, von vorne anzufangen?«

Ihre Antwort: ____________________

....

»Wie viel Prozent des Jahres bestehen aus Arbeit, wie viel Prozent widmen Sie der Familie?«

Ihre Antwort: ____________________

....

»Haben Sie schon einmal über Ihre Erfolge und Misserfolge nachgedacht? Nennen Sie uns jeweils drei Beispiele!«

Ihre Antwort: ____________________

....

»Wie haben Sie sich in den letzten Jahren persönlich entwickelt? Was war anders mit 30 und was mit 40 Jahren?«

Ihre Antwort: ____________________

....

»Sind Sie bereit umzuziehen, falls unser Unternehmen den Standort wechselt?«

Ihre Antwort: ____________________

....

»Wie viele Fehltage eines Mitarbeiters sind Ihrer Meinung nach vertretbar? Und wie viele bei über 50-Jährigen?«

Ihre Antwort: ____________________

....

»Wie war Ihre bisherige Zusammenarbeit mit Mitarbeitern und Kollegen?«

Ihre Antwort: ____________________

....

»Was haben Sie für Ihre Weiterbildung in den letzten vier Jahren getan?«

Ihre Antwort: ____________________

Vorurteile gar nicht erst aufkommen lassen

Sie müssen als 50-plus-Bewerber damit leben, dass man bestimmte Vorurteile gegenüber dieser Bewerbergruppe hat. Durch die Darstellung Ihrer beruflichen Erfolge und eine aussagekräftige Ausgestaltung Ihrer Selbstpräsentation lassen Sie Vorurteile jedoch gar nicht erst aufkommen. Aber rechnen Sie immer damit, dass man Sie im Vorstellungsgespräch noch einmal mit Vorurteilen konfrontiert. Man will überprüfen, wie stressresistent Sie sind und inwieweit Sie sich mit sich selbst auseinandergesetzt haben. Reagieren Sie auf Unterstellungen und Provokationen gelassen, indem Sie nicht darauf eingehen. Verweisen Sie immer wieder auf Ihre beruflichen Erfolge und belegen Sie mit konkreten Beispielen, dass der neue Arbeitgeber noch viel von Ihnen zu erwarten hat.

AUF EINEN BLICK

Bewerben mit 50-plus

- → Auch als 50-plus-Bewerber haben Sie gute Chancen im Bewerbungsverfahren.
- → Sie müssen als 50-plus-Bewerber mit unausgesprochenen Vorurteilen rechnen. Entkräften Sie Vorurteile, indem Sie Ihre bisherige Entwicklung als Erfolgsstory aufbereiten.
- → Ungeschickte Formulierungen im Anschreiben oder im Vorstellungsgespräch rufen Vorurteile bei Personalverantwortlichen hervor.
- → Problemorientierung und Vergangenheitsfixierung wirft Sie ganz aus dem Bewerberrennen.
- → Hüten Sie sich vor Generationenkonflikten in Vorstellungsgesprächen. Tauchen Sie nicht zu tief in die Vergangenheit ein.
- → Wenn Sie im Vorstellungsgespräch mit ausgesprochenen Vorurteilen konfrontiert werden, soll Ihre Stressresistenz überprüft werden.

→ Verweisen Sie auf Ihre beruflichen Erfolge und geben Sie Beispiele dafür, dass von Ihnen auch künftig noch viel zu erwarten ist.

36. Englisch: Die neue Herausforderung im Job-Interview

Immer häufiger erreichen uns in unserer Beratungspraxis Anfragen von Kunden, die sich auf Job-Interviews in englischer Sprache vorbereiten wollen. In Zeiten globalisierter Arbeitsprozesse ist dies auch kaum verwunderlich. Einige unserer Kunden wollen sich bei deutschen Tochterunternehmen US-amerikanischer Konzerne bewerben. Andere möchten für asiatische Konzerne in Europa tätig werden. Wiederum andere streben eine Position im Ausland an. Und dann gibt es auch noch Unternehmen in Deutschland, die sich für Englisch als Geschäftssprache entschieden haben und deshalb bei ihrer Bewerberauswahl englische Job-Interviews einsetzen.

Internationale Personalgewinnung

Job-Interviews auf Englisch haben in den letzten Jahren stark zugenommen. Betraf dies früher hierzulande überwiegend (deutschsprachige) Bewerber, die in den USA, in Großbritannien, in Kanada, Australien oder Neuseeland arbeiten wollten, ist es mittlerweile anders geworden. Die ursprüngliche Gruppe der Auslandsbewerber gibt es natürlich immer noch. Aber zusätzlich gibt es heutzutage eine weitere Gruppe von Bewerbern, die sich englischen Job-Interviews stellen muss, allerdings direkt in Deutschland oder Europa. Festzuhalten bleibt also, dass der Einsatz der englischen Sprache bei der Personalauswahl in dem Maße zugenommen hat, in dem die Personalgewinnung internationaler geworden ist.

Europaweit tätige Personalberatungen führen daher Auswahlgespräche mit deutschen Kandidaten auf Englisch. Auch international tätige deutsche Unternehmen wollen sicherstellen, dass zukünftige Mitarbeiter sich auf Englisch verständigen können. Tochterunternehmen amerikanischer Konzerne, die in Deutschland angesiedelt sind, benutzen zwar im Arbeitsalltag häufig die deutsche Sprache. Bei direkten Kontakten zum US-Headquarter oder bei internationalen Meetings, ist dann aber ebenfalls Englisch gefragt. Da also Englisch im Arbeitsalltag eine immer größere Rolle spielt, werden mittlerweile englische Job-Interviews in Deutschland viel häufiger als früher eingesetzt.

Die wichtigsten Fragenkomplexe im Überblick

Selbstpräsentation auch auf Englisch ausarbeiten

Es ist wichtig, mit genügend Material in das englische Job-Interview zu gehen. Eine gut ausgearbeitete Selbstpräsentation auf Englisch ist auch hier ein hervorragender Sicherungsanker. Darüber hinaus sollten Sie sich schon vorab mit typischen Fragen intensiv beschäftigen. Die folgende Übersicht zeigt Ihnen die verschiedenen Themenbereiche, die in englischen Job-Interviews angesprochen werden. Es erwarten Sie Fragen aus diesen Bereichen:

Fragen zur beruflichen Qualifikation:

- → **Why should we give you the job? (Warum sollten wir gerade Sie einstellen?)**
- → **What can you do for us? (Was können Sie für uns leisten?)**
- → **Are you customer-oriented? (Verfügen Sie über Kundenorientierung?)**
- → **How good are your PC skills? (Wie gut sind Ihre PC-Kenntnisse?)**

Fragen zum Unternehmen:

- → **What do you know about our company? (Was wissen Sie über unsere Firma?)**

Fragen zur persönlichen Qualifikation:

- → **How do you cope with change? (Wie gehen Sie mit Veränderungen um?)**
- → **How do you motivate yourself for work duties? (Wie motivieren Sie sich für berufliche Aufgaben?)**
- → **Do you have a realistic self-image? (Ist Ihr Selbstbild realistisch?)**

→ **How do you deal with conflict?**
(Kennen Sie Ihr Konfliktverhalten?)

Fragen zur Führungserfahrung:

→ **What kind of people manager are you?**
(Wie führen Sie Ihre Mitarbeiter?)

BEISPIEL

Beispielfragen und -antworten

Wir stellen Ihnen zu jedem Themenbereich zwei englische Fragen vor. Bitte beantworten Sie zunächst die Fragen, bevor Sie einen Blick auf unsere Beispielantworten werfen. Gleichen Sie Ihre Antworten ab. Modifizieren Sie bei Bedarf Ihre Antworten anhand unserer gelungenen Beispiele. Überlegen Sie sich zusätzlich individuelle Belege mit Praxisbezug, mit denen Sie Ihre Antworten plausibel ausgestalten können.
»What made you apply for this job in particular?«

Ungünstige Antwort: I read your job advertisement, and I'm very interested in the position.

Gelungene Antwort: When I read your job advertisement, I realized it was describing me. My present duties include calculating costs and soliciting quotations. I worked on a project where we achieved better supply chain integration through the selection of suppliers. I have several years' experience in the areas of billing control, scheduling and data administration. I was particularly interested in the close liaison with field staff that you mentioned in the advertisement.

»Could you summarize your background in a few sentences?«

Ungünstige Antwort: Well, after finishing Hauptschule I was unhappy with the situation, so I went back to school and did my Realschule leaving certificate. Then I did an apprenticeship as an electrical engineer. When I finished my apprenticeship, the firm didn't keep me on. I was able to get a service job with another firm. Now I'm responsible for service tasks and also have to travel a bit.

Gelungene Antwort: After completing Realschule I decided to do an apprenticeship as an electrical engineer. Even as a trainee I took on service contracts independently. I realized that I was good at fault spotting and problem analysis in clients' systems. With my current employer I'm in charge of PLC programming for machines and preparing documentation and manuals. Also, my work includes commissioning machines for clients. I have a talent for building a good relationship with clients' operating crews, so lately I've taken over responsibility for briefing clients on site, too.

»What are your strengths?«

Ungünstige Antwort: I'm highly motivated, flexible and a team player.

Gelungene Antwort: I can produce good work under pressure – for example, I was able to keep on top of day-to-day work during the changeover to a new computer system. Our customers weren't even aware of the huge restructuring task that was under way. Another of my strengths is my knowledge of different aspects of the company's work. Alongside my usual office duties I frequently took on special interdepartmental tasks like product optimisation.

»What can you do to take our company forward?«

Ungünstige Antwort: I can work hard and produce good results.

Gelungene Antwort: I'm keen to give you the benefit of my experience in interdepartmental liaison. Through discussions with colleagues I have been able to reduce processing times in my company. My keen market awareness will also be useful to you.

→ FORTSETZUNG AUF DER NÄCHSTEN SEITE

»What contribution can you make in your field of work to help us win more customers?«

Ungünstige Antwort: I think I would advocate price reductions.

Gelungene Antwort: In production it's very important that no products leave the hall with defects of any kind. In previous jobs I've been involved in quality assurance groups. So I know that we in production have to report back if manufacturing stages become so complicated that errors can occur. If we in production take care, the quality and reliability of our products can be improved – and then more customers will want them.

»In your view, what do customers value about our products/ services?«

Ungünstige Antwort: Well, people can't do their own tax returns these days, it's all too complicated. People need a tax adviser.

Gelungene Antwort: That they feel they're thoroughly taken care of. You offer a comprehensive service in your tax consultancy. Not just taxation advice, but also bookkeeping, company start-ups, help with inheritance issues and even property management. Clients get a complete package.

»Which applications do you use for which tasks?«

Ungünstige Antwort: The ones that are appropriate – a word-processing application for letters and other suitable software.

Gelungene Antwort: I work with Microsoft Office on a daily basis – Word for correspondence, Excel for statistics and PowerPoint for presentations. On top of that, I also use specialist measuring and calculating software.

»How did you acquire your software knowledge?«

Ungünstige Antwort: As I went along, by trial and error. I would have liked more support from my company. I'm sure I could do a lot more with the software if only I knew how.

Gelungene Antwort: I taught myself to use Word with the help of tutoring CDs in my own time. The same goes for Power-Point. To learn Excel, I did an advanced course at evening school. To learn my company's specialist software, I did in-house training.

»What impression do you have of our company?«

Ungünstige Antwort: A very good one so far. But I'll be working in the field, in any case.

Gelungene Antwort: A very professional impression. There's an efficient, friendly atmosphere here. If I were a prospective customer, I would feel I was in good hands.

»Where did you hear of our company?«

Ungünstige Antwort: From the job advert. That was the first time I heard of you.

Gelungene Antwort: I've known of your company for several years. My first contact with you was at a trade fair. After that I often came across articles about you. I've been impressed time and again by your company's spirit of innovation.

»Have you ever experienced budget cuts in your own workplace? How did you cope with them?«

Ungünstige Antwort: Budget cuts are a fact of life, even if they do cause a lot of disruption.

Gelungene Antwort: It isn't easy when your budget is cut time after time. In my department we lost two out of ten jobs. The remaining colleagues had to divide up the work between them. Of course, that meant more work for everyone, but the workload was still manageable. Our advertising budget was cut as

→ FORTSETZUNG AUF DER NÄCHSTEN SEITE

well. Together with the rest of the team I made sure that the remaining budget was only used for selected advertising channels with a high attention value.

»Give me two examples of your professional flexibility.«

Ungünstige Antwort: I had to relocate for my last employer, and I even had to cancel my leave once.

Gelungene Antwort: I've often covered for colleagues, once for an extended period. And I've taught myself to use new software more than once.

»What prompted your choice of training/university course?«

Ungünstige Antwort: I wasn't sure what I wanted to do. School doesn't really help you to make those kinds of decisions about your future career. So my choice was a bit random.

Gelungene Antwort: At school I always had a strong interest in technical subjects/creative subjects/languages/science. I used my work placements to get a taste of different careers that might interest me and get my first real-world experience. I made my final decision after finding out about the career possibilities that training/a degree in ... would open up to me.

»What motivates you in your daily work?«

Ungünstige Antwort: I tell myself that I have to pay the rent one way or another.

Gelungene Antwort: I find it motivating to see things progressing. I like to set myself goals in my work. So I worked together with the customer service team to respond better to customers' wishes. It was a difficult task, but the positive feedback from customers encouraged me.

»What are your strengths and weaknesses?«

Ungünstige Antwort: I have a good sense of what is achievable. My particular strengths are positive thinking, optimism without naivety and commitment. My weaknesses include the fact that I can be direct and stubborn. I'm always honest, but sometimes I'm not diplomatic enough.

Gelungene Antwort: My strengths include teamwork. I have a good understanding of the processes involved in product management and know how I can best use the talents of the people involved. When there's a heavy workload, I can motivate others by making sure they understand how important their contribution is to the team's results. In addition, my good head for figures has always helped me to draw the right conclusions from market research. My weakness is that I'm a bit too direct, sometimes. I need to learn that departmental diplomacy is important to get a project started.

»How will you approach your new colleagues?«

Ungünstige Antwort: I hope that my new colleagues will like me and won't be difficult.

Gelungene Antwort: I'll try to establish a personal connection with each of my colleagues. That leads to better teamwork. Everyone has their favourite subjects that they like to talk about. I'll find out how things work and then help to get the job done.

»What would the people in your present team criticise about you?«

Ungünstige Antwort: Not a lot, I hope. But you never really know what your colleagues think of you.

Gelungene Antwort: Perhaps that I don't like to discuss the same point ten times. I know that it's important to consult people, but I do like things to keep moving forward.

→ FORTSETZUNG AUF DER NÄCHSTEN SEITE

»How do you deal with criticism?«

Ungünstige Antwort: In an open-minded, honest way. That's what's expected.

Gelungene Antwort: I listen to the criticism carefully. It can be helpful. It needs to be given in a constructive way, though. If I think the criticism isn't justified, I try to discuss the matter with the person in private. Most ill-feeling can be diffused in that way.

»What management principles do you apply?«

Ungünstige Antwort: I think that humanity, expressed through intuition and empathy, is the key factor in situational management. Strong leadership needs to take a back seat to flexibility. Knowledge of human nature isn't entirely something you can learn, though. You still need a certain amount of natural leadership talent.

Gelungene Antwort: I've achieved good results with management by objectives. Employees appreciate having clear goals to work towards but freedom in how they achieve them. It's also important to back up your staff and get involved yourself, so as to keep things going in the right direction.

»What positive comments would your present staff make about you? What negative comments would they make?«

Ungünstige Antwort: It would depend on which staff members you asked. There's always a troublemaker in the team. I think most of them would be very pleased with me, a few of them less so, but you have to put up with that as the manager.

Gelungene Antwort: My staff would say that I'm always ready with advice and practical assistance, that I give them sufficient autonomy, and that they can rely on me. Sometimes, they grumble when I want results quickly. But they know that I won't set unattainable goals.

Weitere Fragen für Ihre Vorbereitung, einschließlich ausgearbeiteter Selbstpräsentationen und 400 misslungener und gelungener Beispielantworten, finden Sie in unserem Ratgeber »Das überzeugende Vorstellungsgespräch auf Englisch. Die 200 entscheidenden Fragen und die besten Antworten«.

Noch mehr Fragen und Antworten

Das Job-Interview auf Englisch

AUF EINEN BLICK

→ Englischsprachige Job-Interviews werden mittlerweile häufiger in Deutschland eingesetzt, da auch die Personalgewinnung immer internationaler wird. Gerade Führungskräfte müssen sich dieser neuen Herausforderung stellen.

→ Arbeiten Sie Ihre Selbstpräsentation auch in englischer Sprache aus – so haben Sie im Vorstellungsgespräch einen Sicherungsanker.

→ Bereiten Sie sich auf Fragen aus den folgenden Bereichen vor:
- Fragen zur beruflichen Qualifikation
- Fragen zum Unternehmen
- Fragen zur persönlichen Qualifikation
- Fragen zur Führungserfahrung

→ Indem Sie Ihre Antworten trainieren, verfügen Sie bald über ein breites Repertoire an Formulierungen, die Sie im Vorstellungsgespräch anpassen können.

Teil VI

Arbeitszeugnisse für Führungskräfte

37. So sind Arbeitszeugnisse aufgebaut

Bevor wir mit Ihnen in die Feinheiten und Details einsteigen, möchten wir erst einmal für Orientierung sorgen und Ihnen Struktur und Aufbau von Zeugnissen erläutern. Sowohl Arbeits- als auch Zwischenzeugnisse werden nach einem grundlegenden Muster erstellt, das verschiedene Elemente beinhaltet – und wenn Sie diese kennen, wird es Ihnen auch deutlich leichter fallen, Ihre eigenen Zeugnisse besser zu verstehen.

Die Bestandteile eines qualifizierten Arbeitszeugnisses

Ein sogenanntes qualifiziertes Arbeitszeugnis besteht im Idealfall aus verschiedenen, standardisierten Bestandteilen. Einfache Zeugnisse, die nur den Namen, den Beschäftigungszeitraum und die ausgeübte Position enthalten, auf detaillierte Bewertungen und erläuternde Beschreibungen hingegen verzichten, sind mittlerweile unüblich. Sie sollten daher immer ein qualifiziertes Arbeitszeugnis verlangen - und das sollte die folgenden Bestandteile enthalten:

- → **Firmenbriefkopf**
- → **Überschrift**
- → **Einleitung**
- → **Aufgabenbeschreibung**
- → **einzelne Leistungsbeurteilungen:**
  - **Arbeitswille / Arbeitsmotivation**
  - **Arbeitsbefähigung**
  - **Fachwissen und Weiterbildung**
  - **Arbeitsweise**
  - **Arbeitserfolg**
  - **(eventuell) besondere Erfolge**
  - **(eventuell) Führungsverhalten**
- → **zusammenfassende Leistungsbeurteilung**
- → **Sozialverhalten:**
  - **intern**

  - **extern**
  - **(eventuell) Besonderheiten im Sozialverhalten**
- → **Schlussformulierungen:**
  - **Kündigungsgrund**
  - **(möglichst) Dankes-Bedauerns-Formel**
  - **(möglichst) Zukunftswünsche**
- → **Ort und Datum**
- → **zuständiger Zeugnisaussteller**

Verhandeln Sie mit der Personalabteilung bei fehlenden Details

Nicht auf alle hier vorgestellten Bestandteile haben Sie einen rechtlichen Anspruch, aber mit etwas Verhandlungsgeschick gegenüber der Personalabteilung (siehe auch das Kapitel »Strittige Fälle – Ihre Rechte als Arbeitnehmer«) und dem Verweis auf heute übliche Standards ist es in der Regel problemlos möglich, ein Zeugnis zu bekommen, das alle aufgeführten Elemente enthält. Aber was ist nun unter den Elementen im Einzelnen zu verstehen?

Firmenbriefkopf: Arbeitszeugnisse unterliegen nicht nur inhaltlichen, sondern auch formalen Standards. Zu diesen Formalien gehört, dass Ihr Zeugnis auf dem üblichen Firmenbriefpapier erstellt werden muss. Würde die Firma Ihr Zeugnis auf ein einfaches Blatt Papier drucken, wäre dies eine offensichtliche Geringschätzung Ihrer Person und Ihrer Arbeitsleistung. Daher ist das offizielle Firmenbriefpapier Pflicht.

Überschrift: Gängige Überschriften lauten »Zeugnis« oder »Arbeitszeugnis«. Dabei spielt es keine Rolle, ob die Überschrift in Großbuchstaben, gesperrt – also jeweils mit einem Leerzeichen zwischen den Buchstaben – oder ohne ein besonderes Format gestaltet wird. Sie wird in der Regel zentriert oder linksbündig gesetzt. Zwischenzeugnisse bekommen die entsprechende Überschrift »Zwischenzeugnis«. Die Überschriften »Arbeitsbescheinigung« oder »Mitarbeiterbeurteilung« sollten Sie hingegen keinesfalls akzeptieren. Im ersten Fall handelt es sich um eine unzulässige Abwertung, und der zweite Fall bezeichnet kein Arbeitszeugnis, sondern vielmehr eine (turnusmäßige) Personalbeurteilung, die ganz anderen Vorgaben unterliegt als ein Zeugnis.

Achten Sie auf stimmige Datumsangaben

Einleitung: Eine übliche Einleitung enthält Vor- und Zunamen des Mitarbeiters sowie – das Einverständnis vorausgesetzt – üblicherweise auch das Geburtsdatum und den Geburtsort. Die Angaben zum Eintritts- und Austrittstermin müssen korrekt sein, also den vertraglichen Vereinbarungen entsprechen. Personalverantwortliche werden häufig misstrauisch, wenn es sich beim Austrittstermin um ein »krummes« Datum, also nicht das Monatsende, handelt. Dann drängt sich schnell die Frage nach einer fristlosen Kündigung auf. Es kann aber auch sein, dass der Mitarbeiter einvernehmlich freigestellt wurde, um früher bei der neuen Firma anzufangen. Das sollte dann aber auch beim Kündigungsgrund am Ende des Zeugnisses deutlich gemacht werden. Geeignete sowie missverständliche Formulierungen für Einleitungen finden Sie in den Beispielzeugnissen und in der Zusammenstellung »Formulierungen für Zeugniseinleitungen« ab Seite 185.

Ihre Aufgaben müssen aussagekräftig beschrieben werden

Aufgabenbeschreibung: Die Aufgabenbeschreibung ist eines der wesentlichen Elemente Ihres Arbeitszeugnisses. Leider ist sie meist oberflächlich verfasst und damit nicht sehr aussagekräftig. Es lohnt sich also allemal, Verbesserungen vorzuschlagen. Bei der Optimierung Ihrer Aufgabenbeschreibung können Sie mit dem geringsten Widerstand rechnen: Die Firmen zeigen sich hier üblicherweise entgegenkommend. Neben den einzelnen Punkten sollten Sie aber auch die Einleitung Ihrer Aufgabenbeschreibung überprüfen. Welche Formulierungen missverständlich und welche gelungen sind, erfahren Sie im Kapitel »Die Aufgabenbeschreibung – der Kern Ihres Arbeitszeugnisses« und anhand der Beispielzeugnisse.

Einzelne Leistungsbeurteilungen: Nachdem die Aufgaben beschrieben worden sind, werden Ihre Leistungen bewertet. Das geschieht mithilfe ausgeklügelter einzelner Leistungsbeurteilungen, bei denen meist zwischen den folgenden Aspekten unterschieden wird: Arbeitsmotivation, Arbeitsbefähigung, Fachwissen und Weiterbildung, Arbeitsweise und Arbeitserfolg. Eventuell kann es auch die Rubrik »Besondere Erfolge« geben, und wer Führungsverantwortung innehatte, wird in diesem Block auch Angaben zu seinem Führungsverhalten finden. Schwierigkeiten macht den meisten die Unterscheidung von Arbeitswille und Arbeitsbefähigung. Wenn Sie Arbeitsbefähigung jedoch mit Arbeitskönnen übersetzen, dann können Sie relativ leicht nachvollziehen, dass es zunächst um das Wollen und dann um das Können geht – und diese beiden Beschreibungen sind nicht immer deckungsgleich. So mancher will mehr, als er letztendlich kann. Damit Ihre einzelnen Leistungsbeurteilungen in allen genannten Punkten überzeugen, haben wir in der Zusammenstellung »Formulierungen für einzelne Leistungsbeurteilungen« ab Seite 188 Dutzende von überzeugenden und kritischen Bewertungen aufgeführt.

Zusammenfassende Leistungsbeurteilung: Eine zusammenfassende Leistungsbeurteilung wie »Sie hat die ihr übertragenen Aufgaben stets zu unserer vollen Zufriedenheit erfüllt« hat wohl fast jeder Arbeitnehmer schon einmal gehört. Es handelt sich bei der zusammenfassenden Leistungsbeurteilung also um einen Schlüsselsatz, der in aller Kürze Auskunft über die Arbeitsleistung gibt. Dieser Schlüsselsatz sollte natürlich möglichst positiv sein. Was dabei zu beachten ist, zeigt Ihnen die Zusammenstellung »Formulierungen für zusammenfassende Leistungsbeurteilungen« ab Seite 212.

Sozialverhalten: Beim Sozialverhalten geht es nicht um Ihre Leistung, sondern um Ihr Verhalten gegenüber Firmenangehörigen wie Vorgesetzten und Mitarbeitern, aber auch um Ihr Verhalten gegenüber Außenstehenden, also insbesondere gegenüber Kunden und Geschäftspartnern. Da das Schlagwort Kundenorientierung mehr als nur ein Modewort ist, sollten die Angaben zu Ihrem Sozialverhalten überzeugen. Abgesehen von der generellen Beurteilung werden gelegentlich auch Besonderheiten im Sozialverhalten vermerkt. Beispielbeurteilungen zum Sozialverhalten finden Sie in der Zusammenstellung »Formulierungen für das Sozialverhalten« ab Seite 215.

Wichtig: Warum haben Sie die Firma verlassen?

Schlussformulierungen: Zu den Schlussformulierungen zählen der Kündigungsgrund, die sogenannte Dankes-Bedauerns-Formel und die Wünsche für die Zukunft. Für neue Arbeitgeber ist es wichtig zu wissen, warum Sie die alte Firma verlassen haben. Haben Sie selbst gekündigt, gab es eine betriebsbedingte Kündigung oder war das Arbeitsverhältnis von Anfang an befristet? Auch die Dankes-Bedauerns-Formel taucht in den meisten Arbeitszeugnissen auf. Man dankt Ihnen und bedauert Ihren Weggang, aber auch dabei gibt es feine Unterschiede, die Sie kennen sollten. Gleiches gilt für die Zukunftswünsche: Wünscht man Ihnen für die Zukunft – etwas hämisch – »Glück« oder vielmehr »weiterhin viel Erfolg«? In der Übersicht »Schlussformulierungen« am Ende dieses Ratgebers ab Seite 222 erläutern wir Ihnen die Feinheiten, die es hier zu beachten gilt.

Idealfall: Ausstellungsdatum gleich Austrittsdatum

Ort und Datum: Der Ausstellungsort und das korrekte Datum gehören ebenfalls zu den formalen Aspekten des Arbeitszeugnisses. Das Tagesdatum sollte im Idealfall dem Austrittsdatum entsprechen. Es kommt aber nicht selten vor, dass Zeugnisse erst nach langem Hin und Her mit einer mehrmonatigen Verspätung ausgestellt werden. Auch in diesem Fall sollten Sie darauf bestehen, dass das Ausstellungsdatum und das Austrittsdatum übereinstimmen. So vermeiden Sie unnötige Spekulationen darüber, ob es womöglich einen Prozess vor dem Arbeitsgericht gegeben hat und Ihr Zeugnis deswegen erst so spät ausgestellt worden ist. Ob Ort und Datum am Anfang oder am Ende des Zeugnisses aufgeführt werden, spielt keine Rolle.

Die Ansprüche steigen, wenn ein Personalentscheider unterschreibt

Zuständiger Zeugnisaussteller: Es gilt die Regel, dass Arbeitszeugnisse von einem in der betrieblichen Hierarchie höherstehenden Mitarbeiter unterzeichnet werden müssen. Es ist also problematisch, wenn der Außendienstmitarbeiter Nord das Zeugnis des Außendienstmitarbeiters West unterzeichnet – in diesem Beispiel wäre das die Aufgabe des Vertriebsleiters. Oft unterschreiben sowohl der Fachvorgesetzte als auch jemand aus der Personalabteilung. Diese doppelten Unterschriften steigern die Glaubwürdigkeit des Zeugnisses. Aber Achtung: Wenn Personalverantwortliche mit unterschrieben haben, steigen die Ansprüche an das Zeugnis. Denn in diesem Fall unterstellen andere Personalentscheider, dass der Profi aus der Personalabteilung genau weiß, was er Außenstehenden über die beurteilte Person mitteilt und mitteilen möchte.

Die theoretischen Grundlagen von Arbeitszeugnissen kennen Sie nun. Im folgenden Kapitel wechseln wir vollständig zur Praxis. Wir stellen Ihnen fehlerhafte, missverständliche oder zu knappe Zeugnisse aus den verschiedensten Berufsbranchen vor, die wir ausführlich kommentieren. Anschließend werden wir die Zeugnisse in einer verbesserten Version zeigen. Profitieren Sie von den Fehlern anderer, lernen Sie, die Feinheiten der Zeugnissprache zu durchschauen, und nutzen Sie Ihr neues Wissen, um Ihre eigenen Arbeitszeugnisse optimal zu gestalten.

38. Beispielzeugnisse

Beispiel 1: Zeugnis Vertriebsleiter

Zeugnis

Herr Arthur Michalewski, geboren am 23. August 1976 in Warschau, trat am 01. Januar 2013 als Vertriebsleiter Europe in unser Unternehmen ein. Am 15. März 2016 übertrugen wir ihm zusätzlich die Leitung des Bereiches Marketing Europe. Herr Michalewski berichtete direkt an den General Manager.

Zunächst wurden Herrn Michalewski als Vertriebsleiter Europe folgende Aufgaben im Bereich Vertrieb und Sales übertragen: Betreuung von Schlüsselkunden, Markteinführung neuer Produkte, Erschließung zusätzlicher Absatzpotenziale, Überprüfung und Bewertung durchgeführter Vertriebs- und Marketingmaßnahmen, Benchmarking, Außendienst und Information über Vertriebsaktivitäten.

Seit dem 15. März 2016 war er zusätzlich auch im Marketing für diese Aufgaben verantwortlich: Planung der Marketingaktivitäten, Budgetierung der Marketingaktivitäten, Steuerung der Marketingaktivitäten, Umsetzung der Marketingaktivitäten, Budgetplanung, Konzeption des Kommunikations-Mixes, Planung von Werbemaßnahmen, Erstellung von Analysen und Direktmarketing.

Herr Michalewski war motiviert und zeigte eine zufriedenstellende Arbeitsbefähigung. Er war ein sachkundiger Mitarbeiter, der einen sorgfältigen und effizienten Arbeitsstil pflegte. Die Qualität seiner Arbeit war gut. Hervorzuheben ist sein hoher persönlicher Einsatz.

Herr Michalewski verstand es, seine Mitarbeiter zu motivieren. Aufgrund seines strukturierten, sachlichen und verbindlichen Führungsstils führte er seine 15 Mitarbeiter zu hohen Leistungen und erzeugte ein gutes Betriebsklima. Herr Michalewski hat seine Aufgaben zu unserer vollen Zufriedenheit erfüllt und unseren Erwartungen in jeder Hinsicht entsprochen.

Sein Verhalten gegenüber Vorgesetzten, Kollegen und Mitarbeitern war stets gut. Auch bei unseren Geschäftspartnern genoss er stets ein jederzeit hohes Ansehen. Positiv hervorzuheben ist seine ausgeprägte Kommunikationsstärke.

→ FORTSETZUNG AUF DER NÄCHSTEN SEITE

Herr Michalewski verlässt unser Unternehmen zum 31. Juli 2014 auf eigenen Wunsch. Mit dem Weggang von Herrn Michalewski verlieren wir durchaus einen Leistungsträger. Wir wünschen diesem Mitarbeiter alles Gute.

Frankfurt, 31. Juli 2019

Annika Liiv
Personalleiterin

Der äußerst erfolgreiche Vertriebsleiter Arthur Michalewski ist von einem Headhunter an ein anderes Unternehmen vermittelt worden. Nun bekommt er vom alten Arbeitgeber sein Arbeitszeugnis und traut seinen Augen nicht. Von seinem maximalen Einsatzwillen und seiner überdurchschnittlichen Leistungsbereitschaft findet sich in diesem Zeugnis nichts wieder.

Die Unterschrift des General Managers fehlt

Wenn Führungskräfte direkt der Geschäftsführung oder dem Vorstand zuarbeiten – so wie es hier im Einleitungsabsatz mit dem Satz »Herr Michalewski berichtete direkt an den General Manager« kenntlich gemacht wird – wandert der Blick eines Zeugnisprofis gleich zu den Unterschriften am Ende. Denn dann ist es ein Gebot der Wertschätzung, dass der Top-Manager, dem zugearbeitet wurde, das Zeugnis auch selbst unterschreibt. Hier hat aber nur die Personalleiterin Annika Liiv unterschrieben. Das verheißt nichts Gutes.

Unübersichtliche Struktur der Aufgabenbereiche

Obwohl Herr Michalewski zunächst als »Vertriebsleiter Europe« und später noch zusätzlich als »Leiter des Bereiches Marketing Europe« für zahlreiche Aufgaben verantwortlich war, wirken die beiden Blöcke zu den Aufgabenbeschreibungen sehr unübersichtlich. Statt die einzelnen Tätigkeiten in Form einer Aufzählung untereinanderzuschreiben, ist hier alles dicht zusammengerückt worden. Sollte das gesamte Zeugnis krampfhaft auf eine Seite passen? Will man damit zum Ausdruck bringen, dass es über diese Führungskraft eigentlich nicht viel mitzuteilen gibt?

Schlüsselwörter wie »stets« oder »immer« tauchen nicht auf

In Arbeitszeugnissen müssen Schlüsselwörter wie »stets«, »jederzeit« oder »immer« auftauchen, sonst ist etwas faul. Hier fehlen diese Schlüsselwörter in den einzelnen Leistungsbeurteilungen völlig. Herr Michalewski war nur »motiviert«, aber nicht »stets motiviert«. Er war »sachkundig«, aber nicht »jederzeit sachkundig«, und er pflegte einen »sorgfältigen« (pedantischen?) »und effizienten Arbeitsstil«, aber nicht »immer«. Damit sind alle einzelnen Leistungsbeurteilungen in den Notenstufen befriedigend bis ausreichend angesiedelt. Problematisch ist auch der Hinweis auf das »gute Betriebsklima«: Das meint nämlich, dass zwar die Stimmung in seiner Abteilung stets gut war, aber nichts erreicht wurde. Sonst hätte man nämlich »Arbeitsklima« schreiben müssen.

Der Block Sozialverhalten fällt aus dem Rahmen, denn er entspricht plötzlich der Note gut. Ein typisches Ablenkungsmanöver, um den Beurteilten zufrieden zu stellen. Insgesamt wird in diesem Zeugnis der Eindruck vermittelt, dass Herr Michalewski zwar ein netter Kerl war, aber nichts konnte.

Zeugnis

Herr Arthur Michalewski, geboren am 23. August 1976 in Warschau, trat am 01. Januar 2013 als Vertriebsleiter Europe in unser Unternehmen ein. Am 15. März 2016 übertrugen wir ihm zusätzlich die Leitung des Bereiches Marketing Europe. Herr Michalewski berichtete direkt an den General Manager. Mit Eintritt in unser Unternehmen wurde ihm Handlungsvollmacht erteilt.

Zunächst wurden Herrn Michalewski als Vertriebsleiter Europe folgende Aufgaben im Bereich Vertrieb und Sales übertragen:

- Betreuung bestehender und Gewinnung neuer Schlüsselkunden
- Strategische Sales-Aktivitäten (Entwicklung und Umsetzung mittel- und langfristiger Marktstrategien)
- Markteinführung neuer Produkte einschließlich Schulung der Außendienstmitarbeiter
- Erschließung zusätzlicher Absatzpotenziale
- Überprüfung und Bewertung durchgeführter Vertriebs- und Marketingmaßnahmen
- European Benchmarking
- Außendienststeuerung
- Personalauswahl
- Optimierung der Informations- und Arbeitsabläufe innerhalb des Vertriebsbereiches und mit den beteiligten Bereichen des Unternehmens

Seit dem 15. März 2016 war er zusätzlich auch als Leiter im Bereich Marketing Europe für diese Aufgaben verantwortlich:

- Planung, Budgetierung, Steuerung und Umsetzung aller Marketingaktivitäten einschließlich Messen und Events

- Durchführung der jährlichen Marketingbudgetplanung
- Konzeption und Koordination des B2B- und B2C-Kommunikations-Mixes
- Planung innovativer und kreativer B2B- und B2C-Werbemaßnahmen einschließlich zielgruppenorientierter Durchführung
- Erstellung von Markt-, Wettbewerber- und vergleichenden Produktanalysen
- Ausbau des Direktmarketings und Aufbau des Online-Marketings einschließlich Erfolgskontrolle

Herr Michalewski überzeugte als dynamische Fach- und Führungskraft, die stets eine gute Einsatzbereitschaft zeigte. Die Anforderungen der anspruchsvollen Position und die Belastungen durch den europaweiten hohen Reiseanteil bewältigte er auch bei hohem Arbeitsanfall immer gut. Das Unternehmen profitierte hervorragend von seinem detaillierten Fachwissen und seiner langjährigen, umfassenden Branchenerfahrung. Herr Michalewski war ein systematisch und pragmatisch vorgehender Mitarbeiter, der seine Aufgaben selbstständig, innovativ und effizient bearbeitete. Die Qualität seiner Arbeit erfüllte stets hohe Ansprüche. Hervorzuheben sind sein hoher persönlicher Einsatz und sein ausgeprägtes unternehmerisches Denken und Handeln, was in dem von ihm verantworteten Bereich zur konsequenten Erschließung neuer Absatzpotenziale und damit zu weit überdurchschnittlichem Umsatzwachstum führte.

Herr Michalewski war als Vorgesetzter anerkannt und geschätzt. Aufgrund seines strukturierten, sachlichen und verbindlichen Führungsstils führte er seine 15 Mitarbeiter zu durchgängig hohen Leistungen und erzeugte ein positives Arbeitsklima. Herr Michalewski hat seine Aufgaben stets zu unserer vollen Zufriedenheit erfüllt und unseren Erwartungen in jeder Hinsicht gut entsprochen.

Sein Verhalten gegenüber Vorgesetzten, Kollegen und Mitarbeitern war stets gut. Auch bei unseren Geschäftspartnern genoss er stets ein jederzeit hohes Ansehen. Positiv hervorzuheben sind seine ausgeprägte Kommunikationsstärke und seine gute Eignung für die Mitwirkung in internationalen Arbeitsgruppen.

Herr Michalewski verlässt unser Unternehmen zum 31. Juli 2019 auf eigenen Wunsch. Für die erfolgreiche und vertrauensvolle Zusammenarbeit danken wir ihm sehr und bedauern sein Ausscheiden. Für seinen weiteren Berufs- und Lebensweg wünschen wir ihm alles Gute und weiterhin viel Erfolg.

Vertriebs AG

Frankfurt, 31. Juli 2019

Ulrich Santjer
General Manager

Annika Liiv
Personalleiterin

Die neue Version des Zeugnisses ist rein formal und vom Umfang her angemessen. Übertragen auf Firmenbriefpapier werden hier wahrscheinlich rund drei DIN-A4-Seiten zusammenkommen. Diese Länge entspricht auch dem umfangreichen Aufgabengebiet von Herrn Michalewski, da er ab März 2016 für zwei Bereiche verantwortlich war. Aus formaler Sicht ist weiterhin korrekt, dass nun auch der General Manager, Ulrich Santjer, unterschrieben hat und somit zeigt, dass er – mit seinem Namen – hinter diesem Zeugnis steht.

Länge und Ausführlichkeit des Zeugnisses sind für eine Führungskraft angemessen

Bei überdurchschnittlich guten und erfolgreichen Führungskräften darf im Zeugnis auch deutlich werden, dass es sich um echte Leistungsträger handelt. Herr Michalewski hat in der Tat viele Aufgabenbereiche verantwortet und koordiniert. Falsche Bescheidenheit, also eine nur bruchstückhafte Aufzählung der vielen Aufgaben, wäre hier fehl am Platze. Auch wenn die beiden Aufgabenbeschreibungen sehr detailliert und fast zu ausführlich wirken, gilt dennoch: Hat eine Führungskraft sehr viele Aufgaben bewältigt, gehören auch alle (wesentlichen) Aufgaben ins Arbeitszeugnis! Die erbrachten Leistungen sollen sich schließlich auch hier angemessen widerspiegeln.

Im Gegensatz zum vorherigen schlechten Zeugnis ist nun an vielen Stellen ersichtlich, dass zu den Kernkompetenzen von Herr Michalewski auch die Internationalität gehört. So wurde aus dem einfachen »Benchmarking« ein »European Benchmarking«. In den einzelnen Leistungsbeurteilungen wird explizit auf »die Belastungen durch den europaweiten hohen Reiseanteil« hingewiesen. Und im Block zum Sozialverhalten am Ende des Zeugnisses heißt es jetzt neu: »Positiv hervorzuheben ist … seine gute Eignung für die Mitwirkung in internationalen Arbeitsgruppen«. Diese an verschiedenen Stellen im Zeugnis gegebenen konkreten Hinweise auf die internationale Parkettsicherheit von Herrn Michalewski sind überzeugend und prädestinieren ihn für neue internationale Vertriebs- und Marketingaufgaben.

Explizite Hinweise auf die internationale Parkettsicherheit

Die Beurteilungen zu seiner Einsatzbereitschaft fallen sehr gut aus und werden diesmal auch ausführlicher dargestellt. Auch die entsprechenden Füllwörter wie »stets« oder »immer« sind jetzt vorhanden. So wird er beispielsweise beschrieben als eine »dynamische Fach- und Führungskraft, die stets eine gute Einsatzbereitschaft zeigte«. Ebenfalls positiv an diesem Zeugnis ist der Satz, in dem Herr Michalewski als eine direkte Bereicherung für die Firma bezeichnet wird: »Das Unternehmen profitierte hervorragend von seinem detaillierten Fachwissen und seiner langjährigen, umfassenden Branchenerfahrung«. Das erzeugt bei Personalentscheidern die berechtigte Hoffnung, dass er auch für die neue Firma ein gewinnbringender Mitarbeiter sein wird.

Positive Bewertung des Führungsstils

Wer derart gekonnt auf vielen Hochzeiten tanzt, der braucht ein Team, das mitspielt und auf das er sich voll und ganz verlassen kann – und das gleichzeitig effizient und gut geführt wird. Das war bei Herrn Michalewski der Fall, und daher wird er im Block Führungsverhalten auch als ein Chef charakterisiert, der einen »strukturierten, sachlichen und verbindlichen Führungsstil« einsetzte und damit »seine 15 Mitarbeiter zu durchgängig hohen Leistungen« führte. Damit ist Herr Michalewski nicht nur ein ausgewiesener Vertriebsprofi, sondern auch ein vorbildlich agierender und anerkannter Vorgesetzter.

Das Sozialverhalten wird stimmig zu den sonstigen Noten bewertet

In dem Block Sozialverhalten hat sich zum vorhergehenden Zeugnis nicht allzu viel geändert. Der Umgang mit Kollegen und Kunden wird hier ebenfalls mit der Note gut bewertet: So wird sein Verhalten gegenüber Vorgesetzten und Kollegen als »stets gut« bezeichnet, und auch die Geschäftsbeziehungen zu den Kunden waren vorbildlich, denn er genoss »stets ein jederzeit hohes Ansehen«. Zusätzlich wird noch seine Kommunikationsstärke hervorgehoben.

Das Zeugnis macht klar: Bei Herrn Michalewski handelt es sich um einen ausgewiesenen Experten in den Bereichen Vertrieb und Marketing, der über ein überdurchschnittliches Potenzial verfügt. Da diese Stärken in der neuen Version auch deutlich hervorgehoben werden, ist das Abschlusszeugnis ein echter Karrierebaustein für seine weitere berufliche Entwicklung.

Beispiel 2: Zeugnis Leiterin Qualitätsmanagement

Zeugnis

Frau Christine Schmidt, geboren am 09. Mai 1969, war vom 01. Juni 2014 bis zum 30. Juni 2019 als Leiterin Qualitätsmanagement für unser Unternehmen tätig. Sie leitete in diesem Zeitraum die Abteilung Qualitätsmanagement und das Team Kundenkommunikation. Wegen ihrer überzeugenden Leistungen leitete sie ab dem 01. Januar 2017 zusätzlich auch die Teams Beschwerdemanagement und interne Kommunikation.

Zu ihren verantwortungsvollen Aufgaben gehörten im Wesentlichen:
- Steuerung und Optimierung des Qualitätsmanagements
- Definition der Qualitätsziele einschließlich Überprüfung der Zielerreichung
- Konzeption von Befragungen zur Kundenzufriedenheit
- Verantwortung für die Last Level-Bearbeitung (Inkasso, Rechtsanwälte)
- Ausarbeitung und Implementierung eines Trainingskonzeptes für die Servicemitarbeiter/-innen
- Schnittstelle zur Rechtsabteilung
- Bereichsübergreifender Aufbau interner Informationstools

Frau Schmidt überzeugte als dynamische Fach- und Führungskraft mit einer stets hohen Einsatzbereitschaft. Sie verfügt über umfassende und detaillierte Fachkenntnisse, die sie permanent auf dem neuesten Stand hielt. Weiterhin zeichnete sich Frau Schmidt durch ihre analytische, systematische und zuverlässige Arbeitsweise aus. Die Anforderungen der anspruchsvollen Position und die Belastungen durch den deutschlandweiten Reiseanteil bewältigte sie auch bei hohem Arbeitsanfall immer gut. Hervorzuheben sind ihr hoher persönlicher Einsatz und ihre Innovationsfähigkeit.

Frau Schmidt verstand es, ihre bis zu 40 Mitarbeiter zu motivieren und zu überzeugen. In ihrer Abteilung herrschte stets ein gutes Leistungs- und Betriebsklima. Die ihr übertragenen Aufgaben erledigte sie stets zu unserer vollen Zufriedenheit.

Ihr Verhalten gegenüber Vorgesetzten, Kollegen und Mitarbeitern war stets einwandfrei. Auch für unsere Geschäftspartner war Frau Schmidt eine gefragte und kompetente Ansprechpartnerin. Positiv hervorzuheben sind ihre ausgeprägte Kommunikationsstärke und ihre gute Eignung für die Mitwirkung in fachübergreifenden Projektteams.

Frau Schmidt verlässt uns auf eigenen Wunsch, was wir sehr bedauern, da wir mit ihr eine wertvolle Mitarbeiterin verlieren. Wir bedanken uns für die stets gute Zusammenarbeit und wünschen ihr für ihre berufliche und private Zukunft alles Gute und weiter Erfolg.

Dresden, 30. Juni 2019

International Service AG

Hugo Müller	*Johanna Meyer*
Vorstandssprecher	Personalleiterin

Im Schlusszeugnis von Frau Schmidt wird deutlich, dass Sie als Leiterin Qualitätsmanagement erfolgreich gearbeitet hat. Zeugnisexperten, die Zeugnisse schnell lesen, suchen und finden zunächst die »gute« Gesamtnote »stets zur vollen Zufriedenheit«. Diese überzeugende Gesamtbewertung wird auch im Schlussabsatz »Wir bedanken uns für die stets gute Zusammenarbeit« wiederholt und damit eindeutig bestätigt. Eine positive Einschätzung der Arbeitsleistungen dieser Führungskraft ist damit gegeben.

Im Detail wird im Zeugnis auf die überdurchschnittliche Belastungsfähigkeit und die strukturierte Arbeitsweise von Frau Schmidt hingewiesen. Auch der spezielle Absatz über die Führungsleistungen überzeugt. Formale Aspekte der Führung (Mitarbeiteranzahl / formale Führung) werden ebenso erwähnt wie die Führungsleistungen (inhaltliche Führung). Der Führungsstil hätte noch etwas deutlicher ausgeführt werden können. Aber auch so wird klar, dass Frau Schmidt als Leiterin Qualitätsmanagement insgesamt ein gleichermaßen positives und glaubwürdiges Arbeitszeugnis erhalten hat.

Beispiel 3: Zeugnis Produktlinienmanager

Zeugnis

Herr Axel Klein, geboren am 28. Februar 1978 in Braunschweig, trat am 1. Januar 2013 als Produktlinienmanager unserem Unternehmen bei.

Das Aufgabengebiet von Herrn Klein umfasste im Wesentlichen:
- den Marketing-Mix
- die Konzeption von Vertriebsstrategien
- die Produkt- und Preispositionierung
- die Information anderer Unternehmensbereiche

Herr Klein erfüllte die Anforderungen seiner wichtigen Position. Er verband seine umfassende technische Kompetenz mit seinem ausgeprägten kaufmännischen Sachverstand. Sein Arbeitsstil war geprägt von Systematik und Kostenbewusstsein. Die Qualität seiner Arbeit erfüllte stets hohe Ansprüche.

Herr Klein war als Vorgesetzter beliebt. Aufgrund seines kooperativen Führungsstils war er bei der Führung von Arbeitsgruppen und Projektteams außerordentlich erfolgeich. Herr Klein hat seine Aufgaben zu unserer vollen Zufriedenheit erfüllt und unseren Erwartungen entsprochen.

Sein Verhalten gegenüber Mitarbeitern, Kollegen und Vorgesetzten war zufriedenstellend.

Herr Klein verlässt unser Unternehmen. Für die erfolgreiche und vertrauensvolle Zusammenarbeit danken wir ihm sehr. Für seinen weiteren Weg wünschen wir ihm alles Gute und weiterhin viel Glück und Gesundheit.

Sicherheits AG

Celle, 31. August 2019

Nicolas Starck
Bereichsleiter Produktion

Jan Seiwert
Personalleiter

Der Produktlinienmanager Axel Klein fand, dass es nach sechseinhalb Jahren erfolgreicher Arbeit für die Sicherheits AG an der Zeit sei, wieder einmal den Arbeitgeber zu wechseln. Seine Bewerbung hatte Erfolg. Nun bekommt er per Post das Arbeitszeugnis des alten Arbeitgebers – und ist entsetzt.

Indirekte Kritik im Einleitungssatz

Schon die Einleitung »Herr Axel Klein … trat … unserem Unternehmen bei« lässt erste Zweifel aufkommen. Diese Formulierung könnte nämlich absichtlich benutzt worden sein, um damit indirekt Kritik anklingen zu lassen, ganz nach dem Motto: »Er kam zu uns, aber mehr passierte dann auch nicht.« Auch die anschließende Aufgabenbeschreibung lässt kein überdurchschnittliches Profil erkennen. Im Gegenteil, die einzelnen Tätigkeiten werden viel zu knapp abgehandelt. Top-Kandidaten bekommen ein anderes Zeugnis.

Rechtschreibfehler werten das Zeugnis zusätzlich ab

Mit dem Satz »Herr Klein war als Vorgesetzter beliebt« werden seine Führungsfähigkeiten infrage gestellt. Vorgesetzte sollten respektiert, anerkannt oder geschätzt werden. Werden sie im Zeugnis aber als »beliebt« charakterisiert, heißt das im Klartext, dass ihm Durchsetzungsfähigkeit fehlte und seine Mitarbeiter mit ihm machen konnten, was sie wollten. Diese negative Einschätzung wird leider auch vom folgenden Satz »Aufgrund seines kooperativen Führungsstils war er … außerordentlich erfolgeich« unterstützt. Im Wort »erfolgreich« fehlt der Buchstabe »r«. Handelt es sich hierbei um ein Versehen, oder will man dem professionellen Leser zwischen den Zeilen mitteilen, dass er nicht erfolgreich war?

Wird für die Zukunft Gesundheit gewünscht, lässt das auf häufiges Kranksein schließen

Im letzten Absatz tauchen weitere Zweifel an der Eignung von Herrn Klein auf. Schon im ersten Satz heißt es: »Herr Klein verlässt unser Unternehmen«. Eigentlich müsste es heißen »Herr Klein verlässt unser Unternehmen auf eigenen Wunsch«. Wenn aber nicht deutlich wird, dass er selbst gekündigt hat, wird man vermuten, dass ihm gekündigt wurde. Vielleicht weil er keine Leistung zeigte und als Führungskraft überfordert war? Skeptisch stimmt auch, dass man ihm für die »erfolgreiche und vertrauensvolle Zusammenarbeit« dankt, aber seinen Weggang nicht bedauert. Außerordentlich problematisch ist der Wunsch nach »Glück und Gesundheit«. Wünscht man einem Mitarbeiter Glück, bedeutet dies übersetzt: »Er konnte nichts, hoffentlich hat er zukünftig mehr Glück«, und wünscht man ihm Gesundheit, heißt das, dass er oft krank war.

Herr Klein hat zwar schon eine neue, bessere Stelle. Aber wenn es dort in der Probezeit nicht klappt und er sich deshalb nach kurzer Zeit erneut bewerben muss, wird er mit diesem schlechten Zeugnis Probleme bekommen. Daher sollte er dieses Zeugnis auf keinen Fall akzeptieren.

Zeugnis

Herr Axel Klein, geboren am 28. Februar 1978 in Braunschweig, war vom 1. Januar 2013 bis zum 31. August 2019 als Produktlinienmanager im Geschäftsbereich Sicherheitsproduktion in unserem Unternehmen tätig.

Das Aufgabengebiet von Herrn Klein umfasste im Wesentlichen:
- Konzeption von Produkt- und Marketingstrategien unter Berücksichtigung der geltenden Marketingstrategien
- Planung, Durchführung und Kontrolle des Marketing-Mix
- Konzeption und Realisierung geeigneter Vertriebsstrategien
- Erstellung internationaler Markt- und Wettbewerberanalysen
- Produkt- und Preispositionierung
- Information und Koordination anderer Unternehmensbereiche im Hinblick auf die neuen Produktlinien

Herr Klein hatte stets eine gute Arbeitsmotivation und realisierte beharrlich die gesetzten Bereichs- und Unternehmensziele. Dank seines konzeptionellen und strategischen Denkvermögens, gepaart mit einem sicheren Sinn für das Machbare, erfüllte er die hohen Anforderungen jederzeit gut. Er verband seine umfassende technische Kompetenz mit seinem ausgeprägten kaufmännischen Sachverstand. Sein Arbeitsstil war jederzeit in hohem Maße geprägt von Systematik, Verantwortungs- und Kostenbewusstsein. Die Qualität seiner Arbeit erfüllte stets hohe Ansprüche. Besonders hervorzuheben ist sein fachübergreifendes, unternehmerisches Denken.

Herr Klein war als Vorgesetzter anerkannt und beliebt. Aufgrund seines offenen, sachlichen und kooperativen Führungsstils war er bei der Führung von Arbeitsgruppen und Projektteams außerordentlich erfolgreich. Herr Klein hat seine Aufgaben stets zu unserer vollen Zufriedenheit erfüllt und unseren Erwartungen in jeder Hinsicht gut entsprochen.

Sein Verhalten gegenüber Vorgesetzten, Kollegen und Mitarbeitern war stets gut.

Herr Klein verlässt unser Unternehmen auf eigenen Wunsch. Für die erfolgreiche und vertrauensvolle Zusammenarbeit danken wir ihm sehr und bedauern sein Ausscheiden. Für seinen weiteren Berufs- und Lebensweg wünschen wir ihm alles Gute und weiterhin viel Erfolg.

Sicherheits AG

Celle, 31. August 2019

Nicolas Starck	*Jan Seiwert*
Bereichsleiter Produktion	Personalleiter

Diesmal ist schon der Einleitungsabsatz zum Zeugnis gelungen. Die Formulierung »trat ... bei« ist ersetzt durch die Aktivformel »war ... tätig«, und auch der »Geschäftsbereich Sicherheitsproduktion« wird nun genannt. Ein Zeugnisleser weiß also gleich, in welchem Bereich dieser Produktlinienmanager Verantwortung übernommen hat. Aus formaler Sicht es auch wichtig, dass nun das Austrittsdatum, der »31. August 2010«, ausdrücklich genannt wird. In der ersten, schlechten Version konnte man sich das Austrittsdatum nur indirekt anhand des Ausstellungsdatums am Ende des Zeugnisses erschließen.

Eine umfassende Qualifikation wird ersichtlich

In der überarbeiteten Version ist das Aufgabengebiet von Herrn Klein umfangreicher und detaillierter beschrieben. Ein wesentlicher Aspekt, die »Erstellung internationaler Markt- und Wettbewerberanalysen«, wurde vorher gar nicht genannt. Nun wird aber klar, dass Herr Klein nicht nur im operativen Geschäft gearbeitet hat, sondern auch auf strategischer Ebene tätig war. Schließlich hatte er die internationalen Mitbewerber stets im Blick. Seine Fähigkeit, abteilungs- und bereichsübergreifend zu arbeiten, wird mit der Beschreibung »Information und Koordination anderer Unternehmensbereiche im Hinblick auf die neuen Produktlinien« ebenfalls viel deutlicher.

Wichtige Führungseigenschaften wie Macherqualitäten und unternehmerisches Denken werden bescheinigt

Generell und auch branchenübergreifend gilt, dass Führungskräfte gesucht werden, die über »Macherqualitäten« verfügen. Hier heißt es in den einzelnen Leistungsbeurteilungen beispielsweise: »Herr Klein hatte stets eine gute Arbeitsmotivation und realisierte beharrlich die gesetzten Bereichs- und Unternehmensziele«. Wenig später wird ausgeführt, dass er »einen sicheren Sinn für das Machbare« hat – damit sind seine Macherqualitäten eindeutig belegt. Als besonderer Erfolg wird in den einzelnen Leistungsbeurteilungen ausdrücklich sein »fachübergreifendes, unternehmerisches Denken« betont. Das ist natürlich eine gelungene Bestätigung für die Fähigkeit zur bereichsübergreifenden Arbeit, die schon in der Aufgabenbeschreibung erwähnt wurde.

Nicht nur beliebte, sondern auch anerkannte Führungskraft

Auch die Führungsfähigkeiten von Herrn Klein werden nun passend dargestellt. Er ist nicht mehr nur der beliebte Chef, der sein Fähnchen in den Wind hängt, denn nun heißt es: »Herr Klein war als Vorgesetzter anerkannt und beliebt«. Gelungen ist auch die treffendere Beschreibung seines Führungsstils. Statt als kooperativer Vorgesetzter wird er nun folgendermaßen charakterisiert: »Aufgrund seines offenen, sachlichen und kooperativen Führungsstils war er bei der Führung von Arbeitsgruppen und Projektteams außerordentlich erfolgreich«. Das klingt nach einem Vorgesetzten, der die Auseinandersetzung mit seinen Mitarbeitern nicht scheut, aber dabei stets den Weg zurück zum Sachthema findet. Und diesmal ist das Wort »erfolgreich« richtig geschrieben, daher kommen auch keine Zweifel am tatsächlichen Erfolg auf.

Ein gutes Zeugnis für gute Arbeit

Herr Klein hat sechseinhalb Jahre lang für seinen alten Arbeitgeber erstklassige Arbeit geleistet und daher nun auch ein erstklassiges Zeugnis erhalten. Seine Einwände haben sich gelohnt!

39. Formulierungen für das Führungsverhalten

Das Führungsverhalten wird natürlich nicht in jedem Zeugnis bewertet - schließlich ist nicht jeder Arbeitnehmer gleichzeitig auch Führungskraft. Wenn man jedoch in dem Unternehmen eine Führungsposition innehatte, sollte man auch darauf bestehen, dass das mit in das Zeugnis einfließt. Bei den Formulierungen für das Führungsverhalten wird zwischen zwei Arten unterschieden: Einmal gibt es die rein formale Angabe zur Führungssituation ohne jegliche Beurteilung, zum Beispiel »Herr Müller hat als Projektleiter ein Team von sieben Mitarbeitern geleitet«. Und als zweite Art sollte eine Bewertung der Führungsleistung und des Führungserfolges im Zeugnis stehen, beispielsweise »Herr Müller hat es jederzeit verstanden, sein Team effizient und kollegial zu führen«. Hier finden sich dann auch Bewertungen nach dem bereits bekannten Notenprinzip von sehr guten bis zu mangelhaften Leistungen wieder. Beide Beurteilungsarten des Führungsverhaltens sind wichtig, und Sie sollten als Führungskraft darauf achten, dass Ihr Arbeitszeugnis auch beides enthält.

Führungssituation (rein formale Angaben ohne Bewertung)

→ Herr Schmidt war als Projektleiter für bis zu sieben internationale und interdisziplinär zusammengesetzte Projektteams gleichzeitig zuständig.
→ Frau Müller führte zuletzt 18 Mitarbeiter, die im Call-Center in den Bereichen Verkauf und Beratung eingesetzt waren.
→ Herr Schmidt hatte als Abteilungsleiter Führungs- und Personalverantwortung für 25 Mitarbeiter.
→ Frau Müller hatte als Marketingleiterin die Verantwortung für acht Produktmanager, vier Marketingmitarbeiter und zwei Marketingassistenten.

- → Das von Herrn Schmidt geführte Team umfasste sieben Mitarbeiter.
- → Frau Müller führte als Bereichsleiterin direkt fünf Abteilungsleiter und hatte indirekt Personalverantwortung für 32 Mitarbeiter.

Sehr gute Führungsleistung und sehr guter Führungserfolg Note 1

- → Herr Schmidt verstand es hervorragend, seine Mitarbeiter zu motivieren und ihre Zusammenarbeit aktiv zu unterstützen. In seiner Abteilung herrschte stets ein sehr gutes Leistungs- und Betriebsklima.
- → Frau Müller war ihren Mitarbeitern stets ein anerkanntes Vorbild. Sie verstand es jederzeit ausgezeichnet, ihr Team effizient und kollegial zu führen.
- → Herr Schmidt besitzt eine herausragende natürliche Autorität und war aufgrund seiner sehr guten organisatorischen Fähigkeiten bei der Führung von Arbeitsgruppen und Projektteams stets außerordentlich erfolgreich.

Gute Führungsleistung und guter Führungserfolg Note 2

- → Herr Schmidt verstand es, seine Mitarbeiter gut zu motivieren und ihre Zusammenarbeit aktiv zu unterstützen. In seiner Abteilung herrschte stets ein gutes Leistungs- und Betriebsklima.
- → Frau Müller ist ihren Mitarbeitern stets mit gutem Beispiel vorangegangen. Sie verstand es jederzeit, ihr Team effizient und kollegial zu führen.
- → Herr Schmidt besitzt eine natürliche Autorität und war aufgrund seiner guten organisatorischen Fähigkeiten bei der Führung von Arbeitsgruppen und Projektteams stets erfolgreich.

Befriedigende Führungsleistung und befriedigender Führungserfolg Note 3

- → Herr Schmidt verstand es, seine Mitarbeiter zu motivieren und ihre Zusammenarbeit zu unterstützen. In seiner Abteilung herrschte ein gutes Betriebsklima.

- → Frau Müller ist ihren Mitarbeitern mit gutem Beispiel vorangegangen. Sie verstand es, ihr Team zu motivieren und kollegial zu führen.
- → Herr Schmidt besitzt Autorität und war aufgrund seiner organisatorischen Fähigkeiten bei der Führung von Arbeitsgruppen und Projektteams erfolgreich.

Note 4

Ausreichende Führungsleistung und ausreichender Führungserfolg

- → Herr Schmidt verstand es durchaus, seine Mitarbeiter zu motivieren. In seiner Abteilung herrschte nicht selten ein gutes Betriebsklima.
- → Es gelang Frau Müller durchaus, ihren Mitarbeitern mit gutem Beispiel voranzugehen. Sie wurde von ihrem Team akzeptiert.
- → Herr Schmidt besitzt durchaus Autorität und war aufgrund seiner nicht zu beanstandenden organisatorischen Fähigkeiten bei der Führung von Arbeitsgruppen und Projektteams meist erfolgreich.

Note 5

Mangelhafte Führungsleistung und mangelhafter Führungserfolg

- → Herr Schmidt hatte durchaus Verständnis dafür, Mitarbeiter zu motivieren. In seiner Abteilung gab es keine Beanstandungen, da das Betriebsklima nicht selten zufriedenstellend war.
- → Frau Müller wurde von ihren Mitarbeitern als tolerante Vorgesetzte akzeptiert.
- → Herr Schmidt besitzt durchaus nicht wenig Autorität und war aufgrund seiner nicht zu tadelnden organisatorischen Fähigkeiten bei der Führung von Arbeitsgruppen und Projektteams nicht selten erfolgreich.

Teil VII

Treffen Sie Ihre persönliche Entscheidung

40. Risiken minimieren, Chancen ergreifen

Wenn Sie mehrere Vorstellungsrunden bei einem Unternehmen erfolgreich hinter sich gebracht haben, wird man Ihnen einen neuen Arbeitsvertrag anbieten. Dann ist es an Ihnen, noch einmal gründlich abzuwägen, ob Sie dieses Angebot auch wahrnehmen möchten. Es gilt, sich erneut die Chancen vor Augen zu führen, die mit den neuen Arbeitsaufgaben verbunden sind, aber ebenso die damit verbundenen Risiken einzuschätzen.

Wer führt, trifft Entscheidungen

Einen perfekten Arbeitsplatz gibt es nur in den seltensten Fällen. Dennoch lohnt sich die systematische Analyse zur Frage, inwiefern Ihr neuer Arbeitsplatz von Ihrem Wunschbild abweicht. In den Kapiteln »Welche Informationen erfragen Sie?« und »Zwischenbilanz: Was spricht für und was gegen die neue Stelle?« haben wir Ihnen bereits mehrere Fragenkataloge vorgestellt, die Sie nun erneut für Ihre endgültige Entscheidung heranziehen können.

Dabei geht es im Wesentlichen:

→ um die reinen Arbeitsaufgaben,
→ um die Gestaltungs- und Veränderungsmöglichkeiten,
→ um die Passung zwischen dem Unternehmen und Ihnen,
→ um zwischenmenschliche Aspekte wie das Verhältnis zu den neuen Vorgesetzten, Kollegen oder Mitarbeitern,
→ um organisatorische Aspekte wie die Einbindung der neuen Position in die Firmenhierarchie,
→ um Ihre weiteren Entwicklungsmöglichkeiten,
→ um eventuelle Auswirkungen auf Lebenspartner/Lebenspartnerin oder die Familie
→ und auch um finanzielle Aspekte.

Bringen Sie Ihre Wünsche an den neuen Arbeitsplatz in eine individuelle Rangfolge. Gewichten Sie die Faktoren, die Sie für elementar halten, stärker. Arbeiten Sie heraus, wo Sie Chancen sehen. Und überlegen Sie sich auch, mit welchen Risiken Sie bei einer Vertragsunterzeichnung einfach leben müssen.

Wie ist Ihre Ausgangslage?

Wie Sie sich entscheiden werden, hängt weiter davon ab, ob Sie momentan freigestellt sind, also beruflich eigentlich in der Luft hängen, ob Sie sich ungekündigt aus einer sicheren Position heraus bewerben oder ob Sie mithilfe des Angebots eines Headhunters einen großen Karriereschritt nach oben gehen wollen.

In unserer Beratungspraxis stellen wir häufig fest, dass die ersten Weichenstellungen für einen erfolgreichen Neustart bereits beim Abgleich der letzten Vorstellungen über den zu unterzeichnenden Arbeitsvertrag vorgenommen werden. Behalten Sie Ihre souveräne und geradlinige Verhandlungslinie daher bis zum Ende bei. Es gibt manchmal Firmen, die erst an dieser Stelle ihr wahres Gesicht zeigen. Beispielsweise, weil sie mündlich großartige Zusagen gemacht haben, von denen dann im Vertrag nicht mehr viel zu finden ist. Und es gibt ab und an Unternehmen, die in letzter Sekunde noch anfangen, den zugesagten Gehaltsrahmen zu drücken, oder sich plötzlich sehr bedeckt halten, wenn es darum geht, die Kriterien näher zu definieren, die über die Höhe von vereinbarten Erfolgsprämien entscheiden.

Nicht zu früh kündigen

Daher sollten Sie Ihre Wechselabsichten beim momentanen Arbeitgeber auf keinen Fall zu früh kommunizieren. Denn aus einer Position der Schwäche heraus lässt sich erfahrungsgemäß schwer verhandeln.

Wenn Sie spüren, dass Sie sich auch nach mehreren Gesprächen nicht zu einer positiven Entscheidung durchringen können, sollten Sie vor einer endgültigen Absage noch einmal mögliche Alternativen prüfen. Benötigen Sie zu bestimmten Punkten noch weitergehende Informationen? Möchten Sie Ihren ersten negativen Eindruck von einem scheinbar schwierigen neuen Vorgesetzten noch einmal überprüfen? Oder haben Sie einen wichtigen Entscheidungsträger im Unternehmen noch gar nicht kennengelernt? Dann vereinbaren Sie doch einfach noch ein weiteres Treffen. Wenn die Firma Ihre Qualitäten erkannt hat und zu würdigen weiß, wird sie auf diesen Wunsch sicherlich zustimmend reagieren.

Bringt Sie auch die Nacharbeit in Sachen Vorstellungsgespräch nicht weiter, sollten Sie dem Unternehmen Ihre Absage diplomatisch mitteilen. Statt sich abzeichnende zwischenmenschliche Animositäten zu thematisieren, ist es günstiger darauf zu verweisen, dass man sich die Gewichtung der Aufgabenbereiche doch anders vorgestellt hatte. So kann jede Seite ihr Gesicht wahren. Schließlich ist die Welt der Führungskräfte doch sehr eng. Und in vielen Branchen sieht man sich auf jeden Fall mehr als einmal im Leben.

Wenn's nicht passt: diplomatisch absagen

Sind Sie in Ihrem Entscheidungsprozess dagegen so weit, dass Sie zusagen werden, sollten Sie Nägel mit Köpfen machen. Klären Sie, wer den Vertrag bis wann unterzeichnen wird, damit die getroffene und schriftlich fixierte Entscheidung wieder emotionale Stabilität in Ihr Berufs- und Privatleben bringt.

Nägel mit Köpfen machen

Und dann kommt endlich der Tag, an dem Sie wieder das machen können, was Sie als Führungskraft gerne machen: nämlich beruflich Verantwortung übernehmen, indem Sie für Ihre Mitarbeiter Arbeitsziele definieren und Arbeitsaufgaben strukturieren, über anstehende Veränderungen informieren, Arbeitsprozesse verbessern und das neue Unternehmen auf diese Weise voranbringen.

Schritt IV: Treffen Sie Ihre persönliche Entscheidung

CHECKLISTE

- ○ Möchten Sie sich der neuen Herausforderung stellen?
- ○ Kennen Sie die Chancen, aber auch die Risiken, die der neue Job mit sich bringen kann?
- ○ Wissen Sie, was Ihnen für die Zukunft wichtig ist? Haben Sie diese Faktoren bei Ihrer Entscheidung berücksichtigt?
- ○ Haben Sie Ihre Wechselabsichten bei Ihrem momentanen Arbeitgeber auch nicht zu früh kommuniziert?
- ○ Haben Sie noch Fragen an Ihren neuen Arbeitgeber?

→ FORTSETZUNG AUF DER NÄCHSTEN SEITE

- ◯ Falls Ihnen die neue Stelle nicht gefällt: Haben Sie diplomatisch abgesagt?
- ◯ Falls Sie das Angebot annehmen: Bleiben Sie bis zur Vertragsunterzeichnung geradlinig und zielorientiert?
- ◯ Der Auswahlprozess war lang und anstrengend: Gönnen Sie sich eine kleine Belohnung?

Fit für den Karrieresprung

Erfolgreiche Arbeit ist leider keine Garantie für die Karriereentwicklung. Zur CEO, zum Geschäftsführer, zur Bereichsleiterin, zum Abteilungsleiter oder zur Teamleiterin werden Sie nur dann aufsteigen, wenn es Ihnen gelingt, sich auf die Anforderungen im Bewerbungsverfahren genauso gut einzustellen wie auf die Anforderungen am Arbeitsplatz. Und diese Anforderungen sind in den vergangenen Jahren deutlich gestiegen.

Sie wissen nun, worauf es ankommt!

Sie müssen in vielen Disziplinen überzeugen, um den scharfen Wettbewerb um interessante Positionen zu gewinnen. In diesem Ratgeber haben Sie Schritt für Schritt gelernt, wie Sie mit ausgefeilter Detailarbeit Hindernisse durch eine überzeugende telefonische, schriftliche und mündliche Selbstdarstellung aus dem Weg räumen. Sie kennen erfolgversprechende Strategien, um Kontakt zu Ihren Wunscharbeitgebern herzustellen, und können sich in Gesprächen überzeugend präsentieren. Mit Ihren eigenen Wünschen und Vorstellungen haben Sie sich intensiv auseinandergesetzt. Und Sie können jetzt Ihre Einstellungsargumente passgenau, stärkenorientiert und glaubwürdig präsentieren.

Persönliche Unterstützung

Mit der Kenntnis der richtigen Strategien und der geleisteten Vorbereitungsarbeit wird Ihnen der anvisierte Karriereschritt deutlich leichter gelingen. Wenn Sie dazu weitere persönliche Unterstützung wünschen, finden Sie unsere Coaching- und Beratungsangebote für Führungskräfte unter www.karriere-akademie.de.

Für Ihre Bewerbungen um Top-Positionen wünschen wir Ihnen den verdienten Erfolg!

Christian Püttjer & Uwe Schnierda

Register

V

W

Z